激光智能焊接装备与应用

主　编　宋志刚　李小婷
副主编　梁召峰　曾令宇　檀财旺　王　瑾
　　　　蔡文举
参　编　王文斌　文双全　廖强华　黄裕佳
　　　　邱　琪　梁　凯　段京兴

北京理工大学出版社
BEIJING INSTITUTE OF TECHNOLOGY PRESS

内容简介

本书从激光产生的原理及激光加工技术着手,以激光焊接实际典型工业应用场景为主线,阐述激光智能焊接装备与应用。本书共8个模块,11个项目,系统介绍了激光的产生原理、发展及分类,激光加工技术,激光焊接在五金行业、塑料加工行业、电子封装行业、动力电池行业、消费电子行业中的典型应用以及激光智能焊接装备维护等。本书所有的项目均来源于工业现场典型生产实践案例,本书从行业应用需求的典型产品出发,分析激光焊接要求,搭建激光焊接系统,分析激光焊接质量,提出针对不同应用场景下的激光焊接装备解决方案。每个项目层层递进,教、学、做环环相扣。读者通过学习本书,既能积累专业知识,又能提升工程应用能力,同时培养团队协作能力和精益求精的大国工匠精神。

本书可作为职业教育高职本科、专科和技工院校等机电类或激光类相关专业的教材,也作为工程技术人员的参考用书。

版权专有　侵权必究

图书在版编目(CIP)数据

激光智能焊接装备与应用 / 宋志刚,李小婷主编.
北京:北京理工大学出版社,2025.1.
ISBN 978-7-5763-4644-2

Ⅰ.TG439.4;TG456.7

中国国家版本馆 CIP 数据核字第 2025M8A336 号

责任编辑:赵　岩	文案编辑:孙富国
责任校对:周瑞红	责任印制:李志强

出版发行	/ 北京理工大学出版社有限责任公司
社　　址	/ 北京市丰台区四合庄路6号
邮　　编	/ 100070
电　　话	/ (010)68914026(教材售后服务热线)
	(010)63726648(课件资源服务热线)
网　　址	/ http://www.bitpress.com.cn
版 印 次	/ 2025年1月第1版第1次印刷
印　　刷	/ 涿州市京南印刷厂
开　　本	/ 787 mm×1092 mm　1/16
印　　张	/ 12.25
字　　数	/ 285千字
定　　价	/ 69.00元

图书出现印装质量问题,请拨打售后服务热线,负责调换

前　言

随着全球工业 4.0 时代的到来，智能制造已成为推动产业升级和转型的重要力量。激光技术，作为智能制造领域的核心技术之一，凭借其高精度、高效率、高灵活性和环保节能等优势，在焊接领域展现出了巨大的应用潜力和价值。因此，编写一本关于激光智能焊接装备与应用的书籍，对于培养适应新时代需求的焊接技术人才，推动制造业的智能化发展具有重要意义。

激光焊接技术自 20 世纪 60 年代诞生，随着光纤、近红外线固体、半导体等激光器技术的不断发展和提高，逐渐在制造业、电子行业、生物医学等多个领域得到了广泛应用。特别是在 3C（计算机、通信、消费电子）、新能源行业，激光焊接技术以其独特的优势，如高能量密度、高效焊接、高精度与高稳定性、环保节能以及自动化操作等，成为不可或缺的加工手段。

本书旨在全面系统地介绍激光智能焊接装备与应用的相关知识，内容涵盖了激光的产生原理、激光加工技术、焊接的基本原理、激光焊接技术的分类与特点、激光焊接装备的结构与工作原理、激光焊接工艺参数的优化与选择、激光焊接在不同材料（如不锈钢、铝合金、铜合金、镍合金等）中的应用实践，以及激光焊接过程中常见缺陷的预防措施等。本书是深圳职业技术大学和大族激光科技产业集团股份有限公司，以共同成立的深职院大族激光学院（经过建设，目前该产业学院已经成为广东省示范性产业学院之一）为基础，深入探索产教融合，实施"九个共同"，根据现场工程师培养的基本要求，紧紧围绕高等职业院校专业人才培养目标要求共同编写的。

深圳职业技术大学和大族激光科技产业集团股份有限公司进行了以智能制造工匠班为载体的全方位校企合作，形成了人才共育、过程共管、互惠共赢的双边合作机制。大族激光科技产业集团股份有限公司提供了大量来自一线的工程案例和实践素材，工程师直接参与了编写工作。本书共 8 个模块，主要内容包括激光基础理论、加工设备和激光焊接在典型行业的应用等，具体内容包括认知激光及其应用、激光加工技术、激光焊接在五金行业中的应用、激光焊接在塑料加工行业中的应用、激光焊接在电子封装行业中的应用、激光焊接在动力电池行业中的应用、激光焊接在电子消费行业中的应用、激光智能焊接装备维护。本书内容丰富，取材新颖，基础知识和典型行业应用并重，反映了国内外在激光焊接领域的最新应用成果。

在编写过程中，我们注重理论与实践相结合，既深入剖析了激光焊接技术的理论基础，又详细阐述了激光焊接装备的实际应用案例以及激光智能焊接装备的维护技能。同时，我们还特别关注了激光焊接技术的最新发展动态和趋势，力求使书籍内容具有前瞻性和实用性。

本书适合作为高等院校机电类或激光类相关专业的教材，也可作为相关专业本科生和相关工程技术人员的参考用书或培训教材。激光智能焊接装备与应用课程的参考学时数为32学时左右。

本书由深圳职业技术大学宋志刚、大族激光科技产业集团股份有限公司李小婷担任主编；深圳职业技术大学梁召峰、曾令宇、蔡文举，哈尔滨工业大学（威海）檀财旺，大族激光科技产业集团股份有限公司王瑾等担任副主编；深圳职业技术大学王文斌、文双全、廖强华，大族激光科技产业集团股份有限公司黄裕佳、邱琪、梁凯、段京兴等参编。我们希望通过这本书的出版，能够为广大激光焊接技术人员、科研人员、高校师生等提供一个全面、系统、实用的学习平台，推动激光智能焊接技术的普及与应用，为我国制造业的智能化发展贡献一份力量。在本书的编写过程中，参考了有关资料和文献，在此向相关的作者表示衷心的感谢。近年来激光技术和材料激光加工工艺的发展非常快，可以说是日新月异，许多新技术、新领域、新方法、新工艺、新术语不断涌现，由于有些技术、领域、方法、工艺、术语等还没有明确规范和定义，加之编者水平有限，书中难免存在遗漏和不妥之处，恳请广大读者对本书提出宝贵的意见和建议（电子邮箱：522628442@qq.com），以便我们不断完善和更新内容，更好地服务于激光智能焊接技术的发展与应用。

编　者

目 录

模块一　认知激光及其应用 ………………………………………………… 1
　1.1　激光的产生原理 …………………………………………………… 1
　1.2　激光器技术的发展 ………………………………………………… 8
　1.3　工业激光器的分类 ………………………………………………… 11

模块二　激光加工技术 ………………………………………………………… 16
　2.1　激光与材料相互作用原理 ………………………………………… 16
　2.2　激光加工分类与特点 ……………………………………………… 31
　2.3　激光切割装备与应用 ……………………………………………… 43
　2.4　激光清洗装备与应用 ……………………………………………… 51
　2.5　激光增材制造设备与应用 ………………………………………… 61

模块三　激光焊接在五金行业中的应用 ……………………………………… 75
　项目一　光纤激光器焊接不锈钢保温杯杯口 ………………………… 75
　3.1　分析保温杯杯口的焊接特性 ……………………………………… 76
　3.2　光纤激光器原理 …………………………………………………… 77
　3.3　搭建连续光纤激光焊接系统（保温杯杯口焊接系统）………… 79
　项目二　高功率半导体激光器焊接不锈钢门窗 ……………………… 86
　3.4　分析不锈钢门窗的焊接特性 ……………………………………… 87
　3.5　半导体激光器原理 ………………………………………………… 88
　3.6　搭建高功率半导体激光焊接系统 ………………………………… 89
　项目三　灯泵激光器焊接电机定子铁芯 ……………………………… 94
　3.7　分析电机定子铁芯的焊接特性 …………………………………… 95
　3.8　灯泵激光器原理 …………………………………………………… 95
　3.9　搭建灯泵激光焊接系统（电机定子铁芯焊接系统）…………… 96

模块四　激光焊接在塑料加工行业中的应用 ………………………………… 102
　项目四　低功率半导体激光器焊接汽车车灯 ………………………… 102
　4.1　分析塑料的焊接特性 ……………………………………………… 103
　4.2　分析汽车车灯的焊接特性 ………………………………………… 104
　4.3　搭建低功率半导体激光焊接系统 ………………………………… 105
　项目五　中红外激光器焊接母婴塑料产品 …………………………… 115

4.4 分析透明塑料的焊接特性 ……………………………………………… 116
4.5 搭建中红外激光焊接系统 ……………………………………………… 118

模块五　激光焊接在电子封装行业中的应用 ……………………………… 125
项目六　锡膏激光焊接光通信元器件 ……………………………………… 125
5.1 认知锡焊的工作原理 …………………………………………………… 126
5.2 分析光通信 BOSA 元器件焊点的焊接特性 …………………………… 127
5.3 搭建焊接系统 …………………………………………………………… 128
项目七　锡丝激光焊接蜂鸣器组件产品 …………………………………… 140
5.4 分析蜂鸣器组件焊点的焊接特性 ……………………………………… 141
5.5 搭建焊接系统（送丝机构） …………………………………………… 141
项目八　锡球激光焊接摄像头触点 ………………………………………… 149
5.6 分析摄像头触点的焊接特性 …………………………………………… 150
5.7 搭建焊接系统（锡球） ………………………………………………… 150

模块六　激光焊接在动力电池行业中的应用 ……………………………… 160
项目九　环形激光器焊接动力电池顶盖 …………………………………… 160
6.1 分析动力电池顶盖封口的焊接特性 …………………………………… 161
6.2 环形光斑激光器原理 …………………………………………………… 162
6.3 搭建铝壳电池顶盖封口焊接系统 ……………………………………… 163

模块七　激光焊接在消费电子行业中的应用 ……………………………… 167
项目十　绿光激光器焊接射频连接器 ……………………………………… 167
7.1 分析射频连接器绿光焊接特性 ………………………………………… 168
7.2 搭建绿光激光焊接系统 ………………………………………………… 170
项目十一　MOPA 激光器焊接 FPC ……………………………………… 176
7.3 分析 FPC 焊接特性 ……………………………………………………… 177
7.4 MOPA 激光器原理 ……………………………………………………… 177
7.5 搭建 MOPA 激光器焊接系统 …………………………………………… 178

模块八　激光智能焊接装备维护 …………………………………………… 184
8.1 激光安全与维护 ………………………………………………………… 184
8.2 QBH 安装 ………………………………………………………………… 185
8.3 工作台操作 ……………………………………………………………… 188
8.4 工作台日常维护 ………………………………………………………… 189
8.5 设备安全 ………………………………………………………………… 189

模块一　认知激光及其应用

1.1　激光的产生原理

激光的用途　　　　　　　　　　　　　　　　　　　激光的特性

2020 年是激光诞生 60 周年，是值得纪念的一年。激光是 20 世纪以来，继原子能、计算机、半导体之后，人类科学史上的又一重大发明，被称为"最快的刀""最准的尺"和"最亮的光"。激光又名镭射（laser），其英文由 light amplification by stimulated emission of radiation 首字母缩写组成，即受激辐射放大的光。激光也是光，与普通光没有本质区别，但是激光又是一种特殊的光，具有许多独特而有益的性能。普通光（如太阳光或灯光等）是物质随机发出的光，通常包含多种波长，向四面八方发射，从光源发出的不同波列之间不具有相干性。而激光是可控制的电磁波，其特性可概括为单一方向性、高亮度、单色性和相干性，如表 1-1 所示。

表 1-1　激光的特性

特性	普通光源	激光
单一方向性	普通光源发光向四周发射，方向较为分散	激光沿光轴方向定向发射，方向性强，激光光束的发散角很小
高亮度	亮度是指光源在单位面积上向某一方向的单位立体角内发射的光功率，普通光源发射的立体角较大，因此亮度较低	激光发射光线的立体角较小，亮度较高，巨脉冲红宝石激光器发出的激光甚至比太阳表面亮几百亿倍
单色性	不同颜色的光有一个特定范围的波长，光源发射的光所包含的波长范围越窄，它的颜色就越单纯，即光源的单色性越好。普通光源包含了各种波长的光，因此单色性较差	激光是通过受激辐射产生的，其发出的光子（波长）频率固定在一个很小的范围内，因此单色性较好
相干性	普通光源是复合光，各种光的振动、频率、相位都不一致，发生干涉时，形成的干涉图样不稳定，相干性较差	激光是受激辐射光，它的波长分布范围很窄，颜色很纯，其振动、频率、相位都高度一致，发生干涉时，形成的干涉图样更稳定，所以激光的相干性较好

1.1.1 原子发光的机理

本节首先简要介绍原子发光的过程，然后介绍自发辐射、受激辐射与受激吸收这三种与原子发光机理有关的过程，最后在此基础上讨论激光的形成及形成激光所必要的条件。

1.1.1.1 原子的结构

根据玻尔理论，原子由带正电荷的原子核和带负电荷的电子组成，电子围绕着原子核做圆周运动。电子一方面由于绕原子核转动而有离开原子核的趋势，另一方面又受原子核的正电荷吸引而有靠近原子核的趋势，两者共同作用使电子与原子核之间保持一定的距离，如果没有外界作用，这个距离保持不变。在不同的原子中，绕原子核运动的电子数目也不相同。

原子序数为 Z 的原子中，设电子沿以原子核为中心的圆形轨道运动，电子质量为 m，轨道半径为 r，沿轨道运动的速率为 V，则电子受到原子核的库仑力为

$$f = \frac{Ze^2}{4\pi\varepsilon_0 r^2} \tag{1-1}$$

根据牛顿第二定律，电子受到原子核的库仑力等于电子绕原子核转动的向心力，即

$$f = \frac{Ze^2}{4\pi\varepsilon_0 r^2} = m\frac{V^2}{r} \tag{1-2}$$

玻尔引用量子理论，提出一个假设：电子的角动量 mVr，只能等于 $\frac{h}{2\pi}$ 的整数倍，即

$$mVr = n\frac{h}{2\pi} \tag{1-3}$$

式中，h 为普朗克常量（Planck constant），$h = 6.626\,075 \times 10^{-34}$ J·s；n 为主量子数，$n = 1,2,3\cdots$。

玻尔的这个假设意味着电子运动的轨道不是任意的，而是一些量子化的轨道。把式（1-2）和式（1-3）联立，可以解出玻尔模型中，原子序数为 Z，主量子数为 n 的电子的轨道半径，即

$$r_n = n^2 \frac{\varepsilon_0 h^2}{Z\pi m e^2} \tag{1-4}$$

式（1-4）表明，电子的轨道半径是不连续的，与主量子数 n 的平方成正比。原子结构的玻尔模型及原子能级图如图 1-1 所示。

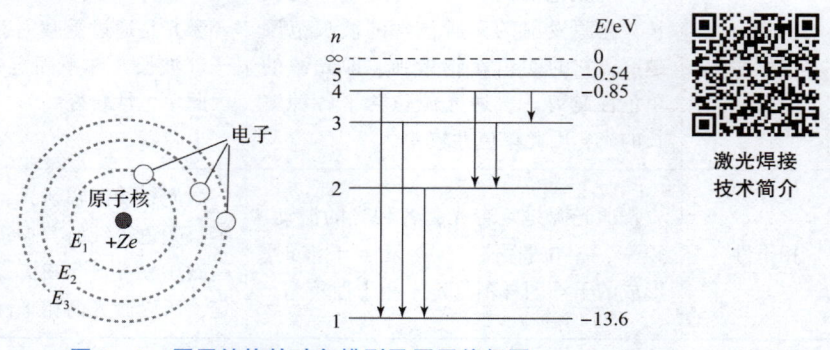

图 1-1 原子结构的玻尔模型及原子能级图

1.1.1.2 原子的能级

根据玻尔的假设可以计算出电子在每一个玻尔轨道上的总能量，这个总能量是电子的动能与电子 – 原子核的静电势能之和。

静电势能为

$$E_p = -\frac{Ze^2}{4\pi\varepsilon_0 r}$$

电子动能为

$$E_k = \frac{1}{2}mV^2 = \frac{Ze^2}{8\pi\varepsilon_0 r}$$

所以电子的总能量为

$$E = E_p + E_k = -\frac{Ze^2}{8\pi\varepsilon_0 r} = -\frac{1}{n^2} \cdot \frac{mZ^2e^4}{8\varepsilon_0^2 h^2} \qquad (1-5)$$

式（1 – 5）表明，电子的能量是量子化的，只能取一系列分立的值。电子所处的一系列确定的分立运动状态，对应于原子的一系列分立的能量值，这些能量通常称为电子（或原子系统）的能级，依次用 E_1，E_2，E_3，…，E_n 表示，能量单位一般采用电子伏（1 eV = 1.602×10^{-19} J）。由式（1 – 5）可知，只要知道电子处于哪个轨道，即知道 n 等于几，就可以求出电子的总能量。n 的值越大，即电子所处轨道离原子核越远，则电子的能量就越大，能级也就越高。电子处于 $n = 1$ 轨道上时，能量处于最低状态，称为基态，$n > 1$ 的状态统称为激发态。

习惯上，可以画数条水平线，用其高低来代表能量的大小，这样的图形称为能级图，如图 1 – 1 所示。

1.1.1.3 原子发光的机理

当电子在某一个固定的允许轨道上运动时，并不发射光子。通常情况下，原子处于能量最低的基态（稳定状态）。当外界向原子提供能量时，原子由于吸收了外界能量，其内部的电子可以从低轨道跃迁到某一高轨道，即原子跃迁到某一激发态。常见的激发方式是原子吸收一个光子而得到能量 $h\nu$。处于激发态的原子是不稳定的，经过或长或短的时间（典型的为 10^{-8} s），它会跃迁到能量较低的状态，而以光子或其他方式放出能量。不论向上或向下跃迁，原子吸收或放出的能量都必须等于相应的能级差。若吸收或放出光子，则必须有 $h\nu = E_n - E_1$，其中，E_n 表示原子的高能级，E_1 表示基态。

以图 1 – 1 为例，当电子从 E_1 跃迁到 E_2 时，它的能量增加了 $E_2 - E_1$，因此它必须吸收能量，如果该能量是光子提供的，则相应的光子能量为 $h\nu_{21} = E_2 - E_1$；如果电子从 E_3 跳回 E_1，它的能量减少了 $E_3 - E_1$，因此它辐射出的能量 $h\nu_{31} = E_3 - E_1$，即辐射出能量为 $h\nu_{31}$ 的光子。

这种因辐射或吸收光子而使原子造成能级间跃迁的现象称为辐射跃迁。除此之外，还有非辐射跃迁，非辐射跃迁表示原子在不同能级间跃迁时并不伴随光子的辐射或吸收，而是把多余的能量传给了别的原子或吸收别的原子传给它的能量。比如，对于气体激光器中放电的气体来说，非辐射跃迁是通过原子和其他原子或自由电子的碰撞，或者原子与毛细管壁的碰撞来实现的；固体激光器中，非辐射跃迁的主要机制是激活离子与基质点阵的相互作用，使激活离子将自己的激发能量传给基质点阵，引起点阵的热振动，或者相反。总之，这时能量间的跃迁并不伴随光子的辐射和吸收。

1.1.2　自发辐射、受激辐射和受激吸收

原子、分子或离子辐射光和吸收光的过程是与原子能级之间的跃迁联系在一起的。在普朗克于1900年提出的辐射量子化假设，以及玻尔于1913年提出的原子中电子运动状态量子化假设的基础上，爱因斯坦从光与原子相互作用的量子论观点出发，提出光与原子的相互作用应包括原子的自发辐射跃迁、受激辐射跃迁和受激吸收跃迁三个过程，这三个过程同时存在，并且相互关联。

激光器的发光过程中始终伴随着这三个跃迁过程，其中的受激辐射跃迁过程是激光产生的物理基础。

下面以原子的两个能级 E_1 和 E_2 为例（$E_2 > E_1$），讨论光与原子相互作用过程中原子能级间的跃迁，其规律同样适用于多能级系统。

1.1.2.1　自发辐射

从经典力学的角度来讲，一个物体如果势能很高，它将是不稳定的。与此类似，当原子被激发到高能级 E_2 时，它在高能级上是不稳定的，总是力图使自己处于低的能级状态 E_1。处于高能级 E_2 的原子自发地向低能级跃迁，并辐射出一个能量为 $h\nu = E_2 - E_1$ 的光子，这个过程称为自发辐射跃迁，如图1-2所示。

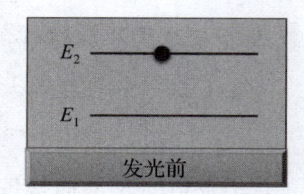

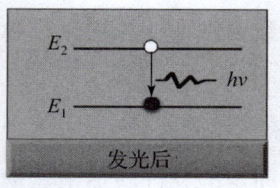

图1-2　自发辐射跃迁

自发辐射跃迁用自发辐射跃迁概率 A_{21} 描述。A_{21} 定义为单位时间内发生自发辐射跃迁的粒子数密度占处于 E_2 能级总粒子数密度的百分比，则

$$A_{21} = \left(\frac{dn_{21}}{dt}\right)_{sp} \frac{1}{n_2} \qquad (1-6)$$

式中，dn_{21} 为 dt 时间内自发辐射粒子数密度；n_2 为 E_2 能级总粒子数密度；下标 sp 表示自发辐射跃迁。也可以说，A_{21} 是每一个处于 E_2 能级的粒子在单位时间内发生自发辐射跃迁的概率。A_{21} 又称自发辐射跃迁爱因斯坦系数。

由式（1-6）可得

$$n_2(t) = n_{20} e^{-A_{21}t} \qquad (1-7)$$

式中，n_{20} 为起始时刻 $t=0$ 时的粒子数密度。

原子停留在高能级 E_2 的平均时间，称为原子在该能级的平均寿命，通常用 τ_s 表示，它等于粒子数密度由起始值 n_{20} 降到其 $\frac{1}{e}$ 所用的时间，由式（1-7）可推出

$$\tau_s = \frac{1}{A_{21}} \qquad (1-8)$$

可见自发辐射跃迁爱因斯坦系数 A_{21} 的大小与原子处在 E_2 能级上的平均寿命 τ_s 有关。原子处在高能级的时间是非常短的，一般为 10^{-8} s 左右。由于原子、离子、分子等内部结构的特殊性，它们在各个能级的平均寿命是不一样的。例如，红宝石中铬离子在能级 E_3 的平均寿命很短，只有 10^{-9} s，而在能级 E_2 的平均寿命却很长，为几毫秒，这些平均寿命较长的能级状态称为亚稳态。在氦原子、氖原子、氮原子、氩离子、铬离子、钕离子、二氧化碳分子等粒子中都有这种亚稳态能级，这些亚稳态能级，为激光的形成提供了重要条件。

自发辐射过程只与原子本身性质有关，而与外界的辐射作用无关。各个原子的辐射都是自发、独立进行的，各个光子的初始相位、光子的传播方向和光子的振动方向等都是随机的，因而是非相干的。除激光器以外，普通光源的发光都属于自发辐射，因为自发辐射产生的光由许许多多杂乱无章的光子组成，所以普通光源发出的光，包含许多种波长成分，向四面八方传播，如阳光、灯光、火光等。

1.1.2.2 受激辐射

在频率为 $v = (E_2 - E_1)/h$ 的光照射（激励）下，或者在能量为 $hv = E_2 - E_1$ 的光子诱发下，处于高能级 E_2 的原子有可能跃迁到低能级 E_1，同时辐射出一个与诱发光子状态完全相同的光子，这个过程称为受激辐射跃迁，如图 1-3 所示。

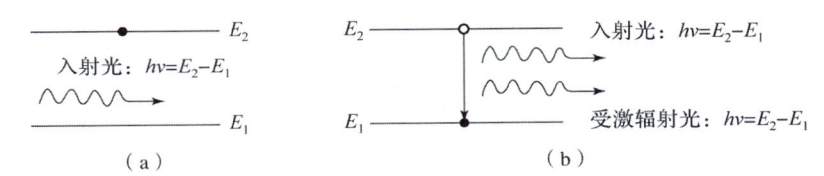

图 1-3 受激辐射跃迁
（a）发光前；（b）发光后

受激辐射的特点如下。
（1）只有外来光子能量为 $hv = E_2 - E_1$ 时，才能引起受激辐射。
（2）受激辐射所发出光子的振动频率、传播方向、偏振方向、相位等与外来光子的完全相同。

受激辐射跃迁用受激辐射跃迁概率 W_{21} 来描述，其定义与自发辐射跃迁概率类似，即

$$W_{21} = \left(\frac{dn_{21}}{dt}\right)_{st} \frac{1}{n_2} \tag{1-9}$$

式中，dn_{21} 为 dt 时间内受激辐射粒子数密度；下标 st 表示受激辐射跃迁。

受激辐射跃迁与自发辐射跃迁的区别在于，它是在辐射场（光场）的激励下产生的，因此，其跃迁概率不仅与原子本身的性质有关，还与外来光场的单色能量密度 ρ_v 成正比，即

$$W_{21} = B_{21}\rho_v \tag{1-10}$$

式中，B_{21} 为受激辐射跃迁爱因斯坦系数，它只与原子本身的性质有关，表征原子在外来光场作用下产生 E_2 到 E_1 受激辐射跃迁的本领。当 B_{21} 一定时，外来光场的单色能量密度越大，受激辐射跃迁概率就越大。

1.1.2.3 受激吸收

处于低能级 E_1 的原子,在频率为 v 的光场作用(照射)下,吸收一个能量为 hv 的光子后跃迁到高能级 E_2 的过程称为受激吸收跃迁,如图 1-4 所示。

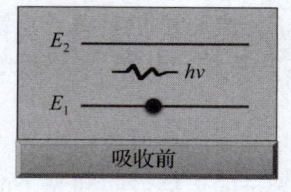

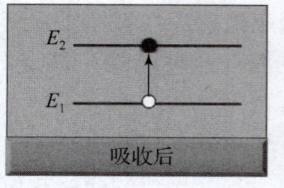

图 1-4 受激吸收跃迁

受激吸收恰好是受激辐射的反过程。受激吸收跃迁用受激吸收跃迁概率 W_{12} 来描述,即

$$W_{12} = \left(\frac{dn_{12}}{dt}\right)_{st} \frac{1}{n_1} \tag{1-11}$$

式中,dn_{12} 为 dt 时间内受激吸收粒子数密度;n_1 为 E_1 能级总粒子数密度。

受激吸收跃迁过程也是在光场作用下产生的,故其跃迁概率 W_{12} 也与外来光场的单色能量密度 ρ_v 成正比,即

$$W_{12} = B_{12}\rho_v \tag{1-12}$$

式中,B_{12} 为受激吸收跃迁爱因斯坦系数,它也只与原子本身的性质有关,表征原子在外来光场作用下产生从 E_1 到 E_2 受激吸收跃迁的本领。

1.1.3 激光产生的条件

1.1.3.1 受激辐射光放大

1 个光子激发 1 个粒子产生受激辐射,可以使粒子产生 1 个与该光子状态完全相同的光子,这 2 个光子再去激发另外 2 个粒子产生受激辐射,就可以得到完全相同的 4 个光子,如此下去……这样,在 1 个入射光子的作用下,可引起大量发光粒子产生受激辐射,并产生大量运动状态完全相同的光子,这种现象称为受激辐射光放大,如图 1-5 所示。

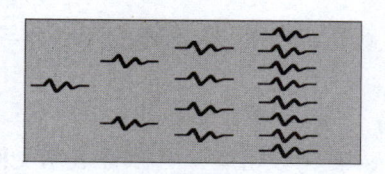

图 1-5 受激辐射光放大

由于受激辐射产生的光子都属于同一光子态,因此它们是相干的。在受激辐射过程中产生并被放大了的光,便是激光。1917 年,爱因斯坦在研究光辐射与原子相互作用时,提出了光的受激辐射概念,从理论上预见了激光产生的可能性。20 世纪 30 年代,理论物理学家又证明了受激辐射产生的光子的振动频率、偏振方向和传播方向都和引发产生受激辐射的激励光子的完全相同。

如果光源的发光主要是受激辐射,那么就可以实现光放大效应,也就是说能够得到激

光。但是普通光源产生的光辐射以自发辐射为主，受激辐射的成分非常少，没有实际应用价值。因此，当初爱因斯坦提出的受激辐射概念并没有受到重视。

1.1.3.2 产生激光的必要条件

产生激光必须满足以下三个条件。

（1）实现粒子数反转——激光工作物质。
（2）使原子被激发——激励能源。
（3）要实现光放大——光学谐振腔。

所以，激光器的基本构成就是如下三个部分：激光工作物质，激励能源，光学谐振腔。

1. 激光工作物质

激光工作物质是指用来实现粒子数反转并产生光的受激辐射放大作用的物质体系，又称激光增益介质。对激光工作物质的主要要求是尽可能在其工作粒子的特定能级间实现较大程度的粒子数反转，并使这种反转在整个激光发射过程中尽可能有效地保持下去，为此，要求激光工作物质具有合适的能级结构和跃迁特性。

激光工作物质可以是固体（晶体、玻璃）、气体（原子气体、离子气体、分子气体）、半导体和液体等介质。不同的激光器中，激活粒子可能是原子、分子、离子等，各种物质产生激光的基本原理都是类似的。

激光工作物质决定了激光器能够辐射的激光波长，激光波长由工作物质中形成激光辐射的两个能级间的跃迁确定。在实验室条件下能够产生激光的物质有上千种，可产生的激光波长从真空紫外线到远红外线波段，X射线波段的激光器也在研究中。

2. 激励能源

为了使激光工作物质中出现粒子数反转，必须用一定的方法去激励原子体系，使处于高能级的粒子数增加。根据激光工作物质和激光器运转条件的不同，可以采取不同的激励方式和激励装置，常见的有以下四种。

（1）光学激励（光泵浦）。光泵浦是利用外界光源发出的光来辐照激光工作物质以实现粒子数反转的。整个激励装置通常由气体放电光源（如氙灯、氪灯）和聚光器组成。固体激光器一般采用普通光源（如脉冲氙灯）或半导体激光器作为泵浦源，对激光工作物质进行辐照。

（2）气体放电激励。对于气体激光工作物质，通常将气体密封在细玻璃管内，在其两端加电压，通过气体放电的方法来进行激励。整个激励装置通常由放电电极和放电电源组成。

（3）化学激励。化学激励是利用在激光工作物质内部发生的化学反应来实现粒子数反转的，通常要求有适当的化学反应物和相应的引发措施。

（4）核能激励。核能激励是利用小型核裂变反应所产生的裂变碎片、高能粒子或放射线来激励激光工作物质并实现粒子数反转的。

3. 光学谐振腔

光学谐振腔主要有以下两个方面的作用。

（1）产生与维持激光振荡。光学谐振腔的作用，首先是增加激光工作物质的有效长度，使得受激辐射过程有可能超过自发辐射过程而成为主导；其次是提供光学正反馈，使激活介质中产生的辐射能够多次通过介质，并且使光束在腔内往返一次过程中由受激辐射提供的增益超过光束所受的损耗，从而使光束在腔内得到放大并维持自激振荡。

（2）控制输出激光束的质量。激光束的特性与光学谐振腔的结构有着不可分割的联系。光学谐振腔可以对腔内振荡光束的方向和频率进行限制，以保证输出激光束的高单色性和高方向性。通过调节光学谐振腔的几何参数，还可以直接控制激光束的横向分布特性、光斑大小、振荡频率及光束发散角等。

除了上述三个基本组成部分之外，激光器还可以根据不同的使用目的，在光学谐振腔的腔内或腔外加入对输出激光或光学谐振腔进行调节的光学元件。例如，激光发射的谱线实际上并不是严格的单色光，而是具有一定的频率宽度，若要选取某一特定波长的光作为激光输出，可以在光学谐振腔中插入一对法布里－珀罗标准具；为改变透过的光强、选择波长或光的偏振方向，可以在光学谐振腔中加入滤光器；为降低反射损耗，可以在光学谐振腔中加入布儒斯特窗；还可以在光学谐振腔中加入锁模装置或Q开关，以对输出激光的能量进行控制；此外，还有棱镜、偏振器、波片、光隔离器等光学元件，可以根据不同的使用目的进行添加。

1.2　激光器技术的发展

1.2.1　国外激光器技术的发展

20世纪50年代，电子学、微波技术的应用提出了将无线电技术从微波（波长为厘米量级）推向光波（波长为微米量级）的需求。这就需要一种和微波振荡器类似的、可以产生被控制光波的振荡器，这就是当时光学技术迫切需要的强相干光源，即激光器。当时利用微波振荡器产生微波的方法是，在一个尺度可与波长比拟的封闭式光学谐振腔中，利用自由电子与电磁场的相互作用实现电磁波的放大和振荡。由于光波波长极短，因此很难用这种方法实现光波振荡。美国科学家汤斯（Charles H. Townes）、苏联科学家巴索夫（Nicolay G. Basov）和普罗霍罗夫（Aleksandr M. Prokhorov）创造性地继承和发展爱因斯坦的理论，提出利用原子、分子的受激辐射来放大电磁波的新方法，并于1954年发明了氨分子微波振荡器——一种微波激射器（microwave amplification by stimulated emission of radiation，MASER）。

MASER的成功证明了受激辐射原理技术应用的可能性。由此，许多科学家设想把MASER的原理推广到波长更短的光波波段，从而制成光受激辐射放大器。汤斯和贝尔实验室（Bell Laboratory）的肖洛（Arthur L. Schawlow）在合作研究的基础上，于1958年在《物理评论》（Physical Review）杂志上发表了篇名为《红外和光学微波激射器》（Infrared and Optical Masers）的论文，讨论并概括了光受激辐射放大器的主要问题和困难，给出了实现光受激辐射放大需要满足的必要条件，提出了利用尺度远大于波长的开放式光学谐振腔（借用传统光学中法布里－珀罗干涉仪的概念）实现激光器的新思想。这篇文章标志着激光时代的开端，从此，激光研究领域翻开了新的篇章，全世界许多研究小组纷纷提出各种实验方案，竞相投入研制第一台激光器的竞赛中。

1960年5月，美国休斯公司（Hughes）实验室从事红宝石荧光研究的年轻人梅曼（Theodore H. Maiman）经过两年的努力，制成了世界上第一台红宝石固体激光器（波长

694.3 nm）。梅曼的方案利用掺铬的红宝石晶体做发光材料，利用发光强度很高的脉冲氙灯做激发光源，激光器的结构如图 1-6 所示。同年 7 月，休斯公司召开新闻发布会，隆重宣布激光器的诞生，从此开创了激光技术的历史。

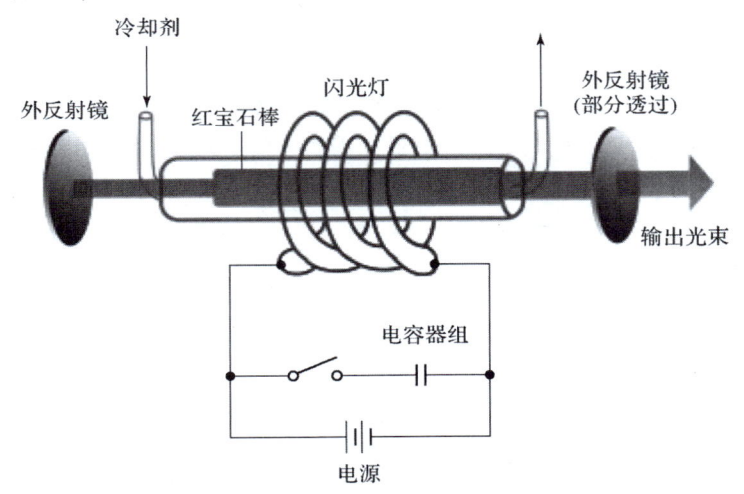

图 1-6　梅曼红宝石激光器结构示意

随后，各种类型的激光器层出不穷，激光技术迅速发展。1960 年 12 月，贝尔实验室的贾范（Javan）、赫里奥特（Herriot）、贝纳特（Bennett）等人利用高频放电激励氦氖（He-Ne）气体，制成了世界上第一台氦氖激光器，可输出几种波长为 1 150 nm 左右的连续光，在其影响下产生了一系列气体激光器。1962 年出现了半导体激光器。1964 年帕特尔（C. Patel）发明了第一台二氧化碳（CO_2）激光器。1965 年发明了第一台钇铝石榴石（yttrium aluminum garnet，YAG）激光器。1967 年第一台 X 射线激光器研制成功。1968 年开始发展高功率 CO_2 激光器。1971 年出现了第一台商用 1 kW CO_2 激光器。高功率激光器的成功研制，推动了激光应用技术的迅速发展。1997 年，美国麻省理工学院的研究人员研制出了第一台原子激光器。

国外著名的激光企业及其代表产品介绍如下。德国通快（Trumpf）集团作为全球机床和激光领域的市场及技术领导者之一，其生产的 TruDisk 系列碟片激光器以精准的激光功率控制和高光束质量，在国际市场上享有盛誉。美国相干（Coherent）公司创立之初，在 CO_2 激光器方面优势凸显，经过几十年的发展，相干公司已经成为全球领先的光子学制造商和创新者之一，产品涉及 CO_2 激光器、光纤激光器、超快激光器、半导体激光器、准分子激光器等。美国阿帕奇（IPG）公司作为世界领先的高性能光纤激光器和放大器产品的研发及制造商，其光纤激光器和放大器产品广泛应用于材料加工、通信、娱乐、医疗、生物技术等众多先进领域中。美国恩耐（nLIGHT）公司作为世界领先的半导体激光器和光纤解决方案的提供商，在半导体激光器芯片和光纤耦合封装方面具有很强的优势，产品主要应用于材料加工、医疗、半导体、太阳能等领域。

1.2.2　中国激光器技术的发展

在国际上热烈开展激光研究的同时，我国也在积极开展这项研究。我国第一台激光器于 1961 年 8 月研制成功，是由中国科学院长春光学精密机械研究所的王之江领导设计并和邓锡铭、汤星里、杜继禄等共同实验研制的,所以中国光学界尊称王之江为"中国激光之父"。王之江研制的激光器是红宝石激光器,但在结构上与梅曼研制的有所不同,最明显的地方是泵浦灯不是螺旋氙灯,而是直管式氙灯,灯和红宝石棒并排放在球形聚光器的附近,其结构如图1-7所示。这是因为王之江计算过,直管式氙灯会比螺旋氙灯获得更好的效果。实践证明,这种设想和计算是正确的,当今世界上的固体激光器大都是采用这种方式。此后短短几年内,我国激光技术迅速发展,各种类型的固体、气体、半导体和化学激光器相继研制成功。例如,1963年6月,干福熹等人成功研制出我国第一台掺钕玻璃激光器;1963年7月,邓锡铭等人成功研制出我国第一台氦氖激光器;1963年12月,王守武等人成功研制出我国第一台砷化镓(GaAs)同质结半导体激光器;1965年9月,王润文等人成功研制出我国第一台CO_2激光器;1966年7月,屈乾华等人成功研制出我国第一台YAG激光器。

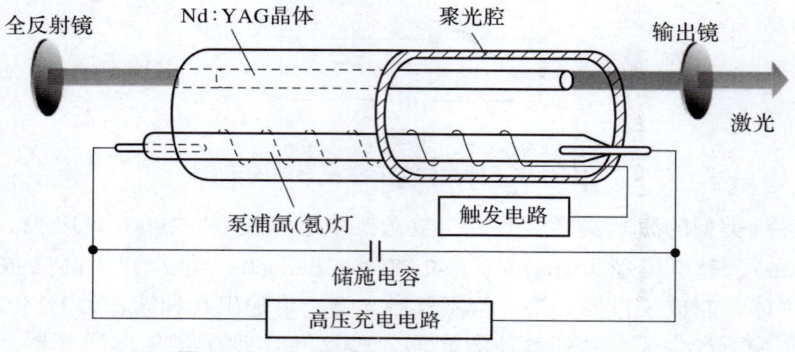

图1-7 改进后的红宝石激光器结构示意

我国光纤激光器市场早年几乎被欧美企业垄断,尤其是技术密度高的高功率光纤激光器市场。2000年以后,我国光纤激光器产业开始逐步成长,代表性企业之一是成立于2007年的武汉锐科光纤激光,其创始人从海外归国,凭借深厚的技术功底和国内市场无与伦比的应用环境,从小功率到中功率,不断推出多种激光器。国产激光器的发展,离不开优秀企业的耕耘与沉淀,它们不断创新技术并推出行业需要的产品,共同推动着国产激光器的进步与发展。近年来以锐科光纤激光、创鑫激光、杰普特、大族激光等公司为代表的中国激光企业市场份额占有率明显提升。锐科光纤激光与南华大学联合研制的国内首台100 kW的光纤激光器及其配套设备输出功率直逼美国IPG公司120 kW的输出功率。凯普林20 kW的红光半导体激光器和1 kW的蓝光半导体激光器,达到国内领先水平。杰普特自主研发的主振荡-功率放大(master oscillator-power amplifier,MOPA)脉冲光纤激光器在国内率先实现了批量生产和销售,填补了国内该领域的技术空白。

我国已经基本完成了中低功率激光器的国产化替代,但是高功率光纤激光器专用的特种光纤、光栅等核心材料和器件仍需外购,因此限制了我国高功率光纤激光器的发展。特种光纤方面,美国IPG公司、德国Trumph公司先后掌握了输出功率达万瓦级的掺三价镱离子(Yb^{3+})双包层单纤光纤制备技术,我国目前仅能生产6 kW以下功率的特种光纤,主要供应商有长飞光纤、武汉睿芯特种光纤等公司,研发机构有北京大学、北京工业大学。光纤光栅方面,加拿大TeraXion公司的光纤光栅产品承受功率超过3 kW,中国科学院上海光机所研制的光纤光栅承受功率目前仅达到1 kW,与国际水平还有巨大差距。

1.3　工业激光器的分类

激光器种类繁多，习惯上主要按照增益介质、工作状态及波长的不同来分类，如图 1-8 所示。

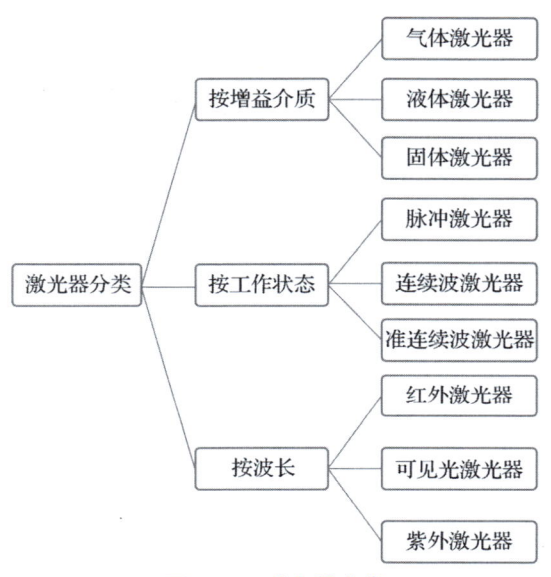

图 1-8　激光器分类

1.3.1　按照增益介质分类

按照增益介质的不同，激光器可以分为气体激光器、液体激光器、固体激光器。增益介质通过外部能量源进入激发态。在大多数激光器中，这种介质由一组原子组成并使用外部光源或电场为原子提供能量以吸收并转变为激发态。激光器的增益介质通常是纯度、尺寸、浓度和形状受控的材料，可通过受激发射过程放大光束。这种介质可以是任何状态，如气体、液体、固体或等离子体等。

1.3.1.1　气体激光器

这是一类以气体为增益介质的激光器。此处所说的气体可以是纯气体，也可以是混合气体；可以是原子气体，也可以是分子气体；还可以是离子气体、金属蒸气等。此类激光器多数采用高压放电方式泵浦。常见的气体激光器有氦氖激光器、CO_2 激光器、氩离子激光器、氦镉激光器和铜蒸气激光器等。

1. 氦氖激光器

氦氖激光器是最早出现也是最为常见的气体激光器之一。它的增益介质为氦、氖两种气体按一定比例混合的物质。根据工作条件的不同，它可以输出 5 种不同波长的激光，最常用的是波长为 632.8 nm 的红光，输出功率在 0.5~100 MW 之间，具有非常好的光束质量。氦氖激光器可用于外科医疗、激光美容、建筑测量、准直指示、照排印刷、激光陀螺等，不少中学的实验室也在用它做演示实验。

2. CO_2 激光器

CO_2 激光器是一种能量转换效率较高且输出最强的气体激光器。它的准连续输出已有 400 kW 的报道，微秒级脉冲的能量则达到 10 kJ，经适当聚焦，可以产生 1 013 W/m² 的功率密度。这些特性使 CO_2 激光器在众多领域得到广泛应用：工业上用于多种材料的加工，包括打孔、切割、焊接、退火、熔合、改性、涂覆等；医学上用于各种外科手术；军事上用于激光测距、激光雷达，乃至定向能武器。

3. 氩离子激光器

1964 年发明的氩离子激光器以离子态的氩为增益介质，大多数器件以连续方式工作，但也有少量脉冲运转。氩离子激光器可以有 35 条以上谱线，其中 25 条是波长在 408.9 ~ 686.1 nm 范围内的可见光，10 条以上是波长在 275 ~ 363.8 nm 范围内的紫外辐射，并以 488.0 nm 和 514.5 nm 两条谱线的激光器功率最强，连续输出功率可达 100 W。氩离子激光器的主要应用包括眼疾治疗、血细胞计数、平版印刷及作为染料激光器的泵浦源等。

4. 氦镉激光器

1968 年发明的氦镉激光器以镉金属蒸气为增益介质，主要有两条谱线，即波长为 325.0 nm 的紫外辐射和波长为 441.6 nm 的蓝光，典型输出功率分别为 1 ~ 25 MW 和 1 ~ 100 MW。其主要应用包括活字印刷、血细胞计数、集成电路芯片检验及激光诱导荧光实验等。

5. 铜蒸气激光器

另一种常见的金属蒸气激光器是 1966 年发明的铜蒸气激光器。它一般通过电子碰撞激励，两条主要谱线是波长为 510.5 nm 的绿光和波长为 578.2 nm 的黄光，典型脉冲宽度（脉宽）为 10 ~ 50 nm，重复频率可达 100 kHz。一个脉冲能量的平均水平为 1 mJ 左右，这就是说，其平均功率可达 100 W，而峰值功率则高达 100 kW。

铜蒸气激光器发明后 15 年才进入商品化阶段，其主要应用为染料激光器的泵浦源。此外，它还可用于高速闪光照相、大屏幕投影电视及材料加工等。

1.3.1.2 液体激光器

液体激光器的增益介质分为两类：一类为有机化合物液体（有机染料），另一类为无机化合物液体。其中，染料激光器是液体激光器的典型代表。常用的有机染料有四类：吐吨类染料、香豆素类激光染料、恶嗪激光染料和花青类染料。无机化合物液体通常是含有稀土金属离子的无机化合物溶液，其中金属离子（如 Nd）起工作物质的作用，而无机化合物液体（如 $SeOCl$）则起基质的作用。

染料激光器的波长覆盖范围为紫外到近红外波段（300 nm ~ 1.3 μm），通过混频等技术还可将波长范围扩展至真空紫外到中红外波段。激光波长连续可调是染料激光器最重要的输出特性。染料激光器结构简单、价格低廉。但是染料溶液的稳定性较差，这是染料激光器的主要不足。

1.3.1.3 固体激光器

固体激光器的增益介质通常是在基质材料（如晶体或玻璃）中掺入少量的金属离子

（称为激活离子），粒子跃迁发生在激活离子的不同能级之间。用作激活离子的元素可分为四类：三价稀土金属离子、二价稀土金属离子、过渡金属离子和锕系金属离子。常见的固体激光器有光纤激光器、碟片激光器、半导体激光器、YAG 激光器等。

1. 光纤激光器

光纤激光器是指用掺稀土元素玻璃光纤作为增益介质的激光器。光纤激光器在光纤放大器的基础上开发而来：在泵浦光源的作用下光纤内极易形成高功率密度，造成激光工作物质中出现粒子数反转，适当加入正反馈回路（构成谐振腔）便可形成激光振荡输出。

光纤激光器具有以下优点：光束质量好，电光转换效率高，散热特性好，结构紧凑，可靠性高。因此，光纤激光器应用范围非常广泛，主要包括激光光纤通信、激光空间远距通信、工业造船、汽车制造、激光雕刻、激光打标、激光切割、印刷制辊、金属及非金属钻孔、切割、焊接（铜焊、淬水、包层及深度焊接）、军事国防安全、医疗器械仪器设备、大型基础建设及作为其他激光器的泵浦源等。

2. 碟片激光器

碟片激光器是二极管泵浦固体激光器，20 世纪 90 年代初期由 Adolf Giesen 在斯图加特大学首次发明。薄碟片中的增益介质是晶体，通常是 Yb：YAG。

碟片激光器设计理念的提出，有效地解决了固体激光器的热效应问题，使固体激光器的高平均功率、高峰值功率、高效率、高光束质量得以完美结合。碟片激光器在汽车、船舶、铁路、航空、能源等领域成为不可替代的新型加工用激光光源。目前，全球仅有德国 Trumpf 公司具有生产高功率碟片激光器的技术，最高功率达到 16 kW，光束质量达到 8 mm·mrad，实现了机械手的激光远程焊接和大幅面激光高速切割，为固体激光器在高功率激光加工领域开辟了广阔的应用市场。

3. 半导体激光器

半导体激光器又称二极管激光器，是用半导体材料作为增益介质的激光器。由于物质结构上的差异，不同种类产生激光的具体过程也不同。常用的增益介质有砷化镓（GaAs）、硫化镉（CdS）、磷化铟（InP）、硫化锌（ZnS）等。激励方式主要有电注入、电子束激励和光泵浦三种形式。半导体激光器可分为同质结、单异质结、双异质结等几种。同质结激光器和单异质结激光器在室温下多为脉冲器件，而双异质结激光器在室温下可实现连续工作。

半导体激光器是最实用、最重要的一类激光器。它体积小、使用寿命长，并可采用简单的、注入电流的方式来泵浦，其工作电压和电流与集成电路兼容，因而可与之单片集成。并且还可以用高达吉赫兹级的频率直接对它进行电流调制以获得高速调制的激光输出。由于这些优点，半导体激光器在激光通信、光存储、光陀螺、激光打印、测距及雷达等方面得到了广泛应用。

4. YAG 激光器

钇铝石榴子石晶体（$Y_3Al_5O_{12}$）是一种综合性能（光学、力学和热学）优良的激光基质。其中，掺钕钇铝石榴石（Nd：YAG）激光器是使用最广泛的固体激光器。其因为能够掺进去的钕浓度很高，可达 $1.3 \times 10^{20}/cm^3$ 以上，所以单位体积工作物质能提供比较高的激光功率。Nd：YAG 激光器与钕玻璃激光器一样，都是以三价钕离子（Nd^{3+}）作为激活离子,只是钕玻璃中 Nd^{3+} 的能级宽度较大。Nd∶YAG 激光器的发射波长为 1 064 nm。

YAG 激光器一般由激光棒、泵浦灯、聚光器和谐振腔组成,表面镀上金或银反射膜的椭圆形聚光器将泵浦灯光汇聚在 YAG 棒上。通常用氪闪光灯作泵浦光源。若除了掺入 Nd^{3+} 离子外,再掺入三价铬(Cr^{3+})离子,则可使用氙灯泵浦,这时受激发的 Cr^{3+} 离子将能量转换给 Nd^{3+} 离子。此外,也可用半导体激光泵浦 YAG 激光器。YAG 激光器的特点是阈值低,晶体使用寿命长,具有非常高的荧光量子效率,在 0.7~0.8 nm 吸收光谱范围内荧光量子效率接近 1。YAG 材料的导热性能远比钕玻璃好,因而可制成重复率较高的脉冲激光器,甚至能够实现室温条件下的连续运转。此外,YAG 激光器的光束质量好。所以 Nd∶YAG 激光器几乎是所有固体激光器中应用最广泛的一种,可用于材料加工、全息技术、测距、目标照明和指示、外科手术等领域。

1.3.2 按照工作状态分类

按照激光器工作状态的不同,可将激光器分为脉冲激光器、连续波(continuous wave,CW)激光器和准连续波(quasi-continuous wave,QCW)激光器三大类。

脉冲激光器是指出光方式是脉冲波的形式,根据出光的时间分为纳秒(10^{-9} s)、皮秒(10^{-12} s)、飞秒(10^{-15} s)等级别,对应的激光器为 MOPA/调 Q 脉冲激光器、皮秒激光器、飞秒激光器等,这类激光器出光时间短、峰值功率高、重复频率高。

连续波激光器的工作特点是工作物质的激励和相应的激光输出,可以在一段较长的时间范围内以连续方式持续工作。光纤激光器、半导体激光器均属于此类激光器。由于激光器在连续运转过程中往往不可避免地产生器件的过热效应,因此多数需采取适当的冷却措施。

准连续波激光器保留了连续波激光器所有众所周知的优势外,还有一个重要特性,即峰值功率增至连续波功率的 10 倍,增加的多个泵浦二极管只需简单地接入有源光纤。将这些二极管的占空比限定为 10%,大幅降低了对电源功率的需求,但当激光器处于脉冲模式时,就能产生 10 倍以上的峰值功率,得到长脉宽、低平均功率、高峰值功率、低占空比的脉冲激光。这种短脉冲的激光间歇性作用于材料,给了材料冷却的时间,所以在热影响区、热输入上更小,更适合加工薄材及靠近热敏元件的材料。

1.3.3 按照波长分类

按照激光器波长的不同,可将激光器分为红外激光器、可见光激光器和紫外激光器三种。

1.3.3.1 红外激光器

红外激光器指激光波长处于 0.75~1 000 μm 之间的激光器,根据波长的不同,还可进一步分为远红外激光器、中红外激光器和近红外激光器。

远红外激光器:输出激光波长处于远红外区(25~1 000 μm),某些分子气体激光器及自由电子激光器的激光输出即处于这一区域。

中红外激光器:输出激光波长处于中红外区(2.5~25 μm),较典型的有 CO_2 激光器,波长为 10.6 μm。

近红外激光器：输出激光波长处于近红外区（0.75~2.5 μm），工业上常用的光纤激光器及 YAG 激光器均属于该分类。

1.3.3.2 可见光激光器

可见光激光器是指输出激光为可见光，波长范围为 0.40~0.75 μm 的激光器。常见的有蓝光激光器、绿光激光器等。

蓝光激光器在铝、铜、金等高反射率材料的加工领域应用广泛，许多对常见波长反射率高的材料，对波长为 450 nm 的蓝色激光的吸收率非常高。相同的应用，原来采用的几千瓦红外激光器功率，切换到蓝色激光器只需要 500 W，并能解决红外激光焊接时大量飞溅污染的问题。

绿光激光器输出激光的波长通常在 532 nm 左右。绿光激光器主要应用于激光指示器、激光测距仪、激光照明等领域。例如，绿光激光指示器常用于教学演示、建筑工地、星空观测等场景，因为绿光在大气中的散射效果好，能够清晰地显示出激光束的路径。另外，绿光激光器也常用于激光治疗、激光制造等领域。

1.3.3.3 紫外激光器

紫外激光器是指输出激光波长处于 0.005~0.4 μm 之间的激光器。其中，波长为 0.005~0.2 μm 的激光器为真空紫外激光器，如氢分子激光器、氙准分子激光器等；波长为 0.2~0.4 μm 的激光器为近紫外激光器，如氮分子激光器、氟化氪（KrF）激光器、准分子激光器等。

皮秒激光切割器介绍

紫外激光切割器介绍

模块二　激光加工技术

2.1　激光与材料相互作用原理

激光机简介

2.1.1　激光与材料相互作用引起的物态变化

金属材料的激光加工主要是基于光热效应的热加工，激光辐照材料表面时，在不同的功率密度下，材料表面区域将发生各种不同的变化。这些变化包括表面温度升高、熔化、汽化、形成匙孔及致密等离子体等。而且，材料表面区域物理状态的变化极大地影响材料对激光的吸收。随着功率密度与作用时间的增加，金属材料将会发生以下几种物态变化，如图2-1所示。

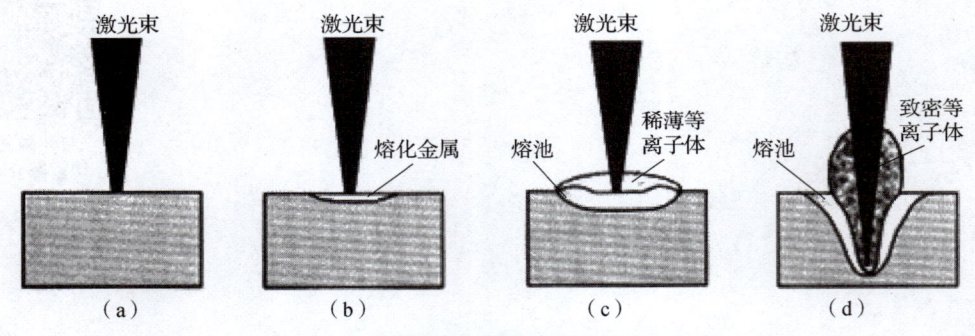

图2-1　激光辐照金属材料的几种物态变化
(a) 固态加热；(b) 表层熔化；(c) 形成稀薄等离子体；(d) 形成匙孔及致密等离子体

激光功率密度较低（$<10^4$ W/cm²）、辐照时间较短时，金属吸收的激光能量只能引起材料由表及里的温度升高，但维持固相不变。这种物理过程主要用于零件退火和相变硬化处理。

激光加工过程1

随着激光功率密度的提高（$10^4 \sim 10^6$ W/cm²）和辐照时间的加长，材料表层逐渐熔化，随着输入能量的增加，液-固相分界面逐渐向材料深部移动。这种物理过程主要用于金属的表面重熔、合金化、熔覆和热导型焊接。

进一步提高功率密度（$>10^6$ W/cm²）和加长辐照时间，材料表面不仅熔化，而且汽化，汽化物聚集在材料表面附近并微弱地电离形成等离子体，这种稀薄等离子体有助于材料对激光的吸收。在汽化膨胀压力下，液态表面

激光加工过程2

变形，形成凹坑。这一阶段可以用于激光焊接。

再进一步提高功率密度（$>10^7$ W/cm^2）和加长辐照时间，材料表面强烈汽化，形成较高电离度的等离子体，这种致密的等离子体可逆着光束入射方向传输，对激光有屏蔽作用，大大降低激光入射到材料内部的能量密度。在较大的蒸气反作用力下，熔化的金属内部形成小孔，这些小孔通常称为匙孔，匙孔的存在有利于材料对激光的吸收。这一阶段可用于激光深熔焊、切割、打孔和冲击硬化等。

不同条件下，不同波长激光辐照不同金属材料，每一阶段功率密度的具体数值会存在一定的差异。

就材料对激光的吸收而言，材料的汽化是一个分界线。当材料没有发生汽化时，不论材料处于固相还是液相，其对激光的吸收仅随材料表面温度的升高而有较慢的变化；而一旦材料出现汽化并形成等离子体和匙孔，材料对激光的吸收则会突然发生变化。

图 2-2 和图 2-3 所示分别为激光焊接过程中工件表面对激光的反射率和焊缝熔深随激光功率密度的变化。当激光功率密度大于汽化阈值（10^6 W/cm^2）时，反射率突然降至很低，材料对激光的吸收剧增，熔深显著增加。

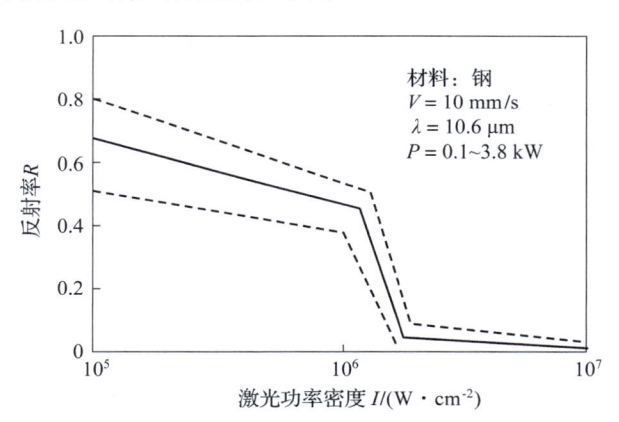

激光焊接

图 2-2 反射率随激光功率密度的变化

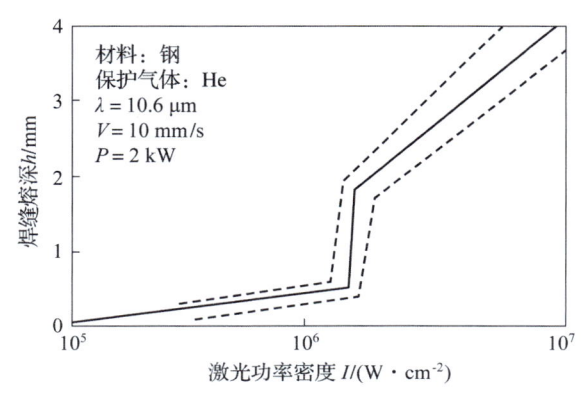

图 2-3 焊缝熔深随激光功率密度的变化

2.1.2 激光与材料作用的能量平衡

激光加工的物理基础是激光与物质的相互作用，这是一个极为广泛的概念，既包括复杂的微观量子过程，也包括激光与各种介质材料作用所发生的宏观现象，如激光的反射、吸收、折射、衍射、偏振、光电效应、气体击穿等。

激光与材料相互作用时，两者的能量转化遵守能量守恒定律，即

$$E_0 = E_{反射} + E_{吸收} + E_{透射} \tag{2-1}$$

式中，E_0 为入射到材料表面的激光能量；$E_{反射}$ 为被材料反射的能量；$E_{吸收}$ 为被材料吸收的能量；$E_{透射}$ 为激光透过材料后仍保留的能量。

对于不透明材料，$E_{透射}=0$，因此式（2-1）可转化为

$$1 = E_{反射}/E_0 + E_{吸收}/E_0 \tag{2-2}$$

即

$$1 = R + A \tag{2-3}$$

式中，R 为反射率；A 为吸收率。激光辐照材料表面时，一部分被材料反射，一部分进入材料内部。其吸收率为

$$A = 1 - R \tag{2-4}$$

未吸收的光，在材料内部穿透，按朗伯定律，随着穿透深度的增加，光强按指数规律衰减，则深入表面以下 x 处的光强为

$$I(x) = I_0 e^{-\alpha x} \tag{2-5}$$

式中，I_0 为表面（$x=0$）处的光强；α 为材料的吸收系数，单位为 cm^{-1}。若把光在材料内的穿透深度定义为光强降至 I_0/e 时的深度，则穿透深度为 $1/\alpha$。这表明：随着激光入射到材料内部深度的增加，激光的强度将以几何级数减弱；激光通过厚度为 $1/\alpha$ 的物质后，激光强度减少为原强度的 $1/e$，材料对激光的吸收能力应归结为吸收系数的大小。

吸收系数 α 对应的材料特征值是吸收指数 K，两者之间有关系：$\alpha = 4\pi K/\lambda$，所以式（2-5）也可表示为

$$I(x) = I_0 e^{-4\pi K x/\lambda} \tag{2-6}$$

式中 λ 为辐射激光的波长。吸收指数 K 是材料复折射率 n_c 的虚部，即

$$n_c = n + iK \tag{2-7}$$

光束从一种介质传输到折射率不同的另一种介质时，在介质之间的界面上将出现反射和折射。从光学薄材料，如空气或材料加工时的保护气体（其折射率接近1），到具有折射率为 $n_c = n + iK$ 的材料的垂直入射光束，在界面处的反射率为

$$R = (n-1)^2 + K^2/(n+1)^2 + K^2 \tag{2-8}$$

因为吸收率 A 与反射率 R 之间有 $A = 1 - R$ 的关系，所以

$$A = 4n/(n+1)^2 + K^2 \tag{2-9}$$

2.1.3 金属材料对激光的吸收

金属中存在密度很大的自由电子，自由电子受到光波电磁场的强迫振动而产生次波，这些次波造成了强烈的反射波和比较弱的透射波。由于自由电子密度大，透射波仅能在很薄的金属表层被吸收，因此金属表面对激光常有较高的反射率。特别是频率较低的红外光，其光子能量较小，主要对金属中的自由电子起作用，易形成强烈的反射。而频率较高的可见光和紫外光，光子能量较大，可对金属中的束缚电子发生作用。束缚电子将使金属的反射能力降低、透射能力增加，增强金属对激光的吸收，呈现出某种非金属的光学性质。

从波长为 0.25 μm 的紫外光到波长为 10.6 μm 的红外光这个波段范围的测量结果表明，光在各种金属内的穿透深度为 10 nm 数量级，其作用深度很浅。金属对光的吸收系数为 $10^5 \sim 10^6$ cm^{-1}。

金属对激光的吸收与波长、材料性质、温度、表面状况、偏振特性等一系列因素有关，下面将分别进行讨论。

2.1.3.1 波长的影响

图 2-4 所示为常用金属在室温下的反射率与波长的关系曲线。在红外区，近似有 $A \propto \lambda^{-1/2}$，随着波长的增加，吸收率减小，反射率增大。大部分金属对波长为 10.6 μm 的红外光反射强烈，而对波长为 1.06 μm 的红外光反射较弱。室温下各种金属在几种特定激光波长下的反射率如表 2-1 所示。

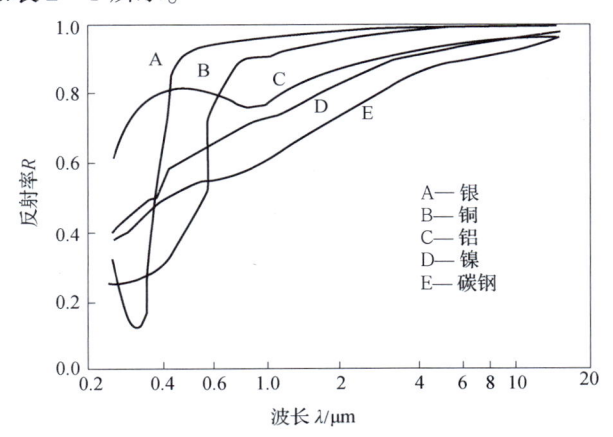

图 2-4 常用金属在室温下的反射率与波长的关系曲线

表 2-1 室温下各种金属在几种特定激光波长下的反射率

材料	氪离子 500 nm	红宝石 700 nm	YAG 1.06 μm	CO$_2$ 10.6 μm
铝	0.09	0.11	0.08	0.019
铜	0.56	0.17	0.10	0.015
金	0.58	0.07		0.017
钛	0.36	0.30	0.22	
铁	0.68	0.64		0.035
铅	0.38	0.35	0.16	0.045
钼	0.48	0.48	0.40	0.027
镍	0.40	0.32	0.26	0.03
铌	0.58	0.50	0.32	0.036
铂	0.21	0.15	0.11	0.036
铼	0.47	0.44	0.28	

续表

材料	氯离子 500 nm	红宝石 700 nm	YAG 1.06 μm	CO_2 10.6 μm
银	0.05	0.04	0.04	0.014
钽	0.65	0.50	0.18	0.044
锡	0.20	0.18	0.19	0.034
钛	0.48	0.45	0.42	0.08
钨	0.55	0.50	0.41	0.026
锌			0.16	0.027

图 2-4 中可以看出，在可见光及其邻近区域，不同金属材料的反射率呈现出错综复杂的变化。但在 $\lambda > 2$ μm 的红外光区，所有金属的反射率都表现出共同的规律性。在这个波段内，光子能量较小，只能和金属中的自由电子耦合。自由电子密度越大，自由电子受迫振动产生的反射波越强，反射率就越大。

2.1.3.2 温度的影响

通常，材料对激光的吸收率随温度的升高而增大。金属材料在室温条件下对激光的吸收率均很小。当温度升高到接近熔点时，其吸收率可达 40%~50%。当温度接近沸点时，其吸收率高达 90%。

在不同的光波波段内，吸收率与温度的关系呈现出不同的趋势。当 $\lambda < 1$ μm 时，吸收率与温度的关系比较复杂，但总的来说，其变化比较小。在可见光区，吸收率通常随温度的升高而稍有减小。几种金属对波长为 1 μm 的光波吸收率随温度变化的试验结果如图 2-5 所示。

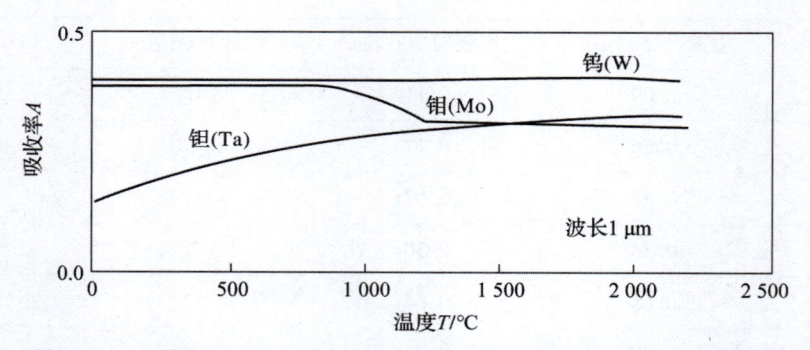

图 2-5 几种金属对波长为 1 μm 的光波吸收率随温度变化的试验结果

当 $\lambda > 2$ μm 时，吸收率与电阻率间存在如下关系

$$A = 0.365(\rho/\lambda)^{1/2} - 0.0667(\rho/\lambda) + 0.006(\rho/\lambda)^{3/2} \tag{2-10}$$

式中，ρ 为电阻率，单位为 $\Omega \cdot cm$；波长 λ 的单位为 cm。自由电子密度越大，该金属的电阻率越低，导电性越好，对红外光的反射率就越高。

电阻率随温度的升高而增大，两者之间有如下关系

$$\rho = \rho_{20}(1 + K_\rho T) \tag{2-11}$$

式中，ρ_{20} 为室温下的电阻率；K_ρ 为电阻率的温度系数；T 为温度。将式（2-11）代入式（2-10），即可计算不同温度下的吸收率。吸收率随温度的升高而增加。

对于波长为 10.6 μm 的激光，有

$$A_{10.6} = 11.2[\rho_{20}(1+K_\rho T)]^{1/2} \qquad (2-12)$$

这个关系不仅适用于固态金属，也适用于液态金属。

2.1.3.3 表面状况的影响

表 2-1 中的吸收率是采用光洁的金属表面测得的，而在激光加热的实际应用中，由于氧化和表面污染，实际金属表面对红外激光的吸收率比表 2-1 中数值要大得多，不过，表面状况对可见光吸收率的影响则较小。

金属材料在高温下形成的氧化膜会使吸收率显著提高。一定温度下氧化膜的厚度是时间的函数，因而对激光的吸收率也是时间的函数。金属材料对 10.6 μm 波长 CO_2 激光的吸收率随温度的升高而显著增加，其原因一方面是金属的电阻率随温度增加，另一方面是金属在高温下更易氧化。图 2-6 所示为钢表面氧化膜厚度与其对 CO_2 激光的吸收率之间的关系。

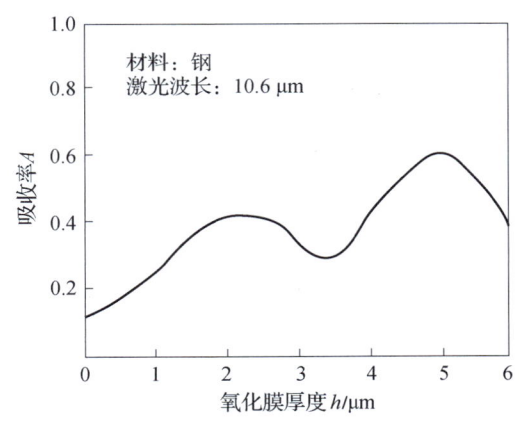

图 2-6 钢表面氧化膜厚度与其对 CO_2 激光的吸收率之间的关系

2.1.3.4 偏振特性的影响

激光束垂直入射时，吸收率与激光束的偏振无关。但是当激光束倾斜入射时，偏振对吸收率的影响变得非常重要。

光波为横向电磁波，它是由相互垂直并与传播方向垂直的电振动和磁振动组成。电磁场电场矢量 E 的取向决定激光束的偏振方向。在激光传输过程中，如果电场矢量在同一平面内振动，成为平面偏振光（或线偏振光）。两束偏振面垂直的线偏振光叠加，当相位固定时，获得椭圆偏振光。上述两束光若强度相等且相位差为 $\pi/2$ 或 $3\pi/2$，则得到圆偏振光。在任意固定点上，瞬时电场矢量的取向做无规则的随机变化时，光束为非偏振光。

因此，当采用偏振光进行激光切割和深熔焊时，加工方向的改变将导致材料对光吸收率的变化，进而导致加工质量不均匀。这时可采用圆偏振镜将激光器输出的线偏振光转换为圆偏振光，这样，吸收率就与工件的加工方向无关了。线偏振光在激光加工中也有若干应用，例如，激光相变硬化和表面重熔处理，采用 P 偏振光，以布儒斯特角照射工件，材料对激光的吸收率可达80%左右，这时激光照射前可不必对材料表面进行黑化处理；对钢管等构件焊接时，先根据管壁厚度将激光束聚焦成宽带，然后利用S偏振光的高反射率，依靠焊接坡口对激光的多次反射将激光导向焊接部位，这种焊接工艺与传统激光深熔焊相比，焊接速度可提高10倍。

2.1.4 光致等离子体行为

2.1.4.1 光致等离子体的形成

焊接过程中，由于激光辐照金属材料汽化产生的等离子体，称为光致等离子体。

激光深熔焊过程中，入射光束的能量密度较大，可以使得熔化金属汽化，并在熔池中形成匙孔。与此同时，金属表面和匙孔内喷出的金属蒸气及保护气体的一部分起始自由电子通过吸收光子能量而加速，直至有足够的能量来碰撞蒸气粒子和保护气体使其电离，此时电子密度便雪崩式地增长，从而形成致密等离子体。

等离子体会吸收入射激光的能量，吸收的光能可通过以下不同渠道传至工件：①等离子体与工件接触面的热传导；②等离子体辐射易被金属材料吸收的短波场光波；③材料蒸气在等离子体压力下返回凝聚于工件表面。如果等离子体传至工件的能量大于等离子体吸收所造成的工件接收光能的损失，则增强工件对激光能量的吸收；反之，则减弱工件对激光能量的吸收。研究表明，激光能量密度较低时，等离子体仅由金属离子蒸气组成，自由电子的功能还不足以使保护气体雪崩电离，它仅能停留在匙孔内部或紧贴于工件表面，而且电子密度较低。这种情况下，在工件表面形成的一层稳定而稀薄的等离子体有助于加强工件对激光的吸收，对于CO_2激光加工钢材，由于等离子体的作用，工件对激光的总吸收率可由10%左右增至30%~50%。

致密的光致等离子体不仅会吸收辐照到工件表面的激光能量，而且由于高温等离子体对激光的折射作用，激光穿过等离子体时波前发生畸变，导致工件上的光斑扩大，由此而造成的激光加工过程特性的变化也是不容忽视的。

2.1.4.2 等离子体的周期性

若光致等离子体的密度过高，将显著增加激光能量的损耗，使得入射到工件表面的能量密度降低，产生的金属蒸气量越来越少，从而等离子体渐渐消失。此时激光可直接照射到工件表面，重新产生大量的金属蒸气，等离子体强度又逐渐增大，再次屏蔽入射激光。如此往复，等离子体强度一直处于一种周期性的变化过程。利用光谱分析和高速摄像观察到，等离子体的强度振动频率约为数百赫。

一般认为，等离子体振动机理如下。

（1）等离子体喷发出匙孔形成羽状等离子云。
（2）羽状等离子云吸收光束能量。
（3）匙孔内光束能量减少，等离子体的产生作用减弱，同时匙孔深度减小。
（4）羽状等离子云逐渐消散。
（5）匙孔内光束能量增加，等离子体的产生作用增强，同时匙孔熔深增大。

有研究表明，匙孔等离子体向外喷发是匙孔闭合收缩作用及等离子体在熔深等方向振动作用的共同结果。匙孔顶部等离子体强度振动频率与工件上方的羽状等离子云频率相同，且振幅同相；而匙孔中部和底部等离子体强度振动频率与工件上方的羽状等离子云频率相同，但振幅反相。

2.1.4.3　激光维持吸收波

当激光能量密度超过某一阈值时，等离子体温度升高，电子密度较大，对激光的吸收率增加，等离子体明显增强，向工件上方和周围扩展，在工件上方形成稳定的近似球形的云团状致密等离子体，此时等离子体还以金属蒸气电离为主。当金属蒸气中自由电子的能量大到足以使周围气体发生雪崩式电离时，等离子体的成分和状态发生本质变化，此时的等离子体主要由辅助气体电离组成，且迅速膨胀，逆着激光入射方向传播，形成激光维持吸收波。

在激光作用下，材料蒸发而在工件表面形成的金属蒸气等离子体将通过两种方式与周围的环境气体相互作用：①高压蒸气等离子体的膨胀在环境气体中形成冲击波；②能量通过热传导、辐射和冲击波加热向环境气体中传递。

较强的激光束辐照工件表面，使得金属蒸气或工件表面附近的环境气体发生电离以致击穿，形成一个激光吸收区。被吸收的激光能量转化为该区气体（或等离子体）的内能，按气体动力学的规律运动。等离子体的一部分能量将以辐射方式耗散，被凝聚态材料或周围气体介质吸收。这种吸收激光的气体或等离子体的传播运动，通常称为激光维持吸收波。

激光焊接过程中存在着两种气体动力学机制不同的吸收波。一种是激光维持燃烧波（laser - supported combustion，LSC），其前面运动的冲击波对激光是透明的，后面的等离子体区才是激光吸收区，以亚声速传播，典型速度是每秒几十米，依靠热传导、热辐射和扩散等输送机制使其前方冷空气加热和电离，维持激光吸收波及其前方冲击波的传播，波后是等离子体区，其等离子体温度为 $1 \sim 3$ eV。另一种是激光维持爆发波（laser - supported detonation，LSD），其冲击波正面就是激光吸收区，被吸收的激光能量支持冲击波前进，激光维持爆发波相对于波前介质以超声速运动，其速度可达每秒几千米至上百千米，等离子体能量为 10 eV 至几十电子伏。

发生激光维持燃烧波或激光维持爆发波现象，与激光功率密度范围相对应。材料表面汽化较强时，金属蒸气部分电离、加热，进而通过热辐射使前方冷空气也发生加热和电离，形成激光维持燃烧波，这时仍有部分激光通过等离子体区入射到工件表面，工件附近等离子体的辐射有助于增强激光与材料的热耦合，随着等离子体逆着光束方向离去，这种耦合受到削弱，逐渐形成对材料的屏蔽。光强继续增大，激光维持燃烧波吸收区运动加快、吸收加强，直至与前方冲击波汇合，形成激光维持爆发波，造成对入射激光的完全吸收。选择适当的环境气体及光束聚焦透镜，可以缩短激光维持爆发波的寿命，提高激光与材料之间的耦合效率。

2.1.4.4　等离子体在能量传输中的作用

激光焊接产生的等离子体位于熔池上方的激光传输通道上，等离子体独特的物理性质决定了它对激光会产生折射、散射及吸收。致密的光致等离子对入射激光具有显著的屏蔽作用，一方面，致密的光致等离子体通过吸收和散射入射光，影响了激光的能量传输效率，大大减小了到达工件的激光能量密度，导致熔深变浅；另一方面，等离子体对入射激光的折射，使得激光通过等离子时波前发生畸变，改变了激光能量在工件上的作用区，影响焊缝成型，严重时，等离子体的屏蔽将使得焊接无法进行。

多年来，人们通过测量等离子体温度或者电子密度，对等离子体行为进行了大量的研究。起初普遍认为，这种屏蔽由深熔焊中的光致等离子体吸收激光能量致使工件表面能量密度小于深熔焊阈值所致。后来研究发现，等离子体对激光的吸收并不是屏蔽的主要原因，等离子体对激光束的折射行为才是引起等离子体屏蔽的主要原因。

电子密度的不均匀性，等离子体的异常折射率性质，使得入射激光发散，导致实际聚焦位置比正常聚焦位置偏下，如图2-7所示。通过光谱分析和理论估算，得出在激光深熔焊中，等离子体对激光折射作用大大降低了耦合到工件表面能量的密度，因此，有人把等离子体形象地描述为负透镜，而等离子体对激光的折射作用则称为负透镜效应。

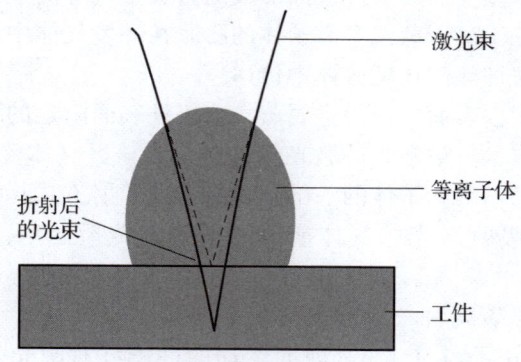

图 2-7　等离子体对激光的折射作用

1. 等离子体对激光的折射

通过等离子体的振荡特性与色散关系，可以近似求出等离子体对激光的折射率。

等离子体的基本构成是正离子、自由电子和中性原子，整体上呈电中性。等离子体振荡是等离子体的最基本特点，其振荡频率为

$$\omega_{pe} = (N_e e^2 / \varepsilon_0 m_e)^{1/2} \tag{2-13}$$

式中，N_e 为等离子体中电子密度；ε_0 为真空介电常数；m_e 为电子质量；e 为电子电量。等离子体主要有两种振荡形式，即等离子体的电子振荡和离子振荡，两者仅由电子、离子的密度及其质量决定。因为电子质量仅为离子的 10^{-4} 倍，所以电子振荡频率比离子的高很多，通常只考虑前者。

当角频率为 ω 的激光在等离子体中传播时，光速和波长会发生变化，但其角频率 ω 不变，角频率 ω 和波数 $k(k = 2\pi/\lambda)$ 满足色散关系

$$\omega^2 = \omega_{pe}^2 + c^2 k^2 \tag{2-14}$$

式中，ω_{pe} 为等离子体振荡频率；ω 为在等离子体中传播的激光角频率；k 为波数；c 为真空中的传播速度（3.0×10^{10} cm/s）。

式（2-13）和式（2-14）表明，当等离子体的电子密度增大时，等离子体振荡频率越来越大，而激光波数 k 越来越小，激光波长则趋于无穷。当 $\omega_{pe} = \omega$ 时，激光波数 k 趋于零，激光不再向前传播而发生反射，此时的等离子体电子密度称为临界电子密度。

按照统计力学观点，等离子体平衡状态是由其内部各种微观过程确定的。例如，粒子弹性碰撞、粒子激发和去激发、解离和去解离、电离和复合、粒子对光子吸收和辐射等。

当电子碰撞效应成为这些过程的主导因素时，对各激发态和电离态存在一定的平衡关系，这种平衡状态称为局部热力学平衡（local thermodynamic equilibrium，LTE）。

实际上，光致等离子体中的电子密度并非呈均匀分布，而是存在很大的电子密度梯度。等离子体边缘部分电子密度小、折射率相对较高，随着与工件距离的接近，等离子体的电子密度逐渐增大，折射率随之减小。入射激光束穿过等离子体时引起激光束传播方向的改变，其偏转角与等离子体的电子密度梯度和等离子体长度有关，几千瓦至十几千瓦的 CO_2 激光诱导的等离子体对激光束的偏转角为 10^{-2} rad 数量级。

根据分压定律、压力方程、准中性方程、萨哈方程及格拉德斯通－戴尔（Gladstone－Dale）公式，计算出的几种不同含量情况下的 Fe－Ar 和 Fe－He 混合等离子体折射率与温度的关系，分别如图 2－8、图 2－9 所示。由这两个图可以看出，混合等离子体的折射率均小于 1。Fe 蒸气含量越多，混合等离子体的折射率越小，在成分比例相同的情况下，Fe－Ar 混合等离子体的折射率比 Fe－He 混合等离子体的折射率小。

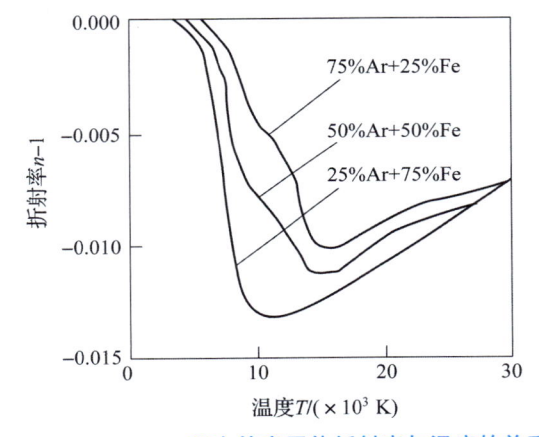

图 2－8　Fe－Ar 混合等离子体折射率与温度的关系

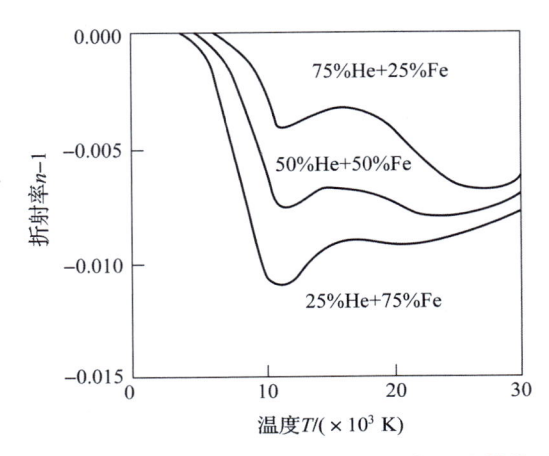

图 2－9　Fe－He 混合等离子体折射率与温度的关系

从以上分析不难看出，下面几个因素主要影响等离子体对激光的折射率和负透镜效应。

（1）激光功率密度。激光功率密度越高，等离子体的温度就越高，则等离子体中的电子密度就越大，其折射率就越小，负透镜效应增强。

（2）激光波长。激光波长越大，其角频率越小，折射率就越小，负透镜效应越明显。

（3）保护气体种类。相同温度下，氩（Ar）气电离程度较大，电子密度较大，折射率较小，负透镜效应明显，相比而言氦（He）气的保护效果好一些。

（4）保护气体流量。在一定范围内增加气体流量，可以吹散熔池上方的等离子云，从而减小等离子体的负透镜效应。

（5）被焊材料。当被焊材料熔点低又易电离时，等离子体中的电子数密度增加，导致负透镜效应显著增强。

2. 等离子体对激光的散射与吸收

等离子体对激光散射的机理比较复杂，散射损失的定量分析尚难做到。有关文献已证实，散射是由等离子体形成时金属蒸气原子凝聚后形成的超微颗粒（ultrafine particle, UFP）所致。UFP 的尺寸与气体压力有关，其平均大小可达 80 nm，远远低于入射激光的波长。

激光焊接过程中，位于工件上方和匙孔内部的等离子体都会吸收入射激光的能量，等离子体通过多重机制吸收激光能量，使温度升高、电离度增大。吸收机制可分为正常吸收与反常吸收两大类。

正常吸收就是通常所说的逆轫致吸收，是指处在激光电场中的电子被激励发生高频振荡，并且以一定概率与粒子（主要为离子）相互碰撞，把能量交给比较重的粒子（离子、原子），从而使等离子体升温的过程。逆轫致吸收又分为线性（电子速度分布为麦克斯韦分布）和非线性（电子速度分布函数与电场有关）两类，非线性情况发生在极高激光电场场合。

反常吸收是指通过多重非碰撞机制，使激光能量转化为等离子体波能的过程。这些波所携带的能量，通过各种耗散机制转化为等离子热能。反常吸收分为共振吸收和多重非线性参量不稳定性吸收两类。

等离子体对激光的吸收系数与电子密度和蒸气密度成正比，随激光功率密度的增加和作用时间的增长而增加。吸收系数还与波长的平方成正比。同一等离子体，对 CO_2 激光的吸收系数比对 YAG 激光的吸收系数高两个数量级。由于吸收系数不同，不同波长的激光产生光致等离子体所需的功率密度阈值也不同，YAG 激光产生光致等离子体的功率密度阈值比 CO_2 激光产生的光致等离子体的功率密度阈值高出约两个数量级。因此，采用 CO_2 激光进行加工时，加工过程易产生光致等离子体并受其影响。而采用 YAG 等较短波长激光加工，等离子体的影响往往较小。

有研究表明，温度对等离子体散射的影响更甚于对等离子体吸收的影响。当等离子体开始离开工件表面时，它的散射作用将明显增加，即便是体积较小的等离子体，激光能量密度的分布也会因散射而发生较大的变化。建议采用 He – Ar 混合气体保护以减少激光能量因等离子体影响带来的波动，提高焊接过程稳定性。

图 2 – 10 所示为 CO_2 激光焊接时等离子体温度及保护气成分对激光聚焦半径和吸收率的影响。

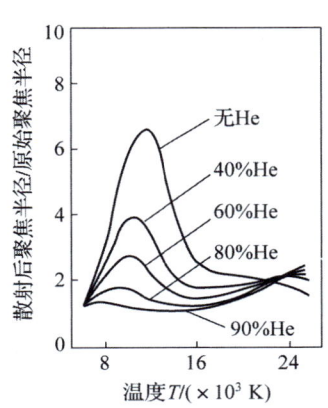

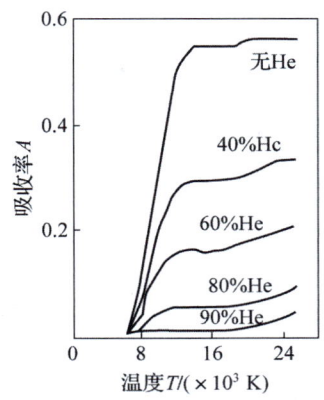

图 2-10　CO_2 激光焊接时等离子体温度及保护气成分对激光聚焦半径和吸收率的影响

2.1.4.5　光致等离子体的控制

焊接过程影响等离子体的因素很多，归结起来主要包括以下几个方面。

（1）激光波长。等离子体的点火阈值和维持阈值与波长的平方成正比。

（2）激光功率密度。等离子体的电子温度、密度随激光功率密度的增加而升高、增大，激光功率密度过大是导致等离子体不稳定的主要原因。

（3）光斑大小。光斑直径越小，等离子体点火阈值和维持阈值越高。

（4）材料性质。材料的致密性和电离能对等离子体的影响很大。金属的电离能越低、反射率越高，相应地，深熔焊等离子体屏蔽值越低。

（5）环境气体及压力。一般认为，环境气体导热性越好、电离能越高，等离子体点火阈值和维持阈值越高；环境气压越低，电子温度、电子密度及等离子体中心高度越低。

（6）气体流量。环境气体的流速增大，等离子体的体积减小，对激光的吸收率降低。但过大的气流量将导致焊接匙孔扩大和熔化金属飞溅。

（7）焊接速度。等离子体的中心温度随焊接速度的降低而升高，焊接速度越低，越容易产生等离子体。

通过改变上述某些因素对等离子体进行控制，以减小或消除它对激光的干扰。控制方法有以下几种。

（1）激光摆动法。激光加工头沿焊接方向来回摆动，在匙孔出现后等离子体形成以前，将光斑瞬时移至熔池的后缘网。

（2）脉冲激光焊接法。调整激光的脉冲和频率，使激光的辐照时间小于等离子体的形成时间。

（3）低气压焊接。采用减压焊接，当气压低于某一值时，材料表面及匙孔内金属蒸气密度较小，等离子体消失。

（4）侧吹辅助气体。一种是采用辅助气体吹散等离子体；另一种是采用导热性好、电离能高的气体抑制环境气体的电离和压缩金属离子蒸气。可以采用与主吹喷嘴同轴的双层喷嘴，外层喷嘴与水平方向呈一定角度，利用外层气流的径向分力将等离子体向四周吹散。也可采用直筒管喷嘴对准等离子体并顺着焊接方向侧向吹气。它对侧吹喷嘴定位精度、气流量控制均要求较严。在众多控制方法中，通过气流法控制等离子体相对灵活而简单。因此，侧吹辅助气体法是激光深熔焊广泛采用的一种方法。

2.1.5 匙孔效应

2.1.5.1 匙孔内的能量吸收

激光加工过程中，材料剧烈汽化膨胀产生的压力将熔融材料抛出，形成匙孔。匙孔效应对于加强激光焊接、切割、打孔等加工过程中对激光的吸收具有极其重要的作用，进入匙孔的激光束通过孔壁的多次反射而几乎被完全吸收。图2-11所示为匙孔内的多次反射吸收示意，假设匙孔为圆锥面，锥角Φ沿圆锥轴线入射的光束经锥面反射直向尖顶并退回，总共反射$180°/\Phi$次。以CO_2激光和铁质材料为例，每反射一次，约吸收13%；设$\Phi=10°$，则在18次反射过程中总吸收率达92%。

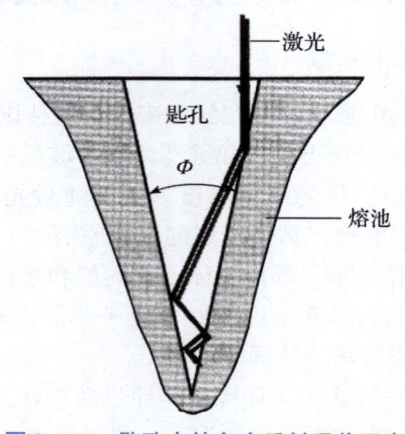

图2-11 匙孔内的多次反射吸收示意

一般认为匙孔内激光的能量吸收机制包括两个过程：逆轫致吸收和菲涅耳吸收。

逆轫致吸收描述的是光致等离子体对激光的吸收行为。在匙孔内部，材料急剧蒸发，金属蒸气和保护气体在高温条件下电离为等离子体。激光穿过等离子体发生能量衰减，一部分能量被等离子体吸收。

菲涅耳吸收是匙孔壁对激光的吸收机制，它描述激光在匙孔内多重反射的吸收行为。激光进入匙孔后，在匙孔内壁上发生多次反射，每一次反射过程中，激光能量被匙孔壁吸收一部分。

2.1.5.2 匙孔内的压力平衡

由于等离子体的吸收和孔壁的多次反射，到达匙孔底部的激光功率密度下降，而匙孔底部的激光功率密度对于产生一定的汽化压强以维持一定深度的匙孔是至关重要的，它决定了加工过程的穿透深度。

作用在匙孔内的力非常复杂，包括表面张力、蒸气压力、烧蚀压力（又称蒸发反作用力或反冲压力）、静水压力等。为简化起见，一般认为作用在匙孔壁上的力主要是烧蚀压力和表面张力。在中低速焊接（焊接速度不超过10 m/min）的近似分析中，一般忽略流体流动对压力平衡的影响，通过压力平衡可以近似确定匙孔的几何形状。

参考文献

[1] 李力钧. 现代激光加工及其装备 [M]. 北京：北京理工大学出版社，1993.
[2] 左铁钏. 高强铝合金的激光加工 [M]. 北京：国防工业出版社，2002.
[3] 王家金. 激光加工技术 [M]. 北京：中国计量出版社，1992.
[4] DAUSINGER F, BECK M, RUDLAFF T. On coupling mechanisms in laser process [C] // Proc. 5th Int. Conf. Lasers in Manufacturing, 1988：177 – 185.
[5] BEHLER K, BEYER E, HERZIGER G. Using the beam polarization to enhance the energy coupling in laser beam welding [C] //ICALEO® '88：Proceedings of the Laser Materials Processing Conference, 1988：88 – 105.
[6] LEWIS G K, DIXON R D. Plasma monitoring of laser beam welds [J]. Welding Journal, 1985 (2)：49 – 54.
[7] 孙承伟. 激光辐照效应 [M]. 北京：国防工业出版社，2002.
[8] 赵仲黑. 激光致等离子体及其对激光加工的影响 [J]. 湖南大学学报，1994，21 (2)：40 – 45.
[9] 唐霞辉，朱海红，朱国富. CO_2 激光深熔焊光致等离子体吸收及其控制 [J]. 中国机械工程，2000，11 (7)：741 – 744.
[10] GAGGENAU H B. Process diagnostics in laser beam welding using capacitive distance sensor system [J]. Welding & Cutting, 1997, 4：59 – 61.
[11] POUEYO – VERWAERDE A, FABBRO R. Experimental study of laser – induced plasma in welding conditions with continuous CO_2 laser [J]. J. Appl. Phys., 1993, 74 (9)：5773 – 5780.
[12] HEIDECKER E, SCHAFER J H. Time – resolved study of a laser – induced surface plasma by means of a beam – deflection technique [J]. J. Appl. Phys., 1988, 64 (5)：2291 – 2297.
[13] MILLER R, DEBROY T. Energy absorption by metal – vapor – dominated plasma during carbon dioxide laser welding of steels [J]. J. Appl. Phys., 1990, 68 (5)：2045 – 2050.
[14] YANBIN CHEN, JUNFEI FANG, LIQUN LI. The Characteristics of plasma in laser keyhole weld [C] //Proceedings of the 1st Pacific International Conference on Application of Lasers and Optics, 2004：19 – 21.
[15] SZYMANSKI Z, KURZYNA J. The spectroscopy of the plasma plume induced during laser welding of stainless steel and titanium [J]. J. Phys. D：Appl. Phys., 1997, 20：3153 – 3162.
[16] POUEYO A, DESHORS G, FABBRO R. Study of laser induced plasma in welding conditions with continuous high power CO_2 lasers [C] //LAMP'92, 1992：323 – 328.
[17] BECK M, BERGER P, HUGEF H. The Effect of plasma formation on beam focusing in deep penetration welding with CO_2 lasers [J]. J. Phys., 1995, 28：2430 – 2442.
[18] 刘金合，杨德才，陆开静. 激光焊接的等离子体负透镜效应 [J]. 激光与光电自进展（增刊），1999，9：138 – 141.
[19] 唐霞辉，朱海红，朱国富. 高功率激光焊接光致等离子体的形成机理研究 [J]. 华中

理工大学学报,1996,24(6):54-56.

[20] DIEBOLD T P, ALBRIGHT C E. Laser-GTA (laser Assisted TIG) welding of aluminium alloy 5052 [J]. Welding Journal, 1984, 63 (6): 245-255.

[21] ADEN M, KREUTZ E W, HAUSEN O. Influence of the laser radiation on the plasma dynamics during arc-laser welding [J]. Section C-ICALEO, 1998: 139-147.

[22] BECK M, BERGER P, HUGEL H. The effect of plasma formation on beam focusing in deep penetration welding with CO_2 lasers [J]. J. Phys. D: Appl. Phys., 1995, 28: 2430-2442.

[23] RATA Y A, BE N A, ODA T. Fundamental phenomena in high power CO_2 laser welding (report): atmospheric laser welding [J]. Transaction of JWRI, 1985, 14 (1): 2-8.

[24] 史俊锋,肖荣诗,左铁钏. 激光深熔焊光致等离子体行为与控制 [J]. 激光杂志, 2000, 21 (5): 40-42.

[25] ISHIDE T, SHONO S, OHMNAE T. Fundamental study of laser plasma reduction method in high power CO_2 laser welding [C] //Proceedings of LAMP'87, 1987: 187-191.

[26] ISHIDE T. Fundamental study of laser plasma reduction method in high power CO_2 laser welding [C] //Proc. of Laser Advanced Mater Procees'87. Osaka: High Temperature Society of Japan, 1987: 15-17.

[27] FABBRA R, CHOUF K. Keyhole modeling during laser welding [J]. Journal of Applied Physics, 2000, 87 (9): 4075-4083.

[28] POUEYO-VERVAERDE A, DABEZIES B, FABBRO R. Thermal coupling inside the keyhole during welding process [J]. SPIE, 1994 (2207): 175-184.

[29] MATSUNAWA A, SEMAK V. The simulation of front keyhole wall dynamics during laser welding [J]. J. Phys. D: Appl. Phys., 1997 (30): 798-809.

[30] JAY F TU, TAKASHI INOUE, ISAMU MIYAMOTO. Quantitative characterization of keyhole absorption mechanisms in 20kW-class CO_2 laser welding processes [J]. J. Phys. D: Appl. Phys., 2003, 36: 192-203.

[31] FABBRO R. Beam-plasma coupling in laser material processing [C] //LAMP'92, JLPS, Nagaoka, 1992: 305-310.

[32] SOLOLOWSKI W, HERZINGER G, Beyer E. Spectral plasma diagnostics in welding with CO_2 lasers [J]. SPIE, 1988 (1020): 96-102.

[33] CARMIGNANI C, MARES R, TOSELLI G. Transient finite element analysis of deep penetration laser welding process in a single pass butt-welded thick steel plate [J]. Comput. Methods Appl. Mech. Engrg, 1999 (179): 197-214.

[34] OTTO A, DEINZER G, GEIGER M. Control of transient processes during CO_2-laser beam welding [C] //Laser Mater. Process. Ind. Microelectron. Appl, 1994 (2207): 282-288.

[35] SOLANA P, OCANA J L. A mathematical model for penetration laser welding as a free-boundary problem [J]. J. Phys. D: Appl. Phys., 1997 (30): 1293-1299.

[36] POSTACIOGLU N, KAPADIA P, DOWDEN J. Theory of the oscillations of an ellipsoidal weld pool in laser welding [J]. J. Phys. D: Appl. Phys., 1991, 24: 1288-1292.

2.2 激光加工分类与特点

2.2.1 激光打孔与激光切割

2.2.1.1 激光打孔

将聚焦后的激光束作用于材料可使材料产生熔化或汽化。激光打孔主要利用材料的蒸发去除原理。红宝石激光器是最早用于激光打孔的激光器，以后相继采用了钕玻璃激光器、脉冲 Nd:YAG 激光器和脉冲 CO_2 激光器。随着准分子激光器技术的成熟和飞秒激光器技术的发展，准分子激光器打孔技术得到了实际应用，飞秒激光器打超微孔也在积极研究中。

1. 激光打孔的特点

激光打孔和常规机械钻孔相比有如下特点。

（1）激光打孔属于非接触加工，没有普通钻头打孔时产生的钻头磨损、断裂及损坏。

（2）几乎所有的材料均可采用激光打孔，无论是金属或是非金属（如陶瓷、石英玻璃、金刚石、塑料等），尤其在高硬度、脆性材料上，激光打孔具有优越性，且打孔速度快、效率高、没有污染，被加工件的氧化、变形、热影响区也非常小。

（3）激光能打微型孔（孔径可达微米至亚微米级），也能打深孔和深宽比（孔深与孔径之比）很大的孔。例如，对 20 号钢板打孔，孔的最大深宽比可达 65:1。

（4）激光打孔方便灵活，易对复杂形状零件打孔，也可在真空中打孔。

（5）激光打孔对工件装夹要求简单，易实现生产线上的联机和自动化。

2. 激光打孔的机制

金属材料被功率密度为 $10^6 \sim 10^9 \mathrm{~W \cdot cm^{-2}}$ 的激光辐照时会产生熔化或汽化并喷出固态微粒，特别是在汽化边界粒子运动速度加剧时更是如此。例如，采用红宝石激光辐照材料，当激光第一个脉冲尖峰到达材料表面时，激光功率密度很高，会使材料表面的温度超过沸点而使材料产生汽化（例如，以 $10^6 \sim 10^8 \mathrm{~W \cdot cm^{-2}}$ 的功率密度辐照钛合金时，其表面温度可高于 4 000 K），并将表面被汽化的分裂混合物喷射出来。在激光脉冲末尾，微光功率密度降低，分裂的喷射物减弱。随着分裂物的喷射，汽化以一个不变的速度向材料内部移动，材料被汽化去除，孔被逐渐加深，随着孔的直径和深度的增加，分裂物相继被蒸气去除，最后形成一个深孔。

激光打孔时，材料的汽化去除量与材料的热扩散率、汽化热及表面反射率有关。如果忽略热传导损耗和材料表面的反射，则汽化去除量仅由汽化热决定。假定在激光作用下材料完全汽化，则在材料所产生的最大汽化深度就由下式决定

$$d' = \frac{E_0}{\pi a_0^2 \rho \left[C(T_b - T_0) + L_m + L_v \right]} \quad (2-15)$$

式中，E_0 为激光脉冲能量；C 为比热容；T_b 为沸点温度；T_0 为初始室温；ρ 为密度；a_0 为材料表面上的光斑半径；L_m、L_v 分别为材料的熔化潜热和汽化热。这时，材料的去除质

量为 $\pi a_0^2 d'\rho$。另外，也可以从式（2-15）估算出激光打孔所需的能量、材料的汽化速率和汽化时间。

2.2.1.2　激光切割

激光切割是指利用聚焦的高功率密度激光束辐照工件，在超过激光的阈值功率密度的前提下，激光束的能量及活性气体辅助切割过程所附加的化学反应热能全部被工件材料吸收，由此引起激光作用点的温度急剧上升，达到沸点后工件材料开始汽化，并形成孔洞，随着光束与工件的相对运动，最终使工件形成切缝，切缝处的熔渣被辅助气体吹除。

激光切割有以下特点：①无接触，无工具磨损，切缝窄，热影响区小，切边洁净，切口平行度好，加工精度高，表面粗糙度小；②切速高，易于数控和计算机控制，自动化程度高，并能切割盲槽或多工位操作；③噪声低，无污染。

激光切割可分为汽化切割（激光功率密度 $>10^7$ W·cm^{-2}）、熔化切割（激光功率密度 $>10^4$ W·cm^{-2}）和氧助燃熔化切割，其中，以氧助燃熔化切割应用最广。根据被切割材料的不同，激光切割可分为金属激光切割和非金属激光切割。

1. 汽化切割

汽化切割是采用激光束加热工件，使其温度至工件材料沸点以上，一部分工件材料以蒸气形式逸出，一部分工件材料作为喷射物从切缝底部被吹走的加工方法。其所需的激光切割能量是熔化切割的 10 倍。汽化切割只用于那些不能被熔化的木材、塑料和碳素等材料，其机制如下：①激光加热材料，一部分激光被材料反射，一部分激光被材料吸收，材料吸收率随温度的升高而下降；②激光作用区温升快，足以避免热传导造成材料熔化；③蒸气从工件表面以近似声速飞快逸出，激光在工件中的穿过速率能够通过求解一维热流方程来计算，并只考虑蒸发情况（假定热传导等于 0，激光蒸发去除速率远大于热传导速率）。

激光在工件内蒸发去除速率（即单位面积每秒内蒸发去除的材料体积）V（m·s^{-1}）计算如下

$$V = \frac{F_0}{\rho[L_v + C(T_v - T_0)]} \tag{2-16}$$

式中，F_0 为激光功率密度（W·cm^{-2}）；ρ 为材料密度（kg·m^{-3}）；L_v 为汽化热（J·kg^{-1}）；C 为材料比热容（J·kg^{-1}·℃$^{-1}$）；T_v 为蒸发温度（℃）；T_0 为室温（℃）。可得到

$$T(0,t) = \frac{2F_0}{K}\left(\frac{Kt_v}{\pi}\right)^{\frac{1}{2}} \tag{2-17}$$

解得

$$t_v = \frac{\pi}{K}\left[\frac{T(0,t)K}{2F_0}\right]^2$$

由此可计算出几种材料蒸发所需要的时间。

在激光切割中，蒸发爆炸有一个侧面（壁）效应。这是因为蒸发反弹压引起蒸气运动加速。蒸气反弹（冲）速度 1 000 m·s^{-1}，其反冲压强达到 4×10 N·m^{-2}，而大气压仅 10 N·m^{-2}。蒸气反冲压强还会引起激光作用区在纳秒级内产生很大的热应力，这个机制可用于激光表面冲击强化。表 2-2 给出了几种材料的热物理参数和蒸发去除参数。

从式（2-17）的计算可看出激光功率密度对蒸发去除是非常重要的。

表 2-2 几种材料的热物理参数和蒸发去除参数

材料	热物理参数							蒸发去除参数	
	ρ/ (kg·m^{-3})	L_m/ (kJ·kg^{-1})	L_v/ (kJ·kg^{-1})	C/ (J·kg^{-1}·℃$^{-1}$)	T_m/ ℃	T_v/ ℃	K/ (W·m^{-1}·K^{-1})	V/ (m·s^{-1})	t_v/ μs
钨	19 300	185	4 020	140	3 410	5 930	164	64	3
铝	2 700	397	9 492	900	660	2 450	226	19	06
铁	7 870	275	6 362	460	1 536	3 000	50	10	03
钛	4 510	437	9 000	519	1 668	3 260	19	1.2	09
不锈钢	8 030	300	6 500	500	1 450	3 000	20		

注：激光束功率密度为 6.3×10^{10} W·cm^{-2}；ρ 为材料密度；L_m 为熔化潜热；L_v 为汽化热；C 为比热容；K 为热导率；V 为蒸发去除速率；t_v 为达到材料蒸发所需时间；T_m 为熔点；T_v 为沸点。

2. 熔化切割

熔化切割是当激光束功率密度超过一定值时，工件内部蒸发形成孔洞，然后在与光轴同轴方向吹辅助惰性气体，把孔洞周围的熔融材料去除的加工方法。熔化切割的机制为：①激光束辐照工件，除一部分能量被反射外，其余能量加热工件材料并使其蒸发成小孔；②小孔一旦形成，它以黑体吸收全部光能，小孔被熔化金属壁包围，依靠蒸气流高速流动使熔壁保持相对稳定；③熔化等温线贯穿工件，依靠辅助吹气将熔化材料吹走；④随工件的移动，小孔横移形成一条切缝。

基于材料去除的平衡，可以得到一个简化的集总热容方程

$$\gamma P = \omega t V \rho (C\Delta T + L_m + m'L_v) \quad (2-18)$$

式中，P 为激光功率；ω 为激光切缝宽度（m）；t 为切割材料的厚度（m）；V 为切割速度（m·s^{-1}）；m' 为熔化材料蒸发部分；L_m 为熔化潜热（J·kg^{-1}）；L_v 为汽化热（J·kg^{-1}）；ΔT 为由于熔化引起的温度升高；γ 为材料的耦合效率；ρ 为材料密度（kg·m^{-3}）；C 为材料比热容（J·kg^{-1}·℃$^{-1}$）。

重新整理式（2-18）得

$$\frac{P}{tV} = \omega\rho(C\Delta T + L_m + m'L_v)/\gamma = f(能量密度) \quad (2-19)$$

从式（2-19）可看出，在给定激光切割速度、材料耦合效率及其他材料常数时，切缝宽度 ω 是光斑直径的函数。那么，在切割的材料确定后，就能得到常数 $\frac{P}{tV}$，并且可以找到在不同切割参数下的 $\frac{P}{t}$ 与切割速度的关系和不同材料单位面积所需的切割能量（见表 2-3）。

表 2-3 不同材料单位面积所需的切割能量

材料	$\frac{P}{tV}$（低值）/(J·mm^{-2})	$\frac{P}{tV}$（高值）/(J·mm^{-2})	$\frac{P}{tV}$（平均值）/(J·mm^{-2})
中碳钢 + O_2（氧气）	4	13	5.7

续表

材料	$\dfrac{P}{tV}$(低值)/(J·mm^{-2})	$\dfrac{P}{tV}$(高值)/(J·mm^{-2})	$\dfrac{P}{tV}$(平均值)/(J·mm^{-2})
中碳钢 + N$_2$(氮气)	7	22	10
不锈钢 + O$_2$(氧气)	3	10	5
不锈钢 + Ar(氩气)	8	20	13
钛 + O$_2$(氧气)	1	5	3
钛 + Ar(氩气)	11	18	14
铝 + O$_2$(氧气)			14
铜 + O$_2$(氧气)			30
树脂	2.7	8	5
聚丙烯	1.7	6.2	3
聚碳酸酯	1.4	4	2.3
聚氯乙烯(PVC)	1	2.5	2
丙烯腈-丁二烯-苯乙烯(ABS)	1.4	4	2.3
木材	6.5	20	31
硅			120
皮革			2.5

图 2-12 所示为激光切割原理示意，激光束到达工件表面后，大部分进入孔或前切缝壁面，仅一部分被熔化的表面反射，另一部分直射孔底。如果被切割材料很薄，激光束边缘作用区材料熔化速度较慢，大部分光束直接通过切缝，能量吸收发生在与切割波前近似

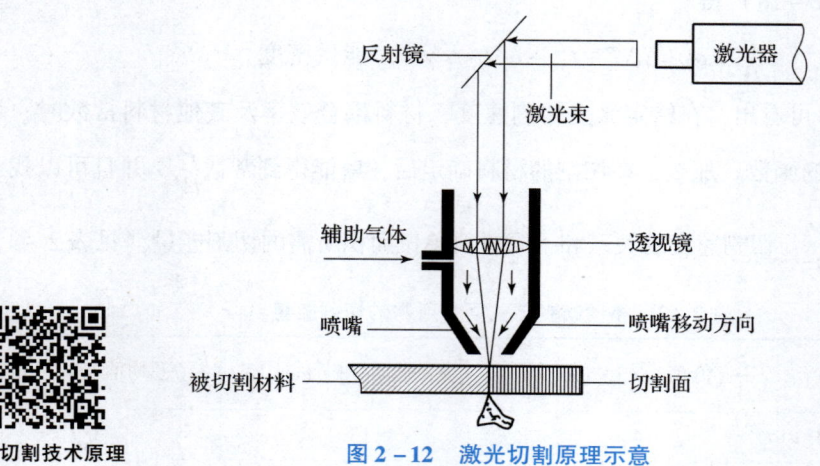

图 2-12 激光切割原理示意

呈14°处，吸收机制有两个：一个是通过激光与材料相互作用的菲涅耳吸收；另一个是通过等离子体吸收与辐射。辅助吹气使等离子体强度不大，熔体被气流快速带走。在切缝底部，熔体表面薄膜的张力作用使熔渣变得较厚，金属蒸气使熔渣向上喷射出来。辅助吹气与切缝内的高压蒸气混合形成一个低压区而扩宽了切缝，故激光切割很薄的白口铁很困难。

在激光熔化切割中，辅助吹气的目的是将金属熔体吹走，因此在设计吹气嘴时要考虑这个问题。随着激光切割速度的增加，光束能量更有效地耦合到工件，增加激光功率密度会使激光切缝形成波纹状，从而使激光切缝变得粗糙。为了克服这个问题，可以采用辅助吹气或脉冲激光切割方法，脉冲切割的频率需与切缝所形成的波纹相匹配。

2.2.1.3 激光打标

激光打标是指利用高能量的激光束照射在工件表面，光能瞬时变成热能，使工件表面材料迅速蒸发，从而在工件表面刻出所需要的文字和图形，作为永久性标志。

1. 激光打标的种类

激光打标主要可分为行架式激光打标、振镜式激光打标和掩膜式激光打标三种。

（1）行架式激光打标的运动方式有两种：一种是工作台在 X、Y 轴方向运动；另一种是光束沿 X，Y 轴方向运动。

（2）图 2-13 所示为振镜式激光打标原理。其构造主要由调 Q Nd：YAG 激光器件、高速振镜系统和计算机控制系统三部分组成，可实现高速激光打标。

（3）掩膜式激光打标的构造主要包括横向激励大气压 CO_2 激光器和掩膜板。

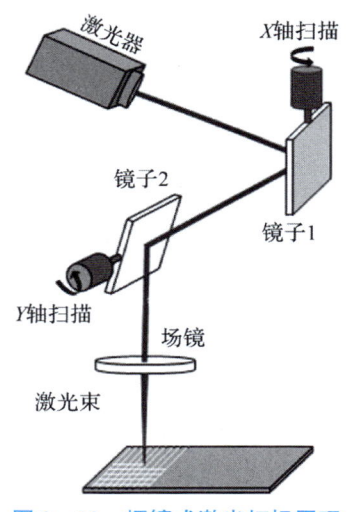

图 2-13 振镜式激光打标原理

2. 激光打标的应用

激光打标的特点是非接触加工，可在任何异型表面标刻，工件不会变形和产生内应力，适用于金属、塑料、玻璃、陶瓷、木材、皮革等材料。其标记清晰、永久、美观，并能有效防伪。激光打标具有标刻速度快、运行成本低、无污染等优点，可显著提高被标刻产品的档次。

激光打标广泛应用于电子元器件、汽（摩托）车配件、医疗器械、通信器材、计算机外围设备、钟表等产品和烟酒食品防伪。

激光打标用于通信行业，可以对各种塑料或金属封装电子组件（如二极管、三极管、集成电路芯片等）标刻商标图案。例如，美国电子振荡器集成电路的生产商 Bekey 公司采用了 25 W CO_2 激光器对集成电路芯片做标记，该公司以前采用油墨打标系统打标，标记质量不好，保留时间不够长，同时标记一个集成电路芯片要花几秒时间，限制了产量。采用 CO_2 激光器打标很容易去掉白色漆层，露出下面的黑色集成电路片，从而留下对比度高的标记（标记区尺寸仅为 12.5 mm × 6.25 mm），并且给一个集成电路芯片打标只需 0.25 s。

激光几乎可对所有机械零件打标（如活塞、活塞环、气门、阀座等），且标记耐磨，生产工艺易实现自动化，被标记部件变形小。例如，汽车发动机采用激光打标的优点是标记区即使在标记去除后仍能辨认。Nd：YAG 激光和 CO_2 激光可用于各种不同材料的打标，且能产生不同颜色的标记，例如，CO_2 激光在聚氯乙烯（polyvinyl chloride，PVC）上可打出金色标记。

随着人们对产品责任法和国际标准化组织（International Organization for Standardization，ISO）产品标准质量控制的重视，人们要求质量控制具有跟踪制造过程和工艺的能力。激光打标作为一种准确跟踪质量信息的手段，其需求正在扩大。另外，随着激光打标技术的成熟和发展，激光打标开辟了许多新方法和新应用。

（1）浅沟打标。浅沟打标是指在材料表面形成浅沟印记。打标过深会导致材料表面受到损伤，例如，集成电路封装外壳的打标深度必须控制在几微米范围内。常用激光打标方法取代刻印机和盖章机。

（2）深沟打标。深沟打标是指在材料表面形成深的印记，主要用于金属材料的加工。通常利用激光将材料表面熔融、蒸发或反复扫描同一部位形成深沟，这种方法可取代常规的蚀刻加工。

（3）黑色（氧化）打标。黑色打标是指将材料表面氧化为黑色的标记。通常用于钢铁材料制造的金属工具与机械零件的打标。黑色打标也适用于重视视觉辨认度的铁类、不锈钢和硅片等材料。

（4）熔融打标。熔融打标是指在熔融材料表面上打标。例如，在无尘埃的硅片制造工艺中，只熔融材料表面而不损伤内部，因而打标时必须控制由激光产生的尘埃。通常采用倍频 Nd：YAG 激光（532 nm）对硅片进行打标。

（5）显色打标。显色打标是通过激光照射树脂使其显色（变色）的一种打标方式。目前有两种显色方法：①树脂表面发泡变白的方法；②掺杂对激光吸收率高的添加剂使树脂凝聚浓缩的方法。

（6）表面剥离打标。表面剥离打标是当材料表面存在涂层和镀层时，用激光将其剥离而显露基底的加工方法，通常用于汽车、音箱和手机等的照光式按键。

（7）在玻璃内打标。在玻璃内打标是将激光聚焦于玻璃内部，引起非线性吸收，并产生微爆炸裂的一种打标方法。微裂纹的部位因折射率变化所以反射时被视为白色。在工业上，多用于液晶、等离子体平板显示玻璃衬底表面或内部的二维打标。虽然大幅面取得了进展，但打标尺寸高度不足 1 mm，属微小打标。为了避免打标点内产生微裂，必须采用高光束质量的激光器。

用于打标的激光器种类繁多，除了传统采用的脉冲 CO_2 激光器和 Nd∶YACS 激光器外，又相继开发了二极管泵浦 Nd∶YAG 激光器、谐波波长为 532 nm 的 Nd∶YAG 和掺铰钒酸钇激光器、半导体二极管激光器、准分子紫外激光器和光纤激光器等。

激光打标正朝着高精度和高速度方向发展，高精度激光打标的典型产品包括平板显示玻璃衬底、硅晶片、半导体芯片级封装和晶片水平封装等。此外，高吸收率的谐波激光打标的应用范围也在扩大。

2.2.2 激光焊接

与激光打孔、激光切割类似，激光焊接也是将激光束直接照射材料表面，通过激光与材料的相互作用使材料内部熔化（这点与激光打孔、切割的蒸发不同）实现焊接，图 2-14 所示为激光焊接原理。激光焊接可分为脉冲激光焊接和连续激光焊接。激光焊接按其热力学机制又可分为激光热传导焊接和激光深穿透焊接（又称深熔焊）。

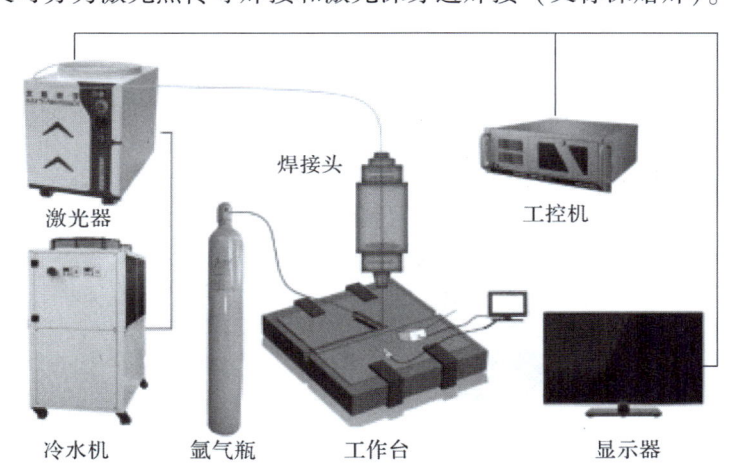

图 2-14 激光焊接原理

高强度的脉冲激光束在加热金属材料的过程中，会产生温升、相变、熔化、汽化、热压缩激波、蒸气喷射、等离子体膨胀、冲击波等复杂的物理现象。脉冲激光焊接主要是利用其中的熔化现象产生的新工艺。尽管高强度的脉冲激光与材料在相互作用过程中有着十分复杂的内在联系，但是这些过程仍是可以控制的，因为上述各种现象的产生条件和强弱程度，是由激光束功率密度、脉冲宽度和峰值功率决定的。

激光焊接与常规焊接方法相比具有如下特点：①激光功率密度高，可以对高熔点、难熔金属或两种不同金属材料进行焊接（如可对钨丝进行有效焊接）；②聚焦光斑小，加热速度快，作用时间短，热影响区小，热变形可忽略；③激光焊接属于非接触焊接，无机械应力和机械形变；④激光焊接装置容易与计算机联机，能精确定位，实现自动焊接，而且激光可通过玻璃在真空中焊接；⑤激光焊接可在大气中进行，无环境污染。

2.2.3 激光表面热处理（表面改性）

2.2.3.1 激光表面相变硬化（表面淬火）

激光表面淬火是以激光作为热源的表面热处理，其硬化机制：当采用激光扫描工件表面时，工件表面吸收激光能量后迅速达到极高的温度（升温速度可达 $10^3 \sim 10^6 \ ℃ \cdot s^{-1}$），此时工件内部仍处于冷态；随着激光束离开工件表面，由于热传导作用，工件表面的能量迅速向内部传递，使工件表层以极快的冷却速度（可达 $10^6 \ ℃ \cdot s^{-1}$）冷却，故可进行自身淬火，实现工件表面相变硬化。

激光表面淬火与常规热处理方法相比具有以下特点：①加热速度快，淬火变形小，工艺周期短，生产效率高，工艺过程易实现自动化控制和联机操作；②淬硬组织细化硬度比常规淬火提高 10%～15%，耐磨性和耐蚀性均有较大提高；③可对复杂零件和局部位置进行淬火，如盲孔、小孔、小槽或薄壁零件等；④激光可实现自身淬火，不需要处理介质，污染小，且处理后不需要后续工序。

2.2.3.2　激光表面合金化与激光表面熔覆

激光表面合金化的机制：当激光束扫描添加了金属或合金粉末的工件表面时，工件表面和添加元素同时熔化；而当激光束撤出后，熔池很快凝固而形成一种类似急冷金属的晶体组织，形成具有某种特殊性能的新的合金层。激光表面合金化所需的激光功率密度比激光表面淬火所需的激光功率密度高得多。激光合金化的深度由激光功率密度和工件移动速度决定。

激光表面熔覆的机制与激光表面合金化的相似，但却有原则上的区别：激光熔覆不是将基体上熔融金属作为熔剂，而是将另行配制的合金粉末熔化，使其成为熔覆层的主体合金，同时基体合金也有一薄层熔化，与之结合。激光熔覆层自成合金体系，具备基体所没有的高性能，从而扩展了金属表面性能。图 2–15 所示为激光熔覆原理。

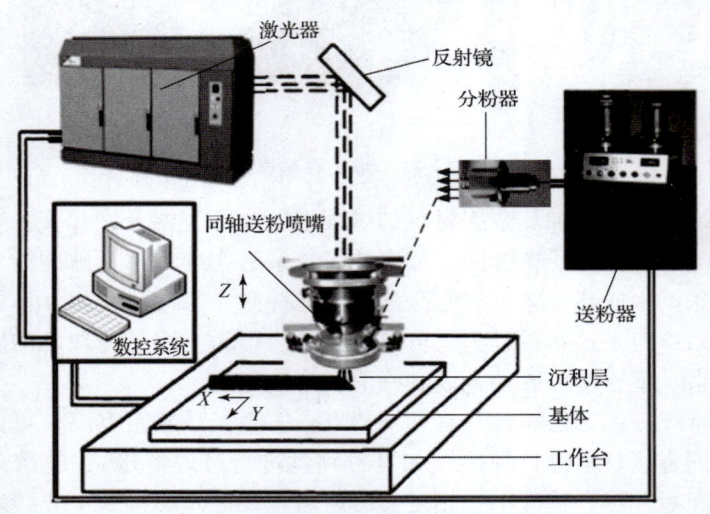

图 2–15　激光熔覆原理

在激光加工技术中，如激光表面熔覆、激光表面合金化及激光表面非晶化等工艺过程，均伴有传质过程。传质是指物质从物体和空间某一位置迁移到另一位置的现象。在激光表面合金化的过程中：①激光作用时间很短，整个传质包含激光作用下的传质和激光结束后热滞期的传质两个阶段；显然，在极短时间内进行传质远远地偏离了平衡条件，因此由传质产生的熔质会再分布。②传质是在很大的温度梯度下进行的；在很大的温度梯度下，不但熔质原子的化学位出现差值，而且在熔体表面的熔质原子也出现选择性蒸发，从而使液体表面和内部之间形成浓度差；化学位差值和浓度梯度都是液体扩散传质的推动力。③传质过程中有表面张力梯度的作用；当激光使材料处于熔体状态时，由于温度梯度和浓度梯度共存，在熔体中将出现表面张力梯度，它将促进熔体的对流与传质。

2.2.3.3 激光冲击强化

随着航空领域的不断发展，飞机发动机的可靠性和维修费用问题成为了制约航空技术发展的一个关键问题。造成这一问题的主要原因就是材料的强度不够和更换费用太高。为了解决这一问题，必须研究使用新的材料强化技术，增大材料强度，降低维修成本。从国内外的研究状况来看，激光冲击强化（laser shock processing，LSP）技术是一项新兴的、清洁有效的表面处理技术，可以用于航空部件的强化和降低维修成本。在美国于20世纪70年代开始实施的国际性航空发动机高频疲劳研究计划中，激光冲击强化技术位居首位。激光冲击强化被列为美国第4战机75项关键技术之一，是降低飞机维修费用的一项重要技术。

传统零件表面的冲击强化常采用喷丸强化技术，通过大量弹丸在压缩空气的推动下，形成高速运动的弹丸流不断地喷向零件表面，改变材料表层的性质，改善材料表面的物理和力学性能。随着激光器的发展，激光功率密度越来越高，高功率密度短脉冲激光对零件表面进行冲击强化的技术发展迅速，在工业领域尤其是航空航天领域具有广阔的应用前景，并已在国际国内得到实际的应用，取得了巨大的经济和社会效益。

1. 激光冲击强化的机理

激光脉冲能在金属表面产生峰值高压达 10 Pa 以上的应力波。若在金属表面加上一层能透过入射激光的材料，激光产生的应力波幅值则会明显升高，升高倍数受控于激光加热透明材料的温度，近似于入射激光脉冲的波形。应力波的衰变时间慢于激光脉冲的衰变时间，因为它取决于周围材料的作用速率段，即从加热的气体进入较冷的临界材料的热导速率。这种应力波足以使金属产生烈性变形，即使在有气体的环境中（如在标准条件下的空气中）进行试验也是如此。光具有在材料中产生高应力场的能力，人们利用激光产生的应力波使金属或合金产生高爆炸性或快速平面冲击的变形来改变材料的性能，这就是激光冲击强化。如图 2-16 所示，约束层（如水帘，厚度约 2 mm）的作用是提高激光诱导的冲击波的压力和延长板材的被作用时间，吸收层（如黑漆涂层，厚度约 0.1 mm）不仅能提高板材对激光的吸收率，而且还能保护板材表面不被激光损伤。

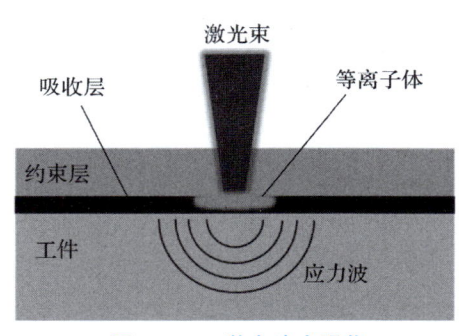

图 2-16 激光冲击强化

2. 激光冲击强化的特点

激光冲击强化与传统的机械喷丸技术相比，具有巨大的优势。

（1）激光冲击强化适用的材料范围广，如合金钢、不锈钢、铝合金、钛合金及镍基高温合金等。激光冲击强化只需要针对不同的材料调节激光脉宽、能量和光斑尺寸，不必像机械喷丸那样对不同材质和硬度的零件更换不同的弹丸。

（2）激光冲击强化可以对表面不规则部件进行处理，通过调节光斑尺寸可以处理部件窄缝、沟槽部位，而机械喷丸受到弹丸直径等因素限制无法对其进行处理。窄缝、沟槽等机械喷丸、挤压强化无法处理的部位恰恰是应力集中和容易产生疲劳裂纹的部位。

（3）激光冲击强化的激光脉冲参数及作用区域可以精确控制，因而可以在关键部位重复处理，激光冲击强化处理还能更好地保持强化部位的表面粗糙度和尺寸精度，提高处理效率。

（4）激光冲击强化可以获得比机械喷丸处理更深的残余应力层，其深度可达 1~1.5 mm，而机械喷丸处理的深度一般为 0.5 mm。

（5）由于机械喷丸处理后铝合金表面会污染，可能产生点蚀，这在以点蚀为起源的应力腐蚀环境中是致命的，因为点蚀一旦出现，就能穿过薄薄的应力层，从而使应力腐蚀更加迅速地扩展。而激光冲击强化不存在点蚀问题。

2.2.3.4 激光清洗和去除技术

激光技术的应用已渗透几乎所有学科，进入各行各业。激光清洗技术的引入使一些传统的清洗技术与研究方法得到更新和改进，同时又提供新的生产和研究手段。例如，当今的微电子工业中最严重的问题之一是芯片表面残存微粒，会使成品率下降50%，要提高芯片成品率，必须采用有效的清洗技术，这对各种高技术过程都是关键的技术单元。这些高技术过程主要有半导体、计算机驱动器、光存储装置和高能光学组件的加工。当这些小尺寸产品的技术要求提高时，要移去的最小粒子尺寸逐步变小，例如，对于亚微米集成电路技术，1 pm 大小的颗粒就是造成线路失败的主要原因。传统清洗方法如机械洗刷、化学清洗和超声清洗等，对清除微米、亚微米级颗粒显得力不从心。同时，机械洗刷容易损伤基体表面，化学清洗常常引入有毒的化学物质，而且传统清洗方法一般都需要消耗大量水资源。

20 世纪 70 年代初，美国科学家 Asmus 最早提出激光清洗的想法，20 世纪 90 年代，艾奥瓦大学 Susan Allen 小组报道了激光清洗技术：用水作为能量的转移物，首先在材料表面形成 10 pm 厚的薄层（为避免引入水中的杂质，采用气相蒸发技术形成薄层），然后用 CO_2 激光束辐照材料表面，将水层温度升高到 309 ℃，蒸发过程如爆炸一样将材料表面残余粒子带走。IBM 公司用波长为 248 nm 的准分子激光器进行了激光清洗研究，不同点是被处理的基板吸收紫外光后，再来加热表面的薄水层。麦道公司利用 Nd：YAG 激光束清洗直径为 2 pm 的钨颗粒，将横向激励大气压 CO_2 激光器光束聚焦在材料表面，透镜焦距为 30 cm，将材料放在计算机控制的扫描平台上，钨颗粒本身吸收激光能量，水层的蒸发采用 N_2 流过 40 ℃ 的去离子水，蒸发冷凝在较低温度的基板上，然后用激光辐照完成清洗工作。

利用激光可清洗文物污垢和剥离飞机、舰艇及其他交通工具表面的油漆。

激光清洗技术与传统的物理、化学或机械（水或微粒）清洗技术相比，具有许多优点。水清洗技术能清除表面可溶性盐和黑色表层（这些东西在雾气中会慢慢鼓起、变脆，并渐渐失去黏性），然而渗透的危险性非常大，这对深处的岩石有损伤，尤其是当接头有缺陷或当石头风化很厉害时损伤更大。消除几毫米厚的黑色薄层需要好几天甚至几个星期的连续水洗，而且水是一种强力溶剂，水滴软化作用保持着水的溶解作用，因此，清洗结构很不均匀。微粒清洗原理和水清洗技术相同，人们采用微粒清洗污染表面，所用的是极细的低压磨蚀剂，如氧化铝、碳化硅、玻璃微珠、滑石粉等。采用此方法要求始终控制喷量，使微粒不致把表面磨损太厉害。同时，需要的磨蚀剂剂量很大，要花的时间很长，根据污垢的性质和厚度，清洗 2 m² 需要几天到二十几天。

化学清洗技术用的是酸或碱清洗物品，有时将酸碱一起用。使用化学清洗技术具有很大的危险性，如对被处理物的腐蚀、废盐的形成、清洗后的长期化学效应等。

用激光清洗技术可以克服上述方法中的许多缺陷，激光清洗具有下述特点。

（1）激光清洗是非接触清洗。相对传统的近距离清洗技术容易损伤被清洗物品，激光清洗不会损伤物品，因为它不需要任何可能损伤被清洗物品的水或微粒。激光清洗可用来处理不坚固的、风化的文物等，它既不会损伤被清洗物品表面的色泽，也不会改变它的结构。

（2）激光清洗选择性好。采用激光可清洗不同物品表面上的污染物，有选择性地清除污染物而不损伤物品表面。采用激光能清除物品表面上直径为 0.5 μm 以下的污染颗粒。

（3）激光清洗材料具有广泛性。激光清洗可适用于对大理石、石灰石、砂岩、雪花石膏、熟石膏、骨头、陶瓷、铝、牦皮纸和有机物等多种材料上的不同污染物进行清洗，污染物包括灰尘、泥污、锈蚀、油污、油漆等。

（4）激光清洗可精确定位，可以清洗不规则或比较隐蔽的表面。通过调整激光头或采用光纤，可精确定位被清洗的物品表面，定位精度达到零点几毫米。

（5）激光清洗可控性好。激光清洗可采用计算机进行自动化控制，可实现即时控制和反馈，并且可以通过电荷耦合器件（charge coupled device，CCD）监视器对激光清洗效果进行实时监控。

（6）激光清洗环保性好。激光清洗对环境污染小，是一种绿色的清洗工艺。

参考文献

[1] OKUTOM M. Sintering of new oxide ceramics using high power CW CO_2 laser [J]. Appl. Pew. Lett.，1984，44（1）：1132-1134.

[2] 郑启光，辜建辉. 激光与物质相互作用 [M]. 武汉：华中科技大学出版社，1996.

[3] 辛健. 激光微加工技术在印刷电路板中应用 [J]. 激光与光电子学进展，2005（2）：48.

[4] TERRY L. Precision drilling with OFC [J]. Industrial Laser Solution For Manufacturing，2004（5）：20.

[5] 张魁武. 国外激光加工实例 [J]. 激光与红外，1996（3）：207.

[6] 韩要轩,陈培锋. 水松纸激光打孔技术研究[J]. 激光技术,2002(5):330-333.

[7] 施志果. 第三代数字计算机[J]. 国外激光,1994(4):23.

[8] STEEN W. M, MAZUMDER J. Laser Material Processing[M]. 4th ed. London:Springer, 2010:371-387.

[9] JOHN F, READY. Industrial Application of Lasers[M]. 2nd ed. New York:Academic, 1997:131-143.

[10] 何月鹏,李力钧. 影响激光切割质量的因素分析[J]. 扬州职业大学学报,2008(1):12.

[11] DULEY W W. Laser Processing and Analysis of Materials[M]. New York:Plenum Press,1983.

[12] COPLEY M. Shaping Materials With Lasers[M]. North-Holland:Laser Materials Processing:Bass M,1983.

[13] 张永强. 激光切割质量同轴视觉检测与控制的研究[D]. 北京:清华大学,2007.

[14] 马立修. 激光切割及其在切割石板材中的应用研究[J]. 应用激光,2008,28(4):292-294.

[15] 张晓磊. 激光打标的新应用[J]. 光机电,2008(3):21-23.

[16] 辛健. 激光在印刷制版工艺中的应用[J]. 唐山学院学报,2008,21(6):43-46.

[17] DAHOTRE N N B. Laser in surface engineering[J]. ASM International,1998:48.

[18] ANISIMOV S I, KHOKHLOV V A. Instabilities in Laser-Matter Interaction[M]. Boca Raton:CRC Press,1995.

[19] MOTORIN V I, MUSHER S L. Stability of lique faction front in fast joule heating[J]. Sov. Physics, Technology Physics,1982,127:726-728.

[20] BECK M, BERGER P, HUGEL H. The effect of plasma formation on beam focusing in deep penetration welding with CO_2 Lasers[J]. Applied Physics,1995,28:2430-2442.

[21] 肖荣诗,梅汉华,左铁钏. 辅助气体对 CO_2 激光焊接光致等离子体屏蔽的影响[J]. 中国激光,1998,23(11):1045-1050.

[22] 胡昌奎,陈培锋. 激光深熔焊光致等离子体行为及控制技术[J]. 激光杂志,2003,24(5):78-80.

[23] 王振家,苏严,陈武柱. 激光焊接侧吹工艺研究[J]. 热加工工艺,2004,6(4):49-50.

[24] 张林杰,张建勋,段爱琴. 侧吹辅助气流对激光深熔焊光致等离子体的影响[J]. 焊接学报,2006,27(10):37-41.

[25] 李国华,贾时君,DOUGLAS STEYER,等. 侧吹气流方向对大功率 CO_2 激光焊缝成形的影响[J]. 热加工工艺,2007,36(19):23-25.

[26] ANCONA A. Comparison of two different nozzles for laser beam welding of a A5083 aluminium alloy[J]. Journal of Materials Processing Technology,2005:164-165,971-977.

[27] 曹丽杰,张朝民. 气体对激光焊接熔深和等离子体行为的影响[J]. 佳木斯大学学报(自然科学版),2001,19(2):171-174.

[28] SEIJI KATAYAMA, YOSHIHIRO KOBAYASHI, MASAMI MIZUTANI. Effect of vacuum on penetration and defects in laser welding[J]. Journal of Laser Applications,2001,13(5):187-192.

[29] 包刚,王成,彭云,等. 激光焊接过程中电磁场控制等离子体的研究[J]. 激光技术,

2002，26（2）：81-83.

[30] 左铁钏. 21世纪的先进制造：激光技术与工程［M］. 北京：科学出版社，2007.

[31] 高明，曾晓雁. 激光-电弧复合焊接的热源相互作用［J］. 激光技术，2007，31（5）：465-467.

[32] GAO M, ZENG X Y. State and development of laser arc hybrid welding technology［J］. China Welding Industry, 2005（2）：1-6.

[33] CHEN V B, LEU Z L, LI L Q. Study of welding characteristics in CO_2 laser - TIG hybrid welding process. Proceedings of ICALEO, 2003：41-47.

[34] 王威，王旭友，赵子良，等. 激光-MAG电弧复合热源焊接过程的影响因素［J］. 焊接学报，2006，27（2）：6-9.

2.3　激光切割装备与应用

2.3.1　激光切割技术的原理和分类

激光切割是利用输出热量实现切割金属或非金属材料的方法之一。它主要利用聚焦的高功率密度激光照射工件，被照射的工件材料迅速汽化、熔化、烧蚀，借助与光束同轴的高速气流，将这一部分吹走，从而实现切割材料的效果，如图2-17所示。按照切割原理的不同，激光切割可以分为汽化切割、熔化切割、氧化切割、激光划线和控制断裂5种。

图2-17　激光切割技术

（1）激光汽化切割。

激光汽化切割是指利用高能量密度的激光束加热工件，使其温度迅速上升，在非常短的时间内达到工件材料的沸点，工件材料开始汽化，形成蒸气。这些蒸气的喷出速度很快，在材料上形成切口。材料的汽化热一般很大，所以激光汽化切割时需要很大的功率密度。激光汽化切割多用于切割极薄的金属材料和非金属材料（如纸、布、木材、塑料和橡皮等）。

（2）激光熔化切割。

激光熔化切割时，用激光加热金属材料使其熔化，然后通过与光束同轴的喷嘴喷吹非氧化性气体（如 Ar、He、N_2 等），依靠气体的强大压力使液态金属排出，形成切口。激光熔化切割不需要使金属完全汽化，所需能量只有激光汽化切割的 1/10。激光熔化切割主要用于切割一些不易氧化的材料或活性金属，如不锈钢、钛、铝及其合金等。

（3）激光氧化切割。

激光氧化切割的原理类似于氧乙炔切割。它用激光作为预热热源，用氧气等活性气体作为切割气体。喷吹出的气体一方面与被切割金属作用，发生氧化反应，放出大量的氧化热；另一方面把熔融的氧化物等熔化物从反应区吹出，在金属中形成切口。由于切割过程中的氧化反应产生了大量的热，因此激光氧化切割所需要的能量只是激光熔化切割的 1/2，而切割速度远远大于激光汽化切割和激光熔化切割。激光氧化切割主要用于切割碳钢、钛钢及热处理钢等易氧化的金属材料。

（4）激光划线和控制断裂。

激光划线是指利用高能量密度的激光在脆性材料的表面进行扫描，使材料受热蒸发出一条小槽，然后施加一定的压力，脆性材料就会沿小槽处裂开。激光划线用的激光器一般为 Q 开关激光器和 CO_2 激光器。控制断裂是指利用激光刻槽时所产生的陡峭的温度分布，在脆性材料中产生局部热应力，使材料沿小槽断开。

激光切割与其他热切割方法相比较，总的特点是切割速度快、质量高。具体概括为如下几个方面。

（1）切割质量好。

由于激光光斑小、能量密度高、切割速度快，因此激光切割能够获得较好的切割质量。

①激光切割切口细窄，切缝两边平行并且与表面垂直，切割零件的尺寸精度可达 ±0.05 mm。

②切割表面光洁美观，表面粗糙度只有几十微米，激光切割甚至可以作为最后一道工序，不需要机械加工，零部件便可直接使用。

③材料经过激光切割后，热影响区宽度很小，切缝附近材料的性能也几乎不受影响，并且工件变形小、切割精度高、切缝的几何形状好，切缝横截面形状呈现较为规则的长方形。

（2）切割效率高。

由于激光具有传输特性，因此激光切割设备上一般配有多台数控工作台，整个切割过程可以全部实现数控。操作时，只需改变数控程序，就可适用于不同形状的零件，既可进行二维切割，又可实现三维切割。

（3）切割速度快。

用功率为 1 200 W 的激光切割 2 mm 厚的低碳钢板，切割速度可达 600 cm/min；切割 5 mm 厚的聚丙烯树脂板，切割速度可达 1 200 cm/min。在用激光切割材料时不需要装夹固定，既可节省工装夹具，又可节省上料、下料的辅助时间。

（4）非接触式切割。

激光切割时割炬与工件无接触，不存在切割工具的磨损。加工不同形状的零件，不需要更换"刀具"，只需改变激光器的输出参数。激光切割过程噪声低、振动小、无污染。

（5）可切割材料的种类多。

与氧乙炔切割和等离子切割比较，激光可切割材料的种类多，包括金属、非金属、金属基和非金属基复合材料、皮革、木材及纤维等。但是不同的材料，由于自身的热物理性能及对激光的吸收率不同，表现出不同的激光切割适应性。

2.3.2 激光切割设备及其技术参数

大族激光科技股份有限公司（以下简称大族激光）是国内激光切割设备领域的先驱者，推出了多种针对不同应用场合的切割平台，为客户提供了全面的解决方案。MPS 系列是大族激光推出的平板切割设备，其中 MPS-3015 机型采用齿轮齿条传动结构，平行交互式工作台可实现更高的生产效率，如图 2-18 所示。该设备性能参数如表 2-4 所示。切割机边缘采用大包围式外钣金包壳，并构筑了合理的风道，实现了优秀的除尘及排烟功能，在切割时具有更高的安全系数。

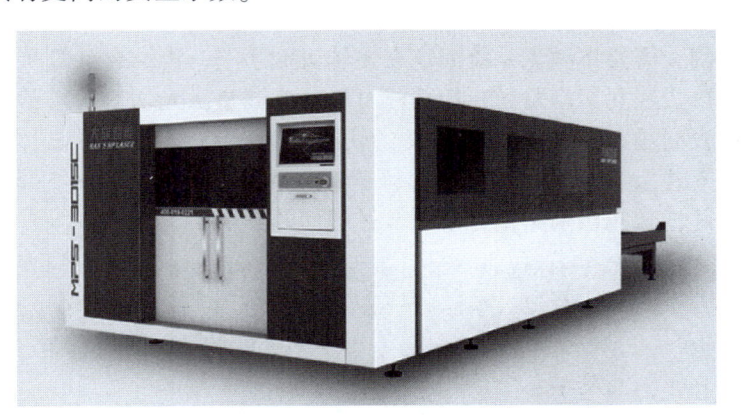

拓展知识 - 激光加工复杂钣金件

图 2-18 MPS-3015 型激光切割设备

表 2-4 MPS-3015 型激光切割设备性能参数

型号	加工范围/(mm×mm)	X、Y 轴定位精度/(mm·m^{-1})	最大运行速度/(m·min^{-1})	最大运行加速度	工作台载重/kg
MPS-3015	300×500	0.05	120	1.2 g	800

此外，大族激光为了解决薄金属卷料的加工难题，在平板激光切割设备的基础上进一步开发了 MPS-1250 型卷料专用光纤激光切割设备（见图 2-19）。该设备配备了自动化上下料装置，配备高效的履带式切割工作台。切割平台与开卷伺服送料同步、同速运行。该设备可对柔性薄卷料实现高速、连续加工，主要适用于 2 mm 以内的卷料碳钢板、1.5 mm 以内的卷料不锈钢板。其性能参数如表 2-5 所示。

图 2-19　MPS-1250 型卷料专用光纤激光切割设备

表 2-5　MPS-1250 型光卷料专用纤激光切割设备性能参数

型号	加工范围/mm	X、Y 轴定位精度/(mm·m^{-1})	重复定位精度/mm	最大运行速度/(m·min^{-1})	激光器功率/kW
MPS-1250	1 300	0.05	0.03	100	1.5~2.0

深圳市特思德激光设备有限公司在二维激光切割设备的基础上开发了三维激光切割设备（见图 2-20）。它不同于市场上大量的配备十字导轨平台或龙门式结构的切割设备，为了实现三维切割，需要将激光系统固定在多轴机械手上，再结合计算机对切割零件进行建模还原并基于算法规划切割路径，切割时可以动态调整激光切割头姿势，以保证激光切割头始终与工件表面垂直，从而获得优良的切割质量。在激光切割头上配有电容式传感器，能自动适应零件形状，保证激光聚焦位置始终和零件贴合，特别适合切割形状复杂、表面起伏大的构件，激光切割焦距自动调节过程如图 2-21 所示。

拓展知识-激光加工复杂钣金件

图 2-20　三维激光切割设备

SATO 公司是欧洲著名的数控切割设备制造专家，其激光切割设备在有关领域享有盛誉（见图 2-22）。该公司的激光切割设备的最大特点是采用了德国爱科曼集团提供的控制系统。爱科曼集团长期致力于数控及可编程嵌入式控制的研发，其提供的激光切割控制系统独树一帜，提供了独有的切割功率速度匹配功能。通过特殊的加工输出信号，该控制系统可以依据切割路径和加工速度等参数自动保持单位长度上的激光能量输入恒定，从而保证精度高、粗糙度统一的稳定切口。此外，该控制系统还可以实现光束聚焦的自动响应矫正，从而使对焦位置始终保持在被切割材料表面，使切割效果稳定。

Z轴位置变化与焦点移动

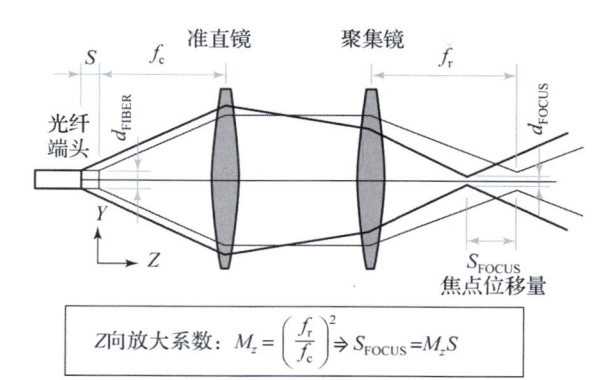

Z向放大系数：$M_z = \left(\dfrac{f_r}{f_c}\right)^2 \Rightarrow S_{FOCUS} = M_z S$

图 2-21　激光切割焦距自动调节过程

图 2-22　SATO 公司的激光切割设备

深圳市韵腾激光科技有限公司致力于开发用于柔性电路板（flexible printed circuit，FPC）、印制电路板（printed-circuit board，PCB）等电子线路板的激光切割专用设备。其推出了 15 W 低功率紫外激光切割设备，如图 2-23 所示。该设备主要用于 FPC、PCB 及各种脆性材料的分板和切割，加工精度高，采用进口运动平台结合德国进口振镜模块，基本可以切割市场上的所有型号 PCB，其性能参数如表 2-6 所示。

图 2-23　15 W 低功率紫外激光切割设备

表 2-6　15 W 低功率紫外激光切割设备的性能参数

激光功率/W	输出频率/kHz	光斑直径/mm	X、Y轴定位精度/(mm·m^{-1})	加工速度/(mm·s^{-1})	最小加工线宽/mm
10~15	5~80	<0.01	0.05	800	<0.005

此外，大族激光还专门研究玻璃切割的应用，其推出的长波红外激光切割设备可以实现对 6~12 mm 厚玻璃的切割，如图 2-24 所示。该设备采用 70 W·ps 激光，在独立软件控制下实现一次性切割，精度高、速度快，具有异形切割、弧面切割、圆管切割等功能。该设备的性能参数如表 2-7 所示。

图 2-24　长波红外激光切割设备（左）及圆形玻璃切割试样（右）

表 2-7　长波红外激光切割设备的性能参数

激光功率/W	加工范围/(mm×mm)	X、Y轴定位精度/mm	重复定位精度/mm	加工速度/(mm·s^{-1})
30~70	1 000×1 200	<0.015	<0.015	1 000

2.3.3　激光切割技术的应用

激光切割设备的应用领域有轨道机车、航空航天、汽车行业的零部件制造、车体加工、转向架制造，以及精密医疗美容器械加工，在钢木家具、机械制造、家电厨具、健身器材制造中，激光切割也都扮演着重要角色。总之，凡是需要切割金属材料的地方，都是激光切割设备的舞台。

大族激光自研开发了 MPS 系列超能激光切割设备，该系列切割设备的构造为平面敞开式，能够很好地加工大型板材，应用于我国轨道车体加工、航空航天、汽车行业、精密医疗器械等有关生产部门，如图 2-25 所示。

深圳市韵腾激光科技有限公司专注于短波紫外激光切割设备的研发，该设备可直接实现对半导体母材晶圆的切割加工，公司旗下的超快精密激光切割设备应用于我国发光二极管芯片（LED chip）、微机电系统（microelectromechanical system，MEMS）、无线射频识别（radio frequency identification，RFID）、用户标志模块（subscriber identify module，SIM）等芯片的生产加工，可实现单双台面玻璃钝化二极管晶圆的切割划片，单双台面可控硅晶圆的切割划片，砷化镓、氮化镓、集成电路晶圆的切割划片，为我国各行业的芯片国产化提供了助力。图 2-26 所示为使用激光切割技术加工半导体晶圆。

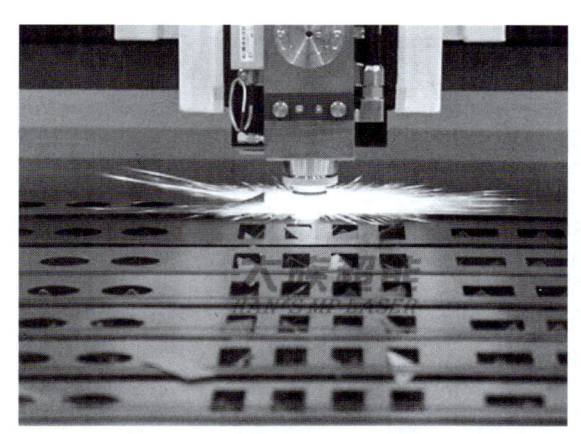

图 2-25　大族激光的 MPS 系列超能激光切割设备切割不锈钢卷料

光纤激光器的特点

光纤激光器关机流程

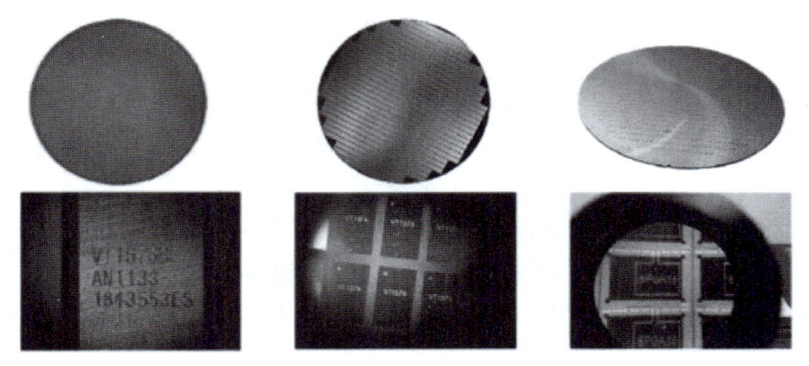

图 2-26　使用激光切割技术加工半导体晶圆

　　nLIGHT 公司推出了抗高反材料的光纤激光器，应用于铜及铜合金等高反射率材料的切割。传统的 CO_2 激光器可以较好地切割厚材料，也可以切割铜，但必须在铜片上涂一层石墨喷雾剂或氧化镁，以防止反射而损坏设备。nLIGHT 公司在产品结构设计上做了隔离装置，并缩小光斑直径，从而实现光纤激光切割高反材料。采用 3 kW 光纤激光器切割厚度 10 mm 的铜板已经可以实现。国内的中科光汇、飞博等公司都推出了抗高反的光纤激光器。

　　玻璃的显著特点是硬脆性，给加工带来很大的困难。传统的玻璃加工方法是使用机械刀划割，效率低、效果差且易碎，还容易钝化，很难达到无微裂纹及边缘质量方面的要求。玻璃激光切割是一项创新技术，已在显示器、手机和平板的屏幕、汽车挡风玻璃等方面得到应用，如图 2-27 所示。

　　汽车中有很多精密零件，如汽车刹车片等，为了提高汽车的安全性，必须保证切割精度。采用人工加工效率低，难以保证精度。采用激光切割能够批量处理，精度高、效率高、无毛刺。

　　图 2-28 所示的零件是汽车动力系统的总管件，要在上面开设多个小孔。如果采用模具冲裁，需要复杂的模具和高昂的成本，而采用激光切割可以大大降低加工难度并节约成本。实践表明，激光切割一天可以生产 400 套，而模具冲裁需要 3 倍的成本才能达到相同的效率。

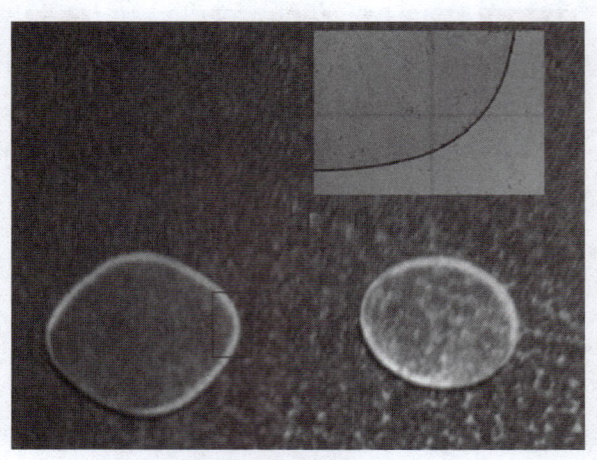

图 2-27 激光切割玻璃圆片

激光加工管件 1

激光加工管件 2

图 2-28 汽车动力系统的总管件

图 2-29 所示的某种汽车车体型材零件需要切割两个大孔及两个端头,为了避免变形、保证零件质量,采用激光切割。

在船舶制造领域,通过激光切割的船用钢板,割缝质量好,切口面垂直性好,无挂渣,氧化层薄,表面光滑,不需要二次加工,可直接焊接。激光切割的船板热变形小,曲线切割精度高,减少配合工时,可实现无障碍切割高强船板,如图 2-30 所示。

图 2-29 汽车车体型材的激光切割加工

图 2-30 激光切割高强船板

参考文献

[1]李亚江,李嘉宁.激光焊接/切割/熔覆技术[M].北京:化学工业出版社,2012.

2.4 激光清洗装备与应用

2.4.1 引言

激光清洗（laser cleaning）作为一种绿色、先进的材料表面处理技术，在工业领域受到国内外极大关注。它是使用激光对材料表面污染物进行快速辐照处理，在某些物理、化学机制的作用下，达到污染物在短时间内被快速去除的一种材料表面处理技术。该技术在处理不同材料表面时可以有不同的专有名词，例如，去除铁锈时，可称为激光除锈（laser derusting）；去除油漆时，可称为激光除漆或激光脱漆（laser depainting）。与传统的物理和化学等清洗方法相比，激光清洗技术的先进性体现在绿色环保、清洗效果佳、可集成度高、可靠性高、材料适应性广、清洗污染后对基材的损伤较小等方面。在工业制造过程中，清洗技术作为诸多制造工艺步骤中的重要一环，具有很大的升级价值。激光清洗对于环境保护、提高制造效率和效果具有积极的推动作用，同时也扩大了工业激光的应用范围，不仅是连续 CO_2 激光，短脉冲红外纳秒激光甚至紫外皮秒、飞秒激光清洗的研究也相继出现报道。

从激光清洗发展史来看，1965 年，激光擦（laser eraser）被首次提出，这是激光清洗技术的雏形。20 世纪 70 年代，美国军队开启了对于激光清洗的一系列研究，主要围绕飞机油漆的激光清洗需求，相关新闻在 2000 年后得到公开。同样在 20 世纪 70 年代，欧洲一些国家开始尝试用激光来清洗珍贵文物表面的墨迹和锈蚀，对建筑物外墙、壁画、钱币等进行表面修复，对于文物修复的研究与应用，一直持续到今天，也是激光清洗应用非常重要的一部分。随着集成电路行业和芯片制造业的高速发展，20 世纪 80 年代，IBM 公司进行了激光清洗去除微纳米颗粒的研究，并在 1987 年申请了首个关于激光清洗的专利。20 世纪 90 年代，日本和德国的科学家陆续开始了激光清洗的研究，同时期，激光器也在迅速发展。2000 年后，激光清洗在工业领域（如航空航天、核电、汽车等领域）的研究开始逐渐增多。2010 年后，激光清洗技术受到越来越多的关注，相应商业公司如雨后春笋般出现，国内开始出现相关研究报道。"十三五"期间，我国科学技术部制订了三项与激光清洗有关的国家重点研发计划，内容覆盖范围从基础研究到装备开发与应用，奠定了激光清洗在工业领域的研究与应用价值；同时期，国内诸多高校、研究所与企业同步跟进，加速了激光清洗在激光应用领域的发展。

2.4.2 国内外激光清洗装备

商用激光清洗装备的研发通常伴随激光器的迅速发展。早期的激光器主要为连续激光，随着脉冲调 Q 技术和锁模放大技术的成熟，MOPA 激光器逐渐成为激光清洗装备的主流激光器。国内外相关商业公司采用最多的也是脉宽为纳秒级时间尺度的激光器，其兼顾成本、效率与效果，纳秒级脉宽产生的峰值功率基本可以涵盖绝大多数材料所需的清洗阈值，同时产生较小的热量并对基材的损伤可控。

手持激光焊接机使用

除了激光器以外，相应设备一般还搭配机器人、手持设备或可移动平台使用，出光模块通常采用扫描振镜或多面棱镜，使激光可以高速移动，并以一定搭接率和扫描速度实现指定区域的清洗。

国外激光清洗公司的成立普遍早于国内，国内外具有代表性的激光清洗公司如表2-8所示。欧美国家激光清洗公司最初的服务领域主要集中在文物修复与翻新，随后逐渐转向工业领域。

表2-8 国内外具有代表性的激光清洗公司

序号	国家	公司名称	官方网站地址
1	德国	Cleanlaser	http://www.cleanlaser.de/
2	德国	LaserEcoClean	http://laserecoclean.com/index.html
3	比利时	P-Laser	http://www.p-laser.com/
4	英国	Powerlase	https://www.powerlase-limited.com/
5	英国	ALT	http://www.altlasers.com/
6	美国	Control Micro Systems	http://www.cmslaser.com
7	美国	General Lasertronics	http://www.lasertronics.com
8	美国	Laser Photonics	http://laserphotonics.com/
9	加拿大	Laserax	https://www.laserax.com
10	韩国	IMT	http://www.imt-c.co.kr/chn/
11	中国	武汉翔明激光科技有限公司	http://www.skylasertech.com/
12	中国	大族激光	https://www.hanslaser.com/

德国 Cleanlaser 公司是早期开展专业激光清洗设备研发的公司，业务已经覆盖激光清洗工艺、技术与成套装备开发，在焊接/胶结前表面预处理、油漆与涂层去除、模具清洗等领域积累了丰富的激光清洗应用经验。在设备研发方面，公司面向不同的清洗效率和实际应用环境，研发出背包式、紧凑型手拉式、低/中/高功率三大类激光清洗设备，如图2-31所示。

其中，背包式 CL 20 型设备具有很强的便捷性，质量约为 12 kg，作业时需要操作人员手持激光清洗头对目标区域进行作业；紧凑型手拉式 lighCASE 型设备尺寸小巧、移动性强，是世界上最紧凑的 100 W 激光清洗设备，最理想的应用目标是移动式油漆剥离；低功率激光清洗设备平均输出功率在 12~200 W 之间，适用于小面积的精密清洗；中功率激光清洗设备型号为 CL 150/CL 300/CL 500/ CL 600，功率在 150~600 W 之间，适用于模具涂层和油污的清洗；高功率 CL 2000 型激光清洗设备最大输出功率能达到 1 600 W，是面向高速去除大面积厚涂层的工业应用需求而开发的产品。

英国 Powerlase 公司研发的激光清洗设备在锈蚀去除、涂层去除及文物修复方面也取得了一些应用，其产品型号有 Vulcan 1600E 和 Vulcan 500c，产品如图2-32所示。其中，Vulcan 1600E 型设备的最大输出功率为 1 600 W，脉冲宽度为 40~120 ns，单脉冲能量大

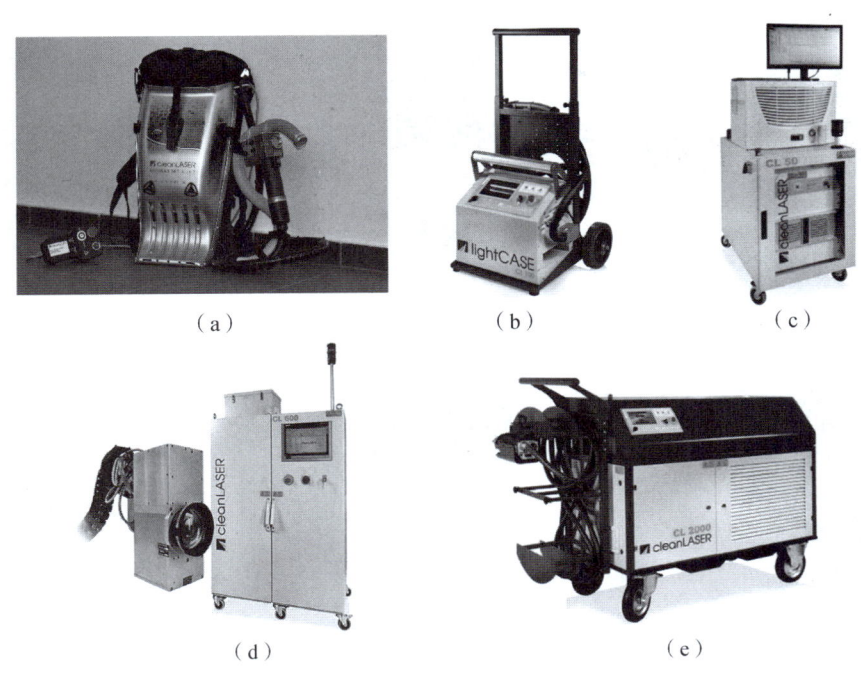

图 2-31 德国 Cleanlaser 公司研发的激光清洗设备
（a）背包式激光清洗设备；（b）紧凑型手拉式激光清洗设备；（c）低功率激光清洗设备；
（d）中功率激光清洗设备；（e）高功率激光清洗设备

图 2-32 英国 Powerlase 公司研发的激光清洗设备
（a）Vulcan 1600E；（b）Vulcan 500c

于 200 mJ，其主要应用范围包括涂层与油漆去除、除锈、表面活性化、氧化物去除、焊前预处理、模具清洗等；Vulcan 500c 型设备的最大输出功率为 500 W，脉宽为 70~500 ns，单脉冲能量为 40 mJ。

美国 Laser Photonics 公司研发了一系列激光清洗设备，针对大重型零件研发了 CleanTech Titan FX 型的清洗设备，针对快速清洗需求研发了 CleanTech Titan Express 型的清洗设备，针对工业级零部件研发了 CleanTech MegaCenter 型的清洗设备。此外，在手持式激光清洗设备方面还研发出了手持式 LPC-50CYH、LPC-100CTH、LPC-200CTH、LPC-300CTH、LPC-1000CTH、2000-CTH Jobsite 等不同功率的设备，如图 2-33 所示。

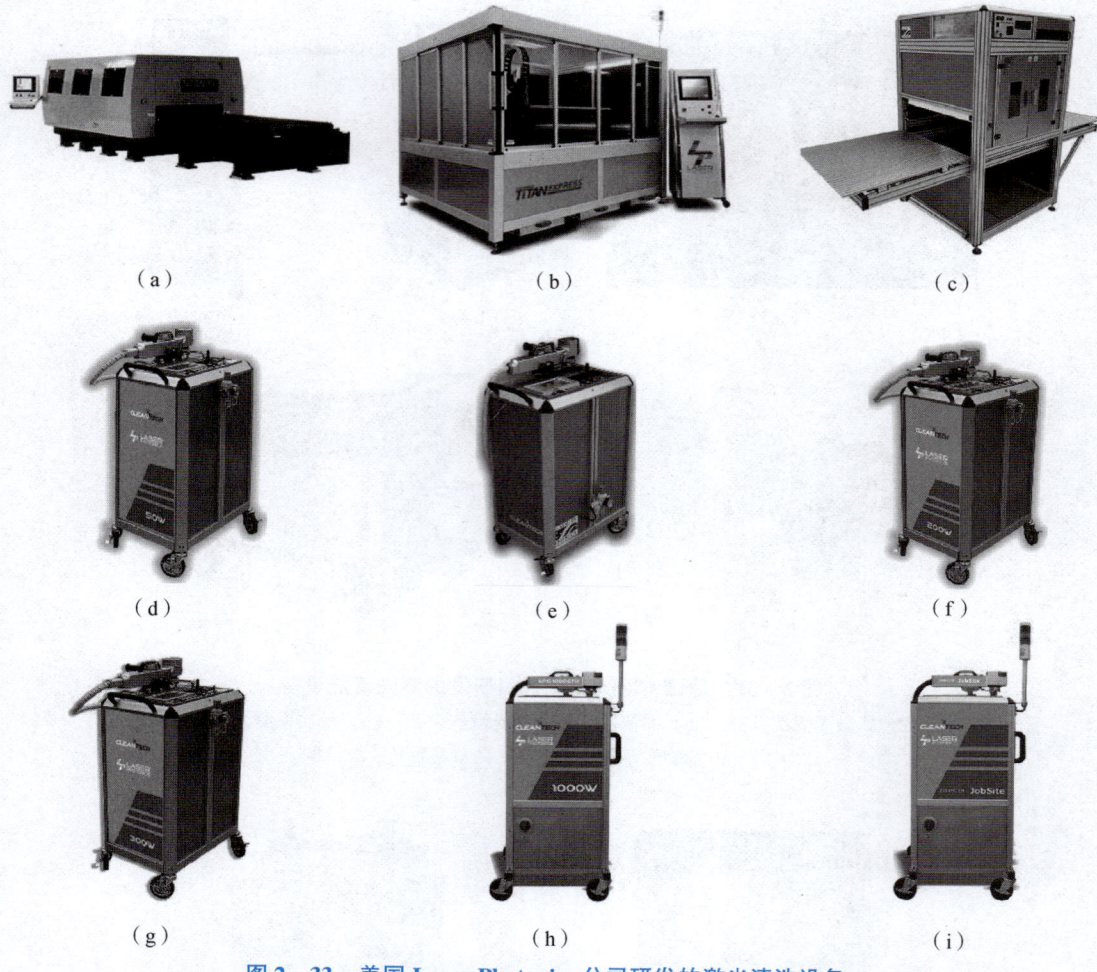

图 2-33 美国 Laser Photonics 公司研发的激光清洗设备

(a) CleanTech Titan FX；(b) CleanTech Titan Express；(c) CleanTech MegaCenter；(d) LPC-50CYH；
(e) LPC-100CTH；(f) LPC-200CTH；(g) LPC-300CTH；(h) LPC-1000CTH；(i) 2000-CTH Jobsite

CleanTech Titan FX 型设备适用于大面积零件的清洗除锈，如汽车轮胎轮毂、模具、石油天然气行业的钢结构，甚至船体板材等各种扁平和超大尺寸部件，作业面积可达 6.69 m²，单脉冲能量高达 150 mJ；CleanTech Titan Express 型设备提供了一种非研磨性清洗系统，作业面积可达 1.49 m²，平台可在 X 轴和 Y 轴方向移动，并允许激光在不同的方向移动并清洗部件所有表面；CleanTech MegaCenter 型设备适用于各种扁平和超大部件的清洗，作业面积可达 1.14 m²，专为在高冲击、振动和灰尘条件下持续工作而设计，配备有三个方向的机械轴 X、Y、Z 及两个光学轴 X、Y，可清洗的材料种类广泛，尤其适合高反射率的金属。

韩国 IMT 公司是研发并销售适用于半导体行业的激光清洗设备的公司，专业领域包括封装结构和探针卡的激光清洗。其生产的手动激光清洗设备型号有 20P、600MV 和 800MV，自动化激光清洗设备型号有 200CT、400S、400P-SA 和 400P-A，以及手动 XY 平台的 400P-M，如图 2-34 所示。其中，20P 型设备适用于清洗金属托盘、模具和铁锈，最大输出功率为 20 W；600MV 型设备适用于球阵列封装（BGA）、薄型小尺寸封装（TSOP）、橡胶和射频（RF）等的清洗，最大单脉冲能量可达 300 mJ，最大频率为 5 Hz；800MV 型设备的单脉冲能量可达 400 mJ，最大频率为 10 Hz；200CT 型设备借助机器视觉可以自动探测待清洗位置；400S 型设备适用于清洗加载板、烧录卡和探针卡等；400P – SA 型、400P – A 型、400P – M 型设备适用于清洗探针卡和精密元件，最大单脉冲能量可达 600 mJ，最大脉冲频率为 10 Hz。

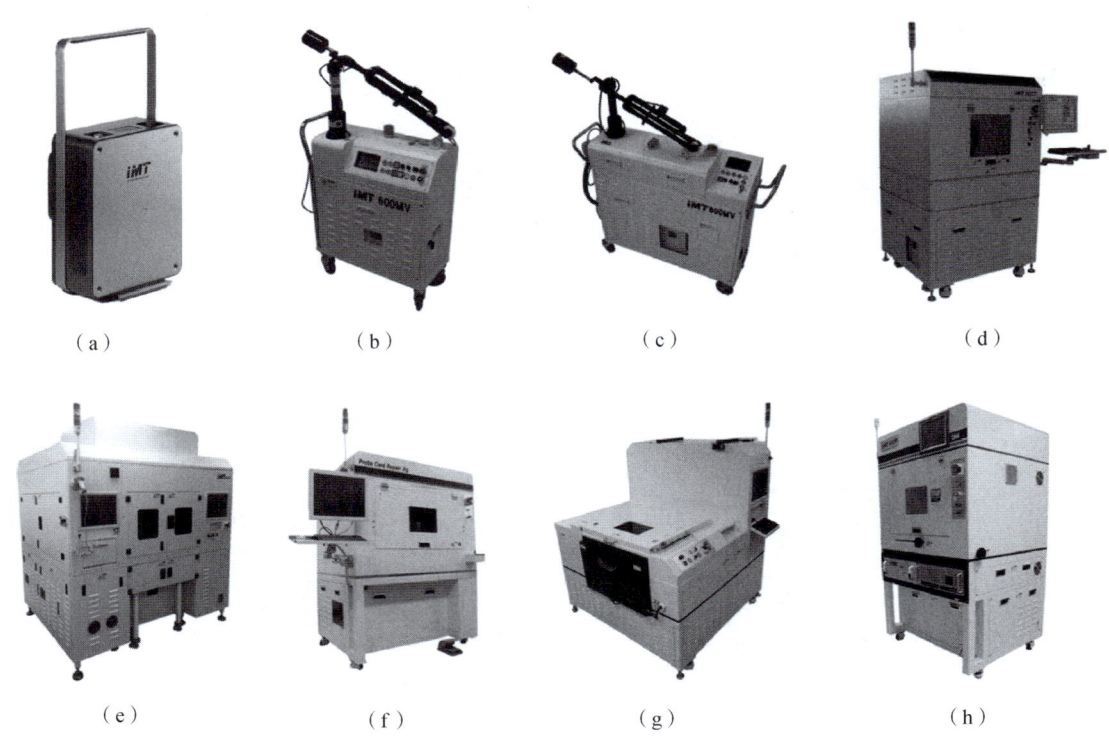

图 2 – 34　韩国 IMT 公司研发的激光清洗设备
（a）20P；（b）600MV；（c）800MV；（d）200CT；（e）400S；（f）400P – SA；（g）400P – A；（h）400P – M

我国武汉翔明激光科技公司研发了一系列激光清洗产品，从便携式的 SLC 小旋风、HST 系列、背负式系列、行李箱系列到自动化高功率系列，以及针对管道内壁、筒体环缝和齿轮清洗等特定场合的定制设备均有，如图 2 – 35 所示。小旋风系列有 SLC – 50 和 SLC – 1000 两个型号，最大输出功率分别为 50 W 和 1 000 W，SLC – 1000 型设备清洗 20 μm 厚的浮锈、油污和油漆的效率分别可达 12 m²/h、15 m²/h 和 11 m²/h；ASG 自动化高功率系列产品一般搭配运动平台和机器人等运动机构进行使用，以实现稳定自动化清洗，效率较高。

我国大族激光研发了两个系列的激光清洗设备，分别为小功率激光清洗设备和大功率激光清洗设备，如图 2 – 36 所示。其中小功率激光清洗设备采用大族激光的光纤激光器，功率为 20 ~ 50 W，冷却方式为风冷；大功率激光清洗设备采用美国 IPG 公司的光纤激光器，功率为 100 ~ 1 000 W，冷却方式为水冷。这两个系列均可定制为手持式或自动化设备。

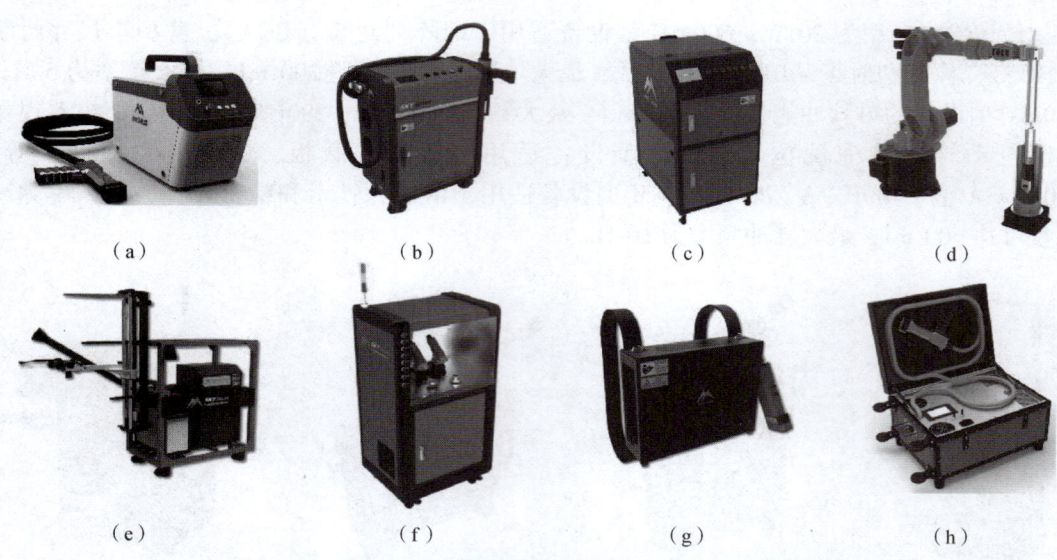

图 2-35 武汉翔明激光科技有限公司研发的激光清洗设备

(a) SLC 小旋风系列；(b) HST 便携系列；(c) ASG 自动化高功率系列；(d) IWOT 管道内壁系列；
(e) 大型筒体环缝清洗设备；(f) 齿轮清洗设备；(g) 背负式清洗设备；(h) 行李箱式清洗设备

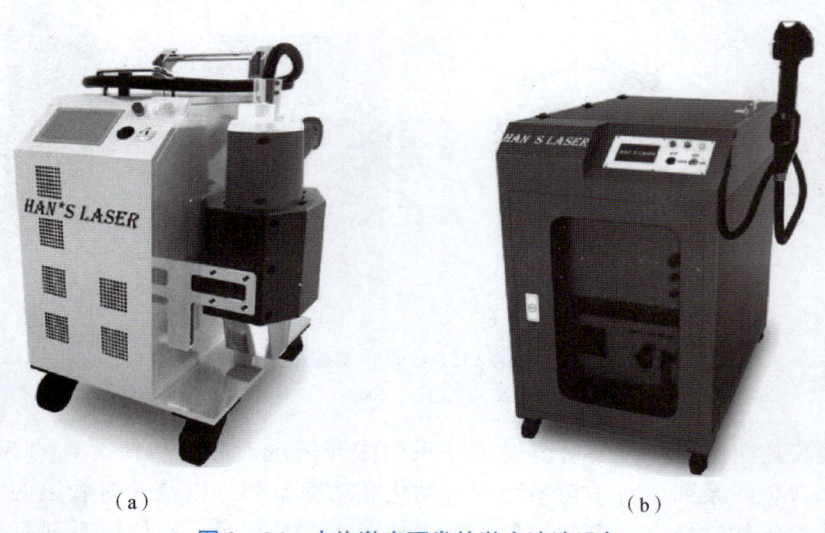

图 2-36 大族激光研发的激光清洗设备
(a) 小功率激光清洗设备；(b) 大功率激光清洗设备

2.4.3 激光清洗应用现状与展望

作为 21 世纪最具潜力的绿色清洗技术，激光清洗在航空航天、汽车、高铁、核电、舰船、模具、微电子等工业领域逐渐崭露头角。成套装备的开发对于激光清洗的应用至关重要，国内外公开报道的已经应用的激光清洗装备主要集中在飞机机身除漆上，具体包括 2019 年美国 XYREC 公司开发的 CO_2 激光除漆装备，已应用于波音 727 飞机的机身除漆，以及 2015 年美国 Concurrent 公司与卡内基梅隆大学联合开发的纳秒光纤激光除漆装备，已应用于美国犹他州空军基地 F-16 战斗机的机身除漆，激光除漆装备如图 2-37 所示。针对其他应用场合的激光清洗装备的开发较少，但有相关的基础研究与应用探索。下面将根据不同领域对激光清洗应用现状进行阐述，并对未来的发展方向进行展望。

（a）

（b）

图 2-37　激光除漆装备

（a）应用于波音 727 飞机的 CO_2 激光除漆装备；（b）应用于 F-16 战机的纳秒光纤激光除漆装备

2.4.3.1　航空航天

美国 XYREC 公司开展了针对空客 A320 大型客机的机身激光清洗工作，客机机身长 73 m，尾部距地面高 24.1 m，全机身油漆面积约 4 000 m²。清洗设备采用 LR 公司的可移动式平台，通快公司 20~30 kW 的 CO_2 激光。移动式除漆机器人上安装了许多传感器、硬件和软件系统，提供了许多操作与安全功能，包括（但不限于）预编的飞机表面信息，机库中飞机的精确定位，机库中的机器人定位，移动机器人的人身安全光传感器，区域扫描避免与机身接触，末端器的光扫描和接触传感器，飞机表面轮廓测定，飞机表面温度，搭接与油漆厚度表面实时工艺控制，多个软件安全系统等。

美国海军 H-53、H-56 直升机螺旋桨叶片和 F-16 战斗机平尾等复合材料表面均已实现激光脱漆应用。图 2-38 为美国 General Lasertronics 公司激光清洗 H-53 直升机玻璃纤维复合材料螺旋桨叶片表层，这套美国海军舰队东部指挥中心的自动旋转叶片剥离系统可以将剥离叶片涂层的时间减少 90%，从手工操作的 24 h 减少至 2 h。

德国 Cleanlaser 公司将激光清洗应用于飞机维修时的脱漆处理，如图 2-39 所示。

图 2-38　美国 General Lasertronics 公司激光清洗 H-53 直升机玻璃纤维复合材料螺旋桨叶片表层

图 2-39　德国 Cleanlaser 公司将激光清洗应用于飞机维修时的脱漆处理

英国劳斯莱斯（Rolls-Royce）公司在激光清洗钛合金航空发动机部件表面氧化膜方面开展了应用，提高了焊接质量，清洗现场如图 2-40 所示。

图 2-40　英国劳斯莱斯公司激光清洗钛合金航空发动机部件表面氧化膜的清洗现场

2.4.3.2　海洋工程

美国 General Lasertronics 公司激光清洗船舶部件表面锈蚀和油漆，如图 2-41 所示。图片描述了从一个复杂装置中去除油漆和腐蚀物，在复杂的表面上，没有其他技术能够提供这种程度的清洁度。

图 2-41　美国 General Lasertronics 公司激光清洗船舶部件表面锈蚀和油漆

2.4.3.3　汽车

德国 Cleanlaser 公司将激光清洗技术应用于橡胶轮胎模具的清洗，现场示意如图 2-42 所示；激光清洗应用于奥迪汽车铝合金车门框（6016 铝合金）的焊前表面预处理及车辆模具清洗，清洗速度可达 4 m/min；激光清洗应用于聚氨基甲酸酯黏合前的预处理，清洗速度可达 65 m^2/h，可用于代替喷砂过程，如图 2-43 所示；激光清洗应用于刹车盘的清洗，如图 2-44 所示。

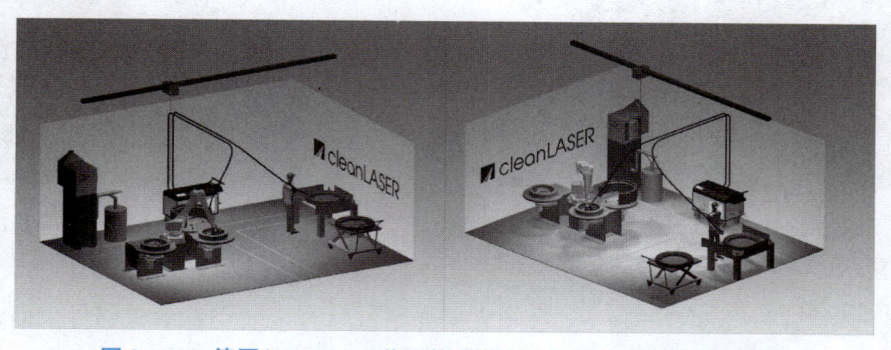

图 2-42　德国 Cleanlaser 公司使用激光进行模具清洗的现场示意

图 2-43 德国 Cleanlaser 公司
使用激光进行聚氨基甲酸酯黏合前预处理

图 2-44 德国 Cleanlaser 公司
使用激光进行刹车盘的清洗

英国 Powerlase 公司采用 1 200 W 激光烧蚀去除热成型钢表面的 30 μm 厚 Al-Si 涂层，保证了汽车车身框架较高的焊接强度，提高了汽车发生事故时的安全性。在世界各地的生产线上已经安装了许多这样的清洗系统，清洗速度可达 20 m/min，能将生产速度提高到近 40 m/min。

2.4.3.4 文物

德国 Cleanlaser 公司使用激光清洗了费城的市政大厅外墙，如图 2-45 所示；激光清洗芝加哥市中心 Nickerson 别墅（私人所有，建于 1840 年，芝加哥最早的石头结构房子）属于全世界首个大型文物保护项目，工程全程只使用激光清洗技术，清洗面积约 2 000 m²，开始于 2004 年 6 月，完成于 2005 年 8 月，共 7 000 个激光工作小时，使用 3 套系统进行 3 班轮流作业，清洗前后对比如图 2-46 所示；牛津大学自然历史博物馆室内墙壁激光清洗，如图 2-47 所示，清洗速度可达 5 m²/h，博物馆可以边开放边清洗。

图 2-45 德国 Cleanlaser 公司激光清洗费城市政大厅外墙

2.4.3.5 模具

在食品、橡胶、塑料和轮胎工业中，加工数百个零件后，需要清洗模具。使用爆破或化学溶剂清洗模具，是一个耗时的过程，往往会损坏昂贵的模具，为客车清洗轮胎模具需要 8 h 的机器停机时间和相同的体力劳动时间。而比利时 P-Laser 公司的移动激光系统每小时可以清洗 2 m²，清洗效果如图 2-48 所示。

图 2-46　芝加哥市中心 Nickerson 别墅激光清洗前后对比

图 2-47　牛津大学自然历史博物馆室内墙壁激光清洗

图 2-48　比利时 P-Laser 公司激光清洗模具的效果

美国 Control Micro Systems 公司对模具展开激光清洗应用，如图 2-49 所示，将激光能量集中在部件上，并使用振镜扫描清洁区域。高能量密度光束与模具表面发生反应，去除多余的涂层或表层。当去除的物质在激光能量的特定波长范围内具有很高的吸收能力时，激光清洗过程最有效，而底层的衬底对该波段激光的反射率较高。这种吸收的相对差异会使清洗对象迅速升温，并从模具表面上脱落，且基材不受影响，在这个工艺过程中使用了排烟系统。

图 2-49　美国 Control Micro Systems 公司激光清洗模具

参考文献

[1] SCHAWLOW A L. Lasers [J]. Science, 1965, 149 (36-79): 13-22.

[2] 李伟. 激光清洗锈蚀的机制研究和设备开发 [D]. 天津：南开大学，2014.
[3] 施曙东. 脉冲激光除漆的理论模型、数值计算与应用研究 [D]. 天津：南开大学，2012.
[4] COOPER M I, Emmony D, Larson C J. Characterization of laser cleaning of limestone [J]. Optics & Laser Technology, 1995, 27 (1)：69~73.
[5] 施曙东，李伟，易三铭，等. 从激光清洗专利看激光清洗技术的发展 [J]. 清洗世界，2009, 25 (9)：26 – 33.

2.5 激光增材制造设备与应用

随着激光增材制造技术的发展，国内外已经研制出多种激光增材制造设备，包括适用于树脂材料的立体光固化成型设备（stereolithography apparatus, SLA），适用于热塑性材料的熔丝沉积成型（fused deposition modeling, FDM）打印设备，适用于熔点不同的异种金属材料粉末黏结的激光选区烧结（selective laser sintering, SLS）设备，还有典型铺粉金属三维（3dimensions, 3D）打印——激光选区熔化（selective laser melting, SLM）或激光粉末床融合（laser powder bed fusion, L – PBF）设备和送粉金属3D打印——激光定向能量沉积（激光直接能量沉积，laser direct energy deposition, LDED）、激光熔化沉积技术（laser melting deposition, LMD）、激光立体成型（laser solid forming, LSF）、激光近净成型（laser engineered net shaping, LENS））设备。在众多类型激光增材制造设备生产过程中，各研究机构和制造商各有侧重点，表2 – 9对国内外主要增材制造研究机构与设备制造商进行了总结。

表2 – 9 国内外主要增材制造研究机构与设备制造商

类别	德国	美国	中国	其他
研究机构	DMRC（SLM/FDM） Fraunhofer ILT（SLM）	Los Alamos（SLM） Sandia（SLM）	中国航空制造技术研究院（SLM） 西安交通大学（SLA） 清华大学（FDM） 华中科技大学（SLS） 北京航空航天大学（LENS）	日本 Matsuura 日本 Sodick 瑞典 Arcam AB 荷兰 Additive Industries 英国 Renishaw 以色列 Xjet 挪威 Norsk Titanium
设备制造商	EOS（SLA/SLS/SLM/FDM） Concept Laser（SLM） Trumpf（LMD） SLM Solutions（SLM） Realizer（SLM）	3D Systems（SLS/SLM） Stratasys（FDM） PHENIX（SLM/FDM） Optomec（LENS）	铂力特 华曙高科 武汉华科三维科技有限公司 北京隆源自动成型系统有限公司 武汉滨湖机电技术产业有限公司 上海盈普三维打印科技有限公司	

工业激光增材制造应用最为广泛的通常是金属材料激光增材制造和树脂材料的固化成型，接下来对具有代表性的工业应用 3D 打印的 SLM 和 LMD/LENS 设备及其应用进行介绍。

2.5.1　SLM 设备

SLM 设备是更新迭代速度最快、应用最广泛的金属增材制造设备，它的研发经历了功率从小到大、成型尺寸不断扩展、成型精度和质量逐步提高的发展过程，还出现了增材制造和去除加工混合加工机床，适用于航空航天等复杂高性能零件的精密制造。

国外有许多专业生产 SLM 设备的公司，如美国的 PHENIX、3D System 公司，德国的 EOS、Concept Laser、SLM Solutions 公司，日本的 Matsuura、Sodick 公司等，均生产性能优越的 SLM 设备。随着增材制造装备性能的不断升级、装备工艺技术研究的深入和制造技术的突破，出现了一批超大型、超高速、超精密的 SLM 装备。GE 公司发布的增材制造装备成型尺寸达到 1.1 m×1.1 m×0.3 m（Z 轴可扩展至 1 m，甚至更大），推动铺粉式金属激光增材制造成型进入米级时代。德国 EOS 公司、SLM Solutions 公司等推出 4 路激光系统的新型装备，大幅提升了打印效率。

德国 EOS 公司推出了 EOS M100/M290/M400、EOSINT M280、PRECIOUS M080 型工业打印 SLM 设备。其中 EOS M400-4 型 SLM 设备配备了 4 台 400 W 的激光器，每台激光器负责 250 mm×250 mm 的构建区域（有 50 mm 重叠），可同时制造 4 个部件，粉末层厚度可在 20~100 μm 范围内调整，制造速度高达 2~30 cm³/h，成型尺寸为 400 mm×400 mm×400 mm，比单激光系统生产效率提升 4 倍，该设备如图 2-50 所示。

图 2-50　EOS M400-4 型 SLM 设备

德国 Concept Laser 公司推出了 M1/M2 cusing、X line 2000R、Mlab cusing R、Mlab cusing 200R 等型号的设备。其中 X line 2000R 型 SLM 设备如图 2-51 所示。它由 Concept Laser 公司和 Fraunhofer ILT 研究所联合研发，最大成型尺寸达到 800 mm×400 mm×500 mm，打印体积从 126 L 提升至 160 L，体积增加了 27%，这个尺寸比同样使用 SLM 技术的竞争产品大了 2~3 倍。X line 2000R 型 SLM 设备的核心是双激光系统，其中每个激光器的功能高达 1 000 W。虽然这并不是唯一的因素，但是使用两台激光器在构建区域的不同位置同时照射熔融，显然有助于增加构建速度，生产速度高达 10~100 cm³/h。此外，该设备的剂量模块也进行了重新设计，剂量室只需一个周期就可以完全填充，惰性气体消耗约 17~34 L/min。X line 2000R 型 SLM 设备的其他优点包括标准的过滤器可以冲水钝化，以保证在更换过滤器时的安全；可以选择使用两个构建模块，以确保其生产率达到最高，即制造商在第一个打印任务正在进行时就可进行下一个作业。该设备适用于 AlSi10Mg 合金、TC4 钛合金和 inconel 718 镍基合金等已经具有成熟工艺的金属粉末的增材制造。

图 2-51　X line 2000R 型 SLM 设备

德国 SLM Solutions 公司推出了 SLM 125/280/500/800 等型号的设备。其中 SLM 500 型 SLM 设备如图 2-52 所示，最大成型尺寸为 500 mm×280 mm×365 mm，相比于双激光系统的 SLM 280 型 SLM 设备，加工效率提升近 90%。SLM 500 型 SLM 设备可配备 2 个或 4 个独立或并行运行的激光器。SLM Solutions 公司提供 400 W 和 700 W 两种功率激光器，用户可以选择与其材料匹配的激光功率，并可以选择增加功率以构建更厚的层，以进一步提高生产率。该设备提供激光重叠策略以实现高效加工。测试证明，重叠激光扫描区域的密度与力学性能和单激光的结果相当。

图 2-52　SLM 500 型 SLM 设备

德国 Trumpf 公司能同时提供 LMF 和 LMD 两种设备，用于 SLM 的设备有 TruPrint 1000、TruPrint 3000。德国 Realizer 公司的设备系列有 SLM 125/250/300。这两家公司的部分设备如图 2-53 所示。

（a）　　　　　　　　　　　　（b）

图 2-53　德国 Trumpf 公司和 Realizer 公司的部分设备
（a）TruPrint 1000；（b）SLM 300

日本 Matsuura 公司研发了世界上首台将激光选区熔化技术与高速铣削工艺结合的综合制造设备 LUMEX Avance-25，如图 2-54（a）所示。这台设备将 SLM 激光熔融 3D 打印技术与计算机数控（computer numerical control，CNC）减材制造技术复合在同一台设备之中，其最大加工物尺寸为 250 mm×250 mm，实现了与加工中心相当的加工精度和表面粗糙度，拥有超越传统金属 3D 打印机的能力，目前主要应用在金属模具的制造等领域。该设备可以在模具内部自由设置冷却流道，倒入模具的冷却液的冷却效果也大幅提升，提高了零件的生产效率，甚至可将其作为最终成品。与传统工艺相比，从设计到模具制造，使用该设备可以将时间周期缩短 50%，而且模具用于注塑时冷却时间缩短了 33%。

日本 Sodick 公司于 2014 年发布了用于金属材料加工的 3D 打印机 OPM250L，将激光熔化、凝固金属粉末的沉积成型与基于切削加工的精加工组合在一起，实现了在线检测补偿和计算机辅助设计（computer-aided design，CAD）路径转换的无人化管理，如图 2-54（b）所示。

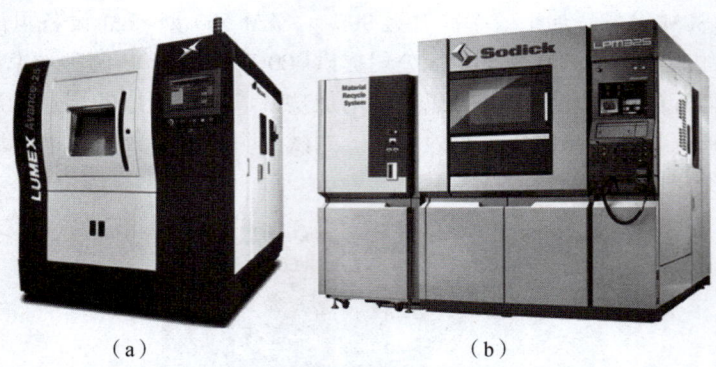

激光切削轨-动画

图 2-54　日本 Matsuura 公司和 Sodick 公司的设备
（a）LUMEX Avance-25 增减材复合系统；（b）OPM250L 增减材复合系统

国内对 SLM 设备的研究主要集中在高校，华中科技大学、南京航空航天大学和华南理工大学等高校在 SLM 设备生产研发方面做了大量的研究工作，并且将其成功应用于实际生产。其中，华中科技大学的史玉升团队以大尺寸激光选区烧结设备的研究与应用获得 2011 年国家技术发明二等奖，已推出商业化的 HRPM-I 和 HRPM-IIA 两款 SLM 设备，适用的金属材料包括不锈钢、钛和钛合金、镍基超合金、钨合金和钴铬合金等。南京航空航天大学研制了 RAP-I 型激光选区烧结快速成型系统。华南理工大学与瑞通激光科技有限公司联合研发了激光选区熔化快速成型设备 Dimetal-280，配备 200 W 或 400 W 光纤激光器，最大成型尺寸可达 250 mm×250 mm×300 mm，铺粉层厚度为 10~100 μm。

北京隆源公司开发了激光增材制造的商品化设备 AFS-300。大族激光于 2014 年末推出了第一台 SLM 成型机。湖南华曙高科公司于 2015 年发布了全球首款开源、可定制的金属 3D 打印机 FS271M，配备 500 W 光纤激光器，成型仓尺寸为 275 mm×275 mm×320 mm，铺粉层厚度为 20~100 μm，最大扫描速度为 15 m/s，尺寸精度达到±0.02 mm。

西安铂力特公司针对不同应用环境提供了不同型号的设备，分别针对航空航天、发动机、高校科研、医疗、模具、汽车、齿科、职教、文创进行了设备研究，从尺寸、精度、材料、设计优化 4 个方面扩大金属增材制造的应用范围。表 2-10 所示为铂力特公司增材制造设备的型号、常用应用方向和设备参数。图 2-55 所示为铂力特 BLT-S400 设备。

表 2-10　铂力特公司增材制造设备的型号、常用应用方向和设备参数

型号	适用材料	应用领域	设备参数
BLT - S510	钛合金 铝合金 高温合金 不锈钢 高强钢 模具钢	航空 航天 发动机 医疗 模具 汽车	成型尺寸：500 mm × 500 mm × 1 000 mm 激光器功率：500 W × 4
BLT - S310/320	^	^	成型尺寸：250 mm × 250 mm × 400 mm 激光器功率：500 W × 2
BLT - S400	^	^	成型尺寸：400 mm × 250 mm × 400 mm 激光器功率：500 W × 2
BLT - S210	钛合金 铝合金 高温合金 钴铬合金 钽不锈钢 高强钢 铜合金 钨合金 镁合金	高校科研 医疗	成型尺寸：105 mm × 105 mm × 200 mm 激光器功率：500 W
BLT - A160	钛合金 钴铬合金	齿科	成型尺寸：160 mm × 160 mm × 100 mm 激光器功率：200 W/500 W

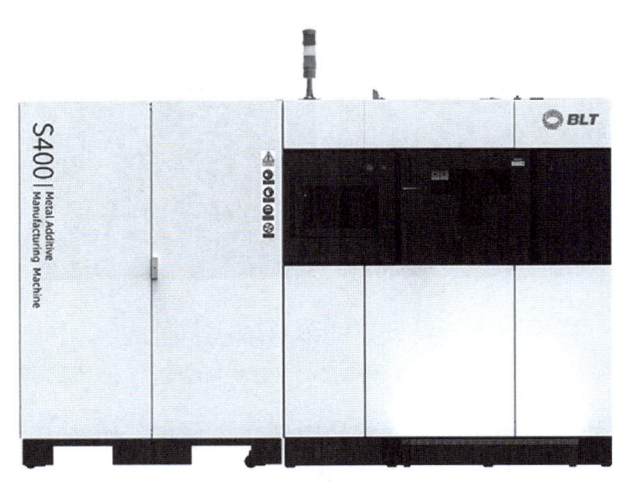

图 2-55　铂力特 BLT - S400 设备

2.5.2　LMD/LENS 设备

LMD 设备适用于金属材料的成型制造和零件的修复，可利用铁基、钴基、镍基合金、碳化物等金属粉末在金属工件上熔覆强化、修补再生或直接制造。其打印速度快，可解决

传统加工耗时或困难的问题，大幅度降低制造成本与时间，尤其是对于异种金属和梯度材料的增材制造，该技术更容易结合减材制造进行复合制造，主要应用于大型和超大型结构的复合制造和表面修复领域。

LMD 的送粉方式主要为同步送粉，利用气载式送粉器将金属粉末直接输送入光斑内，随着光斑在工件表面的移动，形成沉积层。与预置送粉方式比较，同步送粉可以很好地实现气氛保护，使金属粉末自身的性能不受空气内氧、氮等元素的影响，实现熔覆层的完美性能。

实现同步送粉的方法有两种，一种为旁轴送粉，另一种为同轴送粉。同轴送粉一般用于大型工件的打印，打印粉末不适宜为细粉，否则在保护气流作用下会出现粉末飞扬和喷嘴堵塞的情况。同时，送粉要求金属粉末具有良好的流动性，因此一般采用球形度较高的粗粉，直径为 30~150 μm。送粉喷嘴是基于激光直接制造和再制造技术的关键部件之一。旁轴送粉喷嘴主要适用于二维激光熔覆，如曲轴和主轴的修复。而同轴送粉喷嘴适用于增材制造，尤其是新型同轴送粉喷嘴，可真正地实现三维激光直接制造和再制造，应用于复杂零件的直接制造。图 2-56 所示为不同送粉方式。

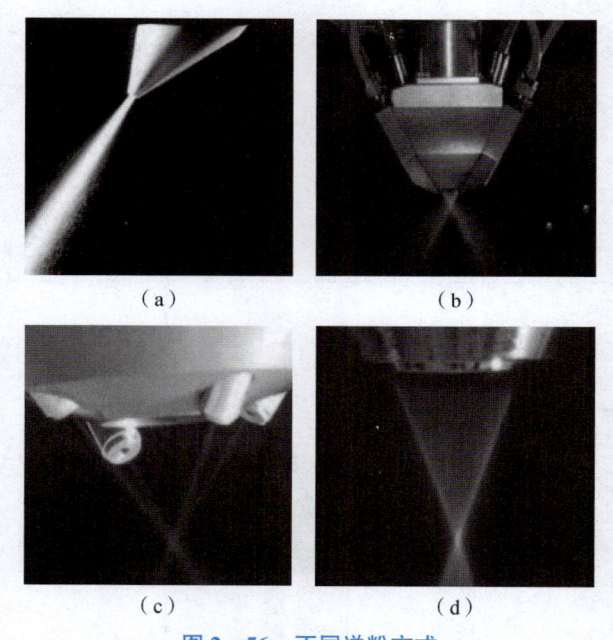

图 2-56 不同送粉方式
（a）旁轴送粉；（b）矩形同轴送粉；（c）4 路同轴送粉；（d）环形同轴送粉

Fraunhofer IWS 研究所推出了多种型号的同轴送粉喷嘴。如图 2-57 所示，COAX8 型为 4 路环形送粉喷嘴，粉末在出口形成锥状粉束，并从轴向环绕激光光束喷射到工件表面，其所承受的激光功率高达 8 kW，粉束直径为 1~2.5 mm；COAX9 型是 COAX8 型的缩小版，可承受的激光功率不超过 4 kW。COAX11 型可喷出矩形粉束，可承受的激光功率高达 10 kW。其熔池为矩形，熔池的宽度可以根据工件而任意调整，在喷涂金属合金材料时其宽度在 8~22 mm 之间可调。

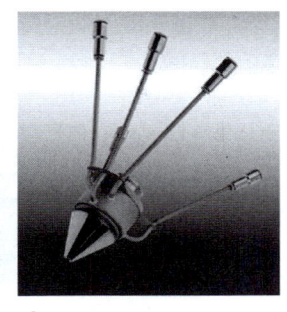

图 2 – 57　同轴送粉喷嘴
(b) COAX8; (a) COAX9

德国普雷茨特（Precitec）公司针对中等至大功率范围内的激光设计了结构紧凑且坚固耐用的 YC30/52 型熔覆头。根据实际应用，可选购不同几何形状的喷嘴用于粉末供给，如针对紧急情况下的涂覆。YC30 型所承受的最大激光功率为 2 kW，最小粉末聚焦直径为 2.0 mm。YC52 型所承受的最大激光功率为 6 kW（取决于实际应用及所使用的喷嘴），最小粉末聚焦直径为 0.7 mm（环状间隙喷嘴）或 2.0 mm（4 喷嘴）。图 2 – 58 所示为使用不同喷嘴的熔覆头。

图 2 – 58　使用不同喷嘴的熔覆头
(a) 4 喷嘴；(b) 环状间隙喷嘴

美国 Optomec 公司推出了 LENS 450/850 – R/MR – 7 型 LENS 设备，并开发出增减材复合制造系统 LENS 3D HY 20 CA、LENS 3D HY 20 OA 设备。其中 LENS 3D HY 20 CA 设备如图 2 – 59 的所示，配备 CNC 加工平台，可调节控制保护气氛，是加工不锈钢、工具钢、钴镍铁合金、镍基合金、钴铬合金、钨及其他无电抗金属的理想选择。该设备具有高精度的滚珠丝杠、主轴和用于精确机加工操作的 8 个刀具自动交换装置（automatic tool changer，ATC）。附加功能包括定常流（steady flow）送粉器、水冷 LENS 加工头及可替换喷粉头、西门子公司的 Smart AM 闭环控制。一个 LENS 打印引擎模块和先进的西门子控制系统组成了新的完整的增减材复合系统。该设备可实现 LENS 增材制造后的 5 轴 CNC 加工，沉积零件尺寸可达 500 mm × 350 mm × 500 mm，混合成型尺寸可达 350 mm × 350 mm × 500 mm，适用于复杂零件制造及修复，增材制造过程的 Smart AM 闭环控制使得制造的零件具有一致性。此外，激光器功率可以选择 500 W 或 1 000 W，沉积速度可达 0.2 kg/h。

图 2-59　LENS 3D HY 20 CA 设备

德国 Trumpf 公司用于 LMD 的设备有 TruLaser Cell 3000、TruLaser Cell 7000、TruLaser Cell 8000，如图 2-60 所示。中科煜宸激光技术有限公司的 LMD 设备有 LDM 8060/2020/150100，最大成型尺寸为 4 000 mm×3 500 mm。激光器可以选择光纤激光器和半导体激光器，功率范围为 2 000～15 000 W。送粉器有单桶、双桶、多桶三种，产品型号有 RC-PGF-D-1/2/3 三种规格，载气流量为 1.3～10 L/min，送粉粒度为 10～200 μm。图 2-61 所示为中科煜晨激光技术有限公司的设备。

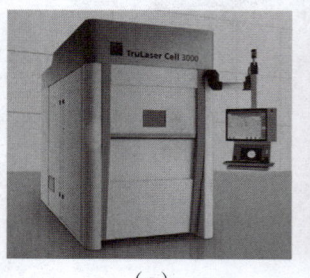

（a）　　　　　　　　　　（b）

图 2-60　德国 Trumpf 公司的 LMD 设备
(a) TruLaser Cell 3000；(b) TruLaser Cell 7000

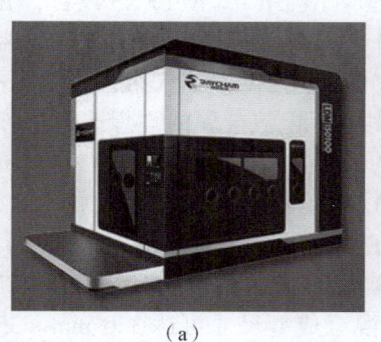

（a）　　　　　　　　　　（b）

图 2-61　中科煜晨激光技术有限公司的设备
(a) LMD 150100；(b) 送粉器

2.5.3 应用实例

2.5.3.1 航空航天

在航空航天领域中，零件的使用环境十分严苛。很多零件不仅需要承受复杂的外载，其工作环境还存在着较高的温度梯度，温度梯度将导致零件承受一定的热应力载荷。在产品优化设计特别是拓扑优化设计中，如何系统地考虑结构外载和热应力载荷的影响并设计获得满足相关边界条件的零件构型，如何能够实现优化产品的制备并通过载荷测试，是该领域产品研制过程中亟待解决的问题和关键挑战。

北京空天技术研究所联合西北工业大学对航天支架的热弹性拓扑优化方法进行了成功推导及验证。通过优化算法对支架模型进行拓扑优化，基于优化模型完成了结构重构，并进一步进行了尺寸优化，最终实现了18.3%的减重，得到良好的优化效果，该支架由BLT-S300（BLT-S310一代机型）型设备打印。在设备参数方面，根据该支架的成型要求，调整激光器功率和打印层厚度，设置扫描轨迹，以减少制造过程中的残余应力。验证实验表明，3D打印的该金属支架的材料拉伸性能、屈服强度及极端负载条件下零件的力学性能均符合航天使用标准，可满足航天工程应用中对零部件的高精度、高力学性能、轻量化及低粗糙度等要求，并能缩短验证周期，提升项目效率。该支架如图2-62所示。

图2-62　3D打印的航天支架

北京深蓝航天工业有限公司自主研制的"雷霆-5"（LT-5）液体火箭发动机喷注器壳体和推力室身部两个零件（见图2-63）通过激光金属3D打印实现。发动机喷注器壳

图2-63　LT-5液体火箭发动机喷注器壳体和推力室身部
（a）发动机喷注器壳体；（b）推力室身部

体和推力室身部均为航天发动机关键零件,使用环境苛刻,零件内部有百余条冷却流道,使用传统铣削和焊接工艺,不仅制造周期长、成本高,零件性能也难以得到保证。使用铂力特公司的金属增材制造 BLT-S310 型设备整体打印零件,可在打印过程中严格控制工艺,保证零件外形尺寸、流道精度及粗糙度均满足使用要求,同时零件加工周期可缩短至 2~3 周,显著提高了产品的可靠性及测试维护性,有效缩短产品设计—试验—改进的周期。

在航空领域,飞机零部件中有很多复杂流道类零件,图 2-64 为镍基高温合金航空发动机机匣和航空发动机风扇叶片,此类零件流道复杂、气密性要求高。采用传统铸造工艺复杂且制造周期长。采用 SLM 打印技术,可缩短加工周期、提高成品率并实现大幅度减重,降低综合使用成本。2020 年,铂力特公司收到空中客车公司零部件认证团队对铂力特制造的 A330NEO 某增材制造零件的认证通过结果,该零件由 BLT-S310 型设备打印,零件性能达到空中客车公司民用航空零件的装机要求。

图 2-64 镍基高温合金航空发动机机匣和航空发动机风扇叶片

新一代载人飞船是面向我国载人月球探测、空间站运营等任务需求而论证的具有国际先进水平的新一代天地往返运输飞行器。其中重要的技术突破之一是由航天五院总体部设计的返回舱防热大底框架结构(见图 2-65),全部采用激光沉积金属 3D 打印工艺制造,成功实现了减小质量、缩短周期、降低成本等目标,大型关键结构件整体 3D 打印技术通过大考。

图 2-65 金属 3D 打印的返回舱防热大底框架结构

2.5.3.2 汽车交通

结构优化设计、研发试制、小批量生产、个性化产品和备品备件制造是增材制造在汽车领域几个重要应用。结构优化设计,可显著减小整车质量、降低油耗;研发试制不需要开模,可将整车的研发周期从 32 个月缩短到 18 个月;小批量生产可实现数字化制造,不需要工装夹具；个性化产品可根据客户个性化需求进行设计，多件产品同版生产；备品备件制造可解决不确定性的问题，减少资金、空间和产能的占用。

德国 Hirschvogel Tech Solutions 公司采用 AlSi10Mg 粉末制备了汽车转向节，如图 2-66 所示。该技术开发基于综合方法，将整个增材制造工艺链考虑在内，耗费 55 h，相比传统制造缩短了加工制造时间。该部件结合了轻量化方面的高水平开发专业知识，以及基于仿生学的设计应用，与传统锻造部件相比，颈部区域的质量减小了 40%。生产需要很少的支撑结构，从而减少了后处理工作。

图 2-66 采用 AlSi10Mg 粉末制备汽车转向节

小批量生产铝合金方程式赛车连接件，使用金属 3D 打印节省了开模成本，生产周期缩短至一周。大尺寸轮毂等多特征结构采用激光精密成型设备整体一次成型，外轮廓辐射筋采用拓扑结构，内部热结区采用镂空结构填充，实现减重 8%。汽车摇臂部件使用的 3D 打印一体化成型相较原始设计减重 23%，不需要后续加工，制造周期缩短 50%~70%。转向节结构经过轻量化设计，有效提取了各接口传力路径，整体结构实现了 33% 的减重，优化结果利用 3D 打印一次成型，有效避免了传统工艺带来的充型困难、铸件冶金缺陷等问题。图 2-67 所示为激光增材制造在汽车领域的应用零件。

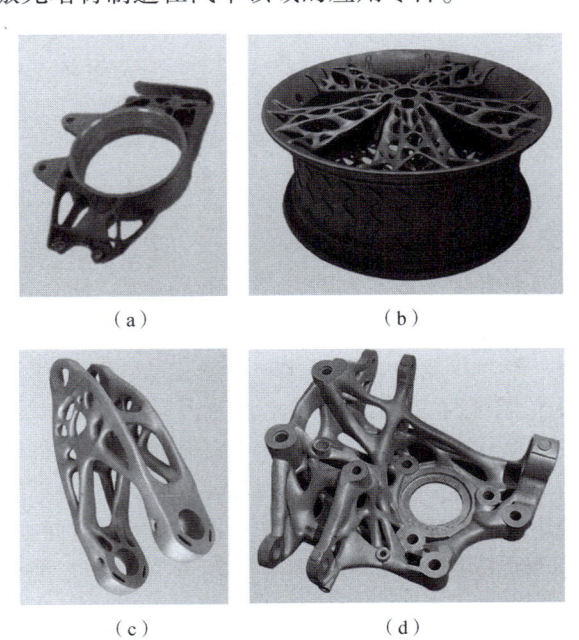

图 2-67 激光增材制造在汽车领域的应用零件
(a) 铝合金方程式赛车连接件；(b) 大尺寸轮毂；(c) 汽车摇臂；(d) 转向节

2.5.3.3 医疗领域

新医疗服务技术近几年保持高增长态势,早筛技术、人工智能、3D打印、医疗机器人等新医疗技术带来诊疗的颠覆性革命。近年来,3D打印假体植入物的成功应用案例日益增多。3D打印技术具有灵活性高、不限数量、节约成本等特点,能够较好地满足医学领域个体化、精准化的医疗需求。

增材制造在医疗领域的应用主要有定制化和标准化两个方向。由病人的计算机体层扫描(computed tomography,CT)数据直接建模,假体与病损部位100%匹配,解决了传统医疗产品的就位问题,提高了手术效率,缩短了病人的术后恢复时间。依据材料特性和临床应用需求,假体可以被重新设计,引入多孔、拓扑等结构,提高医疗产品的生物和力学适配性,增材制造实现了此类医疗产品的批量化生产。

激光增材制造的加工精度可以达到0.1 mm,髋臼杯表面设计有骨仿生微孔结构,孔隙率为65%~75%,整个结构具有高度的骨仿生结构特性与结构随机性,微孔区域呈连续且连通的状态分布,具有良好的仿生特性,激光增材制造解决了极其复杂结构仿生零件制造过程的相关问题。

激光成型可以批量生产钴铬合金膝关节植入物,产品精度高、致密度好,关节面抛光后无任何砂孔、裂纹等缺陷。图2-68所示为激光增材制造的仿生零件。

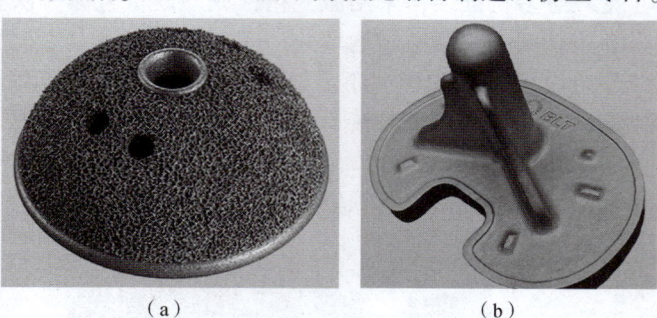

图2-68 激光增材制造的仿生零件
(a)髋臼杯;(b)股骨髁

2.5.3.4 模具制造

模具制造水平不仅是衡量一个国家制造水平高低的重要指标,而且在很大程度上决定着该国产品的质量、效益和新产品开发能力。模具的生产过程集精密制造、计算机技术、智能控制、绿色制造为一体,智能化、集成化、精密化是模具产业未来变革的趋势。

3D打印技术摆脱了传统机加工的成型限制,为模具生产带来了新的工艺和技术,可以帮助模具生产降本、提效、增质,其主要应用于随形冷却流道(随形水道)、透气工艺、轻量化设计、多材料复合工艺等。随形冷却流道提高了冷却的效率和均匀性,降低了产品的生产成本和周期,提升了产品质量;透气工艺解决了塑胶模具的困气问题,提高了良品率;轻量化设计可大幅度降低模具自重和能耗;多材料复合工艺为模具带来了更大的设计空间,有利于丰富模具的功能,解决更多生产中出现的问题。

3D打印技术在成型复杂结构方面的优势,摆脱了传统机加工的成型限制,让复杂结构的随形冷却流道从设计变成现实,如图2-69和图2-70所示。随形冷却流道的结构优化，一方面，优化了模具的传热管理，有利于提高水路的平衡性，消除热点和冷却不均匀现象，避免产品发生变形、缩孔、裂纹等缺陷；另一方面，优化结构有利于缩短冷却时间，从而有效缩短整个产品的生产周期，提高生产效率。

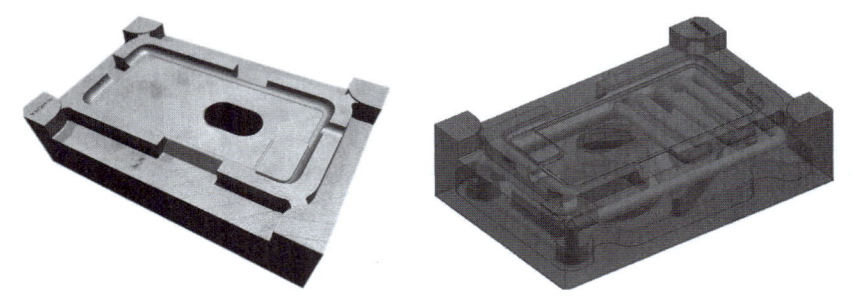

图 2-69 随形水道和内部的点阵轻量化模具设计制造

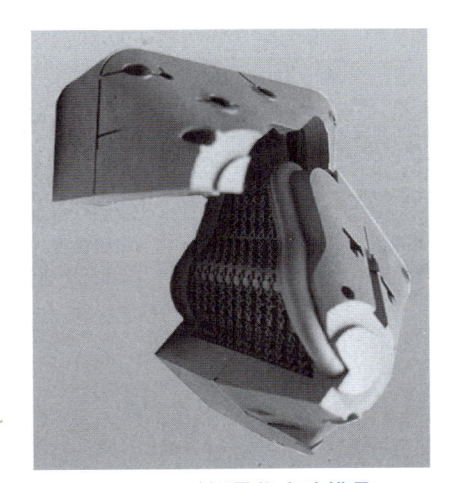

图 2-70 轻量化水路模具

电子产品的生产和检验治具可以通过激光成型来完成，制备的产品精度高，仅需要简单处理就可以投入使用；大幅度缩短加工时间，仅需 10 h，适合研发和试制环节的快速迭代，也适合备品备件的快速制造。图 2-71 所示为激光增材制造的手机治具。

图 2-71 激光增材制造的手机治具

参考文献

[1] 陈利，左腾. 立体光固化成型法在 3D 打印中的应用及前景［J］. 大观，2016（11）：197.

[2] MILLER F P, VANDOME A F, MCBREWSTER J. Fused Deposition Modeling［M］. Saarbrücken：VDM Publishing，2010.

[3] BREMEN S, MEINERS W, DIATLOV A. Selective Laser Melting［J］. Laser Technik Journal，2012，9（2）：33-38.

[4] 柳朝阳，赵备备，李兰杰，等. 金属材料 3D 打印技术研究进展［J］. 粉末冶金工业，2020（2）：88-94.

[5] 姚喆赫，姚建华，向巧. 向巧院士：激光再制造技术与应用发展研究［EB/OL］.（2021-03-30）［2021-06-15］. https://www.163.com/dy/article/G54QNPKI0511DV4H.html.

拓展内容 -
激光切割机 1

拓展内容 -
激光切割机 2

模块三　激光焊接在五金行业中的应用

项目一　光纤激光器焊接不锈钢保温杯杯口

【项目引入】

相比于传统焊接方法，激光焊接具有显著的优势：热输入低、焊接速度快、热影响区小、热变形小等，激光焊接技术适用于各种金属及非金属材料，能实现自动化操作，具有很强的适应性。激光焊接在汽车工业、船舶工业、核电工业、航空航天工业等高科技行业的应用越来越广泛，而且随着成套设备成本的降低，在日常五金用品及其他生活相关领域的应用开始迅速增长。而光纤激光器作为焊接用激光器广泛应用于铜、铝、钢等传统金属的激光焊接，其高稳定性、长寿命、免维护、易于集成、轻量化等特性使其在激光焊接领域快速占领市场。本项目选取光纤激光焊接系统焊接不锈钢保温杯杯口，从家用五金产品生产制造环节出发，认识光纤激光焊接系统，充分了解光纤激光器在激光焊接领域的独特优势。

【项目目标】

知识目标
(1) 了解光纤激光器原理及独特优势。
(2) 了解连续光纤激光焊接系统。
(3) 理解焊接参数及其意义。
(4) 掌握产品质量检测要求。

技能目标
(1) 能搭建焊接系统。
(2) 能独立完成产品焊接。
(3) 能独立完成产品焊接性能评估。

素养目标
(1) 具备动手实践能力。
(2) 具备严谨认真的工作态度。
(3) 具备合作创新能力。

【项目描述】

　　本项目采用光纤激光焊接系统焊接不锈钢保温杯杯口，通过焊接操作过程了解光纤激光器，熟悉焊接系统组成、不锈钢焊接特性和产品性能评估。本项目从了解光纤激光器原理及光纤激光焊接系统开始，通过实际操作焊接系统、调整焊接参数、焊接产品三步，对光纤激光焊接系统加深了解。通过不锈钢保温杯杯口焊接操作了解不锈钢焊接特性，以及通过对焊后产品的外观、金相、力学性能进行评估，加强对现代制造业产品检测的理解。

【知识链接】

3.1　分析保温杯杯口的焊接特性

　　常规保温杯的材质主要是 0.5 mm 厚的 304 或 316 不锈钢，杯口由内胆与外壳体组成，焊接结构为内胆端口与外壳体端口平齐且紧密贴合的拼接环形，其结构示意如图 3-1 所示。要求焊缝光滑饱满、均匀一致、满足密封性及强度要求，焊缝不允许存在气孔、凹凸不平等缺陷。

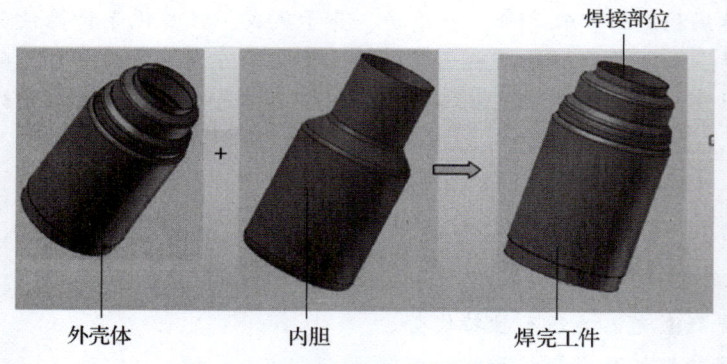

图 3-1　保温杯杯口焊接结构示意

　　保温杯杯口材质较薄，若采用传统的氩弧焊，则会面临因热输入较大而导致产品变形及焊缝不美观等一系列问题，无法保证生产良品率。激光焊接是将高强度的激光束辐射至金属表面，通过激光与金属的相互作用，使金属熔化后冷却形成焊缝，从而达到焊接的效果。与氩弧焊相比，激光焊接的加热与冷却速度快、焊缝热影响区较小，而且焊接过程不会与产品发生机械接触，能有效避免或减少产品变形。连续光纤激光器由于光束质量好、光束呈高斯分布、光斑小、热影响小，因此金属焊接通常会选择此激光器。采用连续光纤激光焊接的方式对保温杯杯口进行密封焊接，其工艺调试窗口较大，只需经过简单的工艺调试就能获得光滑精美、一致性优良的焊缝。激光焊接系统除电能及保护气体外，基本不需要其他耗材。机器操作简单易上手，既保证了生产良品率，也提高了生产效率。

3.2 光纤激光器原理

光学元件的布局

以光纤作为激光增益介质的激光器称为光纤激光器。与其他类型的激光器一样，它由增益介质、泵浦源（LD）和谐振腔三个部分组成，其原理如图3-2所示。光纤激光器使用纤芯中掺杂有稀土元素的有源光纤作为增益介质；一般采用半导体激光器作为泵浦源；谐振腔一般由反射镜、光纤端面、光纤环形镜或光纤光栅等器件构成。光纤激光器根据时域特性的不同，可分为连续光纤激光器和脉冲光纤激光器；根据谐振腔结构的不同，可分为线形腔光纤激光器、分布反馈式光纤激光器和环形腔光纤激光器；根据增益光纤和泵浦方式的不同，可分为单包层光纤激光器（纤芯泵浦）和双包层光纤激光器（包层泵浦）。

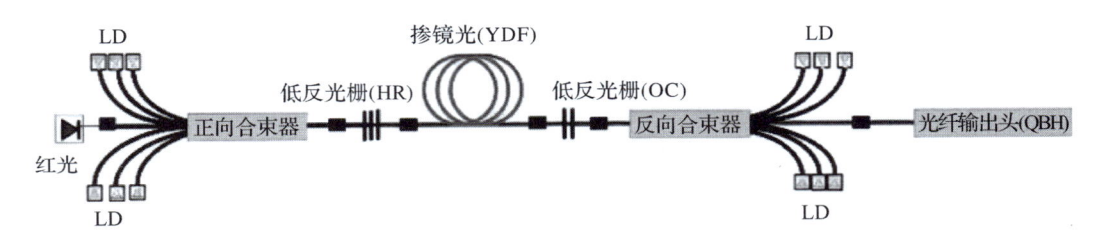

图3-2 光纤激光器原理

光纤激光器的主要光学元件包括光纤、泵浦源、合束器、光隔离器、激光光缆等。

（1）光纤：光纤的典型结构为多层同轴圆柱体，一般是由折射率较高的纤芯、折射率较低的包层及涂覆层和保护套构成的，其结构如图3-3所示。纤芯和包层作为光纤结构的主体，对光波的传播起着决定性作用。涂覆层的作用则是隔离杂散光、提高光纤强度、保护光纤等。

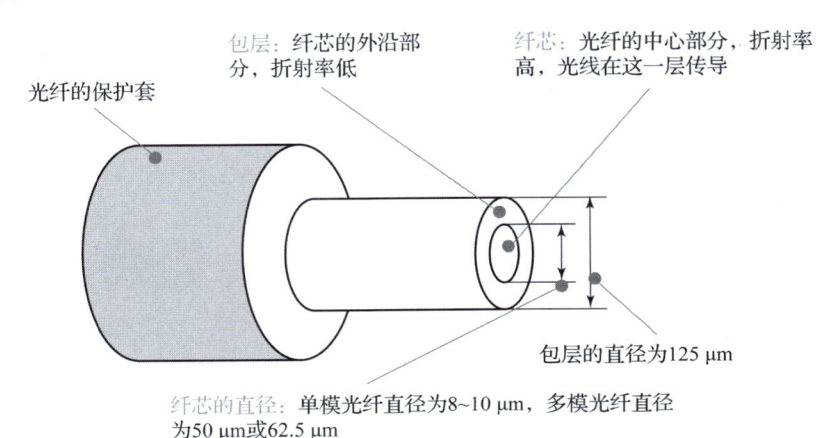

图3-3 光纤结构

（2）泵浦源：光纤激光器的泵浦源如图3-4所示，常见的是带尾纤的半导体激光器直接通过光纤耦合器耦合进光纤。半导体激光器是以半导体材料为工作物质而产生受激发射作用的器件。其工作原理是通过一定的激励方式，在半导体物质的能带（导带与价带）之间，或者半导体物质的能带与杂质（受主或施主）能级之间，实现非平衡载流子的粒子数反转，当处于粒子数反转状态的大量电子与空穴复合时，便产生受激发射作用。

图 3-4 光纤激光器的泵浦源

（3）合束器：合束器是在熔融拉锥光纤束（熔锥光纤束）的基础上制备的光纤器件。将一束光纤剥去涂覆层，然后以一定方式排列在一起，在高温中加热使之熔化，同时向相反方向拉伸光纤束，光纤加热区域熔融成为熔锥光纤束，其原理如图 3-5 所示。

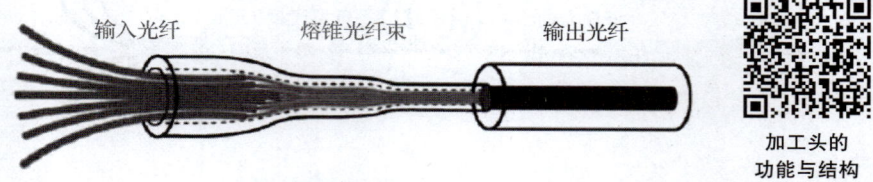

图 3-5 光纤合束器原理

（4）光隔离器：光隔离器是一种只允许单向光通过的无源光器件，主要利用了磁光晶体的法拉第效应（法拉第在 1845 年首先观察到不具有旋光性的材料在磁场作用下使通过该物质的光的偏振方向发生旋转，又称磁致旋光效应。沿磁场方向传输的偏振光，其偏振方向旋转角度 θ 与磁场强度 B 和材料长度 L 的乘积成正比）。对于正向入射的信号光，通过起偏器后成为线偏振光，法拉第旋磁介质与外磁场一起使信号光的偏振方向右旋 45°，并恰好使其低损耗通过与起偏器呈 45°放置的检偏器。对于反向光，出检偏器的线偏振光经过放置介质时，偏转方向也右旋 45°，从而使反向光的偏振方向与起偏器方向正交，完全阻断了反射光的传输。图 3-6 所示为光隔离器工作原理。

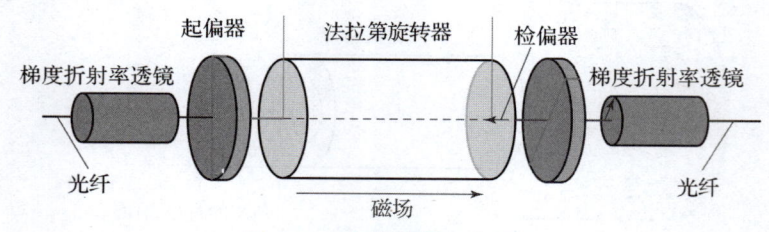

图 3-6 光隔离器工作原理

（5）激光光缆：激光光缆是以石英光纤为主要介质进行激光能量传输的部件，与激光光源和激光加工头一起构成激光加工系统最基本的三大组成部分。其主要用于红外激光、绿光等连续的或是长脉冲激光器（毫秒级脉冲宽度）的激光能量传输。激光光缆主要由光纤纤芯、光纤包层、监控防护和外层保护等部分构成，如图 3-7 所示。

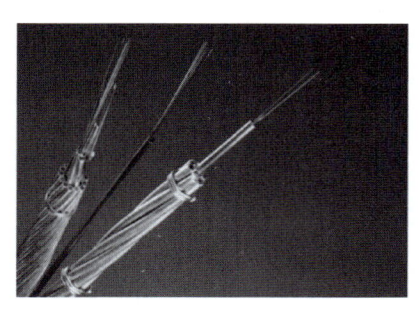

图 3-7 激光光缆的基本结构（左）及实物图（右）

光纤激光器的优点具体表现如下。

（1）光束质量好。光纤的波导结构决定了光纤激光器易于获得单横模输出，且受外界因素影响很小，能够实现高亮度的激光输出。

（2）高效率。光纤激光器通过选择发射波长和掺杂稀土元素吸收特性相匹配的半导体激光器作为泵浦源，可以实现很高的光—光转化效率。对于掺镱（Yb）的高功率光纤激光器，一般选择 915 nm 或 975 nm 的半导体激光器，由于 Yb^{3+} 的能级结构简单，上转换、激发态吸收和浓度猝灭等现象较少出现，荧光寿命较长，因此能够有效储存能量以实现高功率运作。商业化光纤激光器的总体电光效率高达 25%，有利于降低成本、节能环保。

（3）散热特性好。光纤激光器是采用细长的掺杂稀土元素光纤作为激光增益介质的，其表面积和体积比大约为固体块状激光器的 1 000 倍，在散热能力方面具有天然优势。中低功率情况下不需要对光纤进行特殊冷却，高功率情况下采用水冷散热，可以有效避免固体激光器中常见的由于热效应引起的光束质量下降及效率下降的问题。

（4）结构紧凑、可靠性高。由于光纤激光器采用细小而柔软的光纤作为激光增益介质，因此有利于压缩体积、节约成本。泵浦源采用体积小、易于模块化的半导体激光器，其商业化产品一般可带尾纤输出，结合光纤布拉格光栅等光纤化的器件，只要将这些器件相互熔接即可实现全光纤化，对环境扰动免疫能力高，具有很高的稳定性，可节省维护时间和费用。

在工业领域，按照输出功率可以将光纤激光器划分为三个层次：低功率光纤激光器（<2 000 W），主要应用于微结构加工、激光打标、调阻、精密钻孔、金属雕刻等；中功率光纤激光器（2 000~6 000 W），主要应用于中等厚度金属板的打孔、焊接、切割和表面处理等；高功率光纤激光器（>6 000 W），主要应用于厚金属板的切割、金属表面涂覆、特殊板材的三维加工等。此外，光纤的柔性特征，能够很好地与机械手结合起来，满足各种复杂工业环境的应用要求。

3.3 搭建连续光纤激光焊接系统（保温杯杯口焊接系统）

保温杯杯口焊接系统的核心由冷水机、激光器控制柜和双工位旋转焊接工作台组成，如图 3-8 所示。

激光智能焊接装备与应用

冷水机　　　激光器控制柜　　　双工位旋转焊接工作台

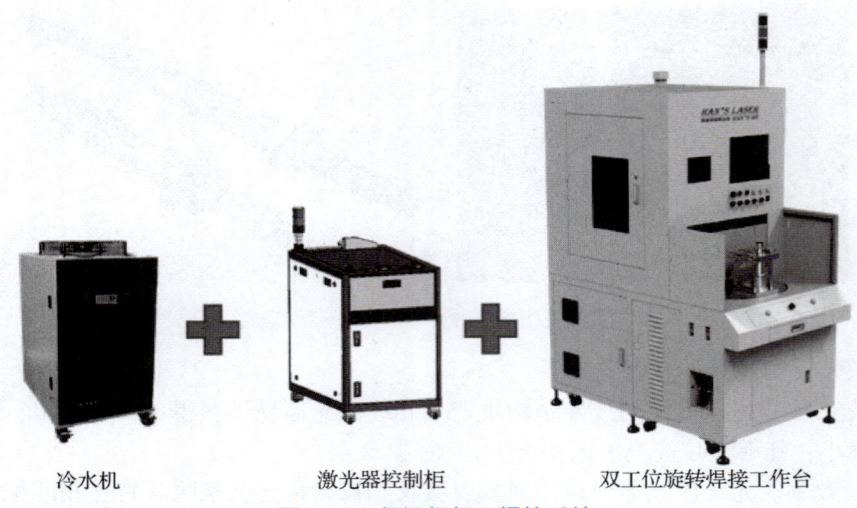

图 3-8　保温杯杯口焊接系统

焊接工作台（见图 3-9）由 X/Y/Z 运动轴平台、双工位转台、CCD 监视器、焊接头等部件组成。X/Y/Z 运动轴平台带动焊接头运动，通过大族激光自主研发的小火苗软件校正运动轨迹，CCD 监视器可自动进行高精度的视觉捕捉定位焊接轨迹。在双工位转台上完成上料过程，将其旋转到焊接位完成焊接。

Z 轴平台模组（200 mm 行程，重复定位精度 ±0.02 mm，伺服驱动）

Y 轴平台模组（200 mm 行程，重复定位精度 ±0.02 mm，伺服驱动）

X 轴平台模组（300 mm 行程，重复定位精度 ±0.02 mm，伺服驱动）

焊接头

CCD 监视器

夹具

双工位转台

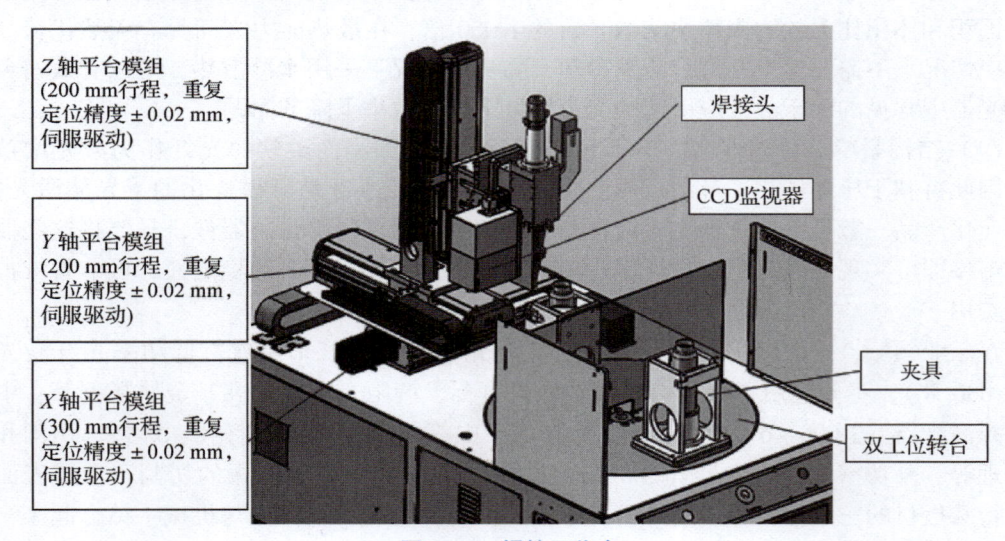

图 3-9　焊接工作台

激光器为多模连续光纤激光器，将激光器整合于空调柜中，实现激光器在恒温恒湿环境中工作，可以大大减少激光器内部结露的风险。冷水机用于给激光器及焊接头散热。激光焊接过程中，激光器产生的高能激光束通过光纤传输，先经过焊接头准直镜准直为平行光，再经聚焦镜形成能量集中的聚焦光斑，对材料进行加热熔化焊接。激光器通过光纤连接装配于工作平台上的焊接头实现激光的柔性传输。工控机内置于焊接工作台内。

保温杯杯口的焊接在焊接工作台上完成，首先在双工位转台上进行人工上料，通过治具压紧工件，然后将工件旋转 180°到焊接头下方进行焊接。该工件完成焊接后，旋转 180°完成下料，然后循环上一动作。

当一个工位旋转到焊接头下方时，另一个工位完成下料、上料，随后治具压紧工件，旋转 180°到焊接头下方进行焊接。两个旋转工位交替运行。

整个系统的工作流程如图 3-10 所示。

图 3-10 保温杯杯口焊接系统工作流程

【项目实施】

不锈钢保温杯杯口焊接实训

1. 拟定工艺参数

选用 500 W 连续光纤激光器，焊接头准直镜焦距为 150 mm，聚焦镜焦距为 250 mm，聚焦光斑直径为 0.08 mm。焊接参数如表 3-1 所示，主要包括：①激光功率；②焊接速度；③离焦量；④保护气气流量。

表 3-1 焊接参数

激光功率/W	焊接速度/(mm·s^{-1})	离焦量/mm	保护气气流量/(L·min^{-1})
400	50	+5	15(Ar)

（1）激光功率：由于产品焊接要求有较快的速度，在焊接初始阶段，平台运动机构需要一定的时间加速至所设定的焊接速度，在此期间，如果激光直接照射到产品上，就会因为能量输入过大而导致焊接起步位置出现凹坑或焊瘤；在焊接收尾阶段，如果激光功率没有缓慢下降，停止出光后熔融的液态金属就会在表面张力作用下收缩并冷却凝固形成凹坑。针对以上两点，在焊接初始阶段，激光功率需设置一段缓慢上升的过程，在收尾阶段也应有一段缓慢下降的过程。设置激光功率的递增和衰减过程需根据具体焊接情况而定，这跟实际焊接功率、焊接速度及产品工况都有密切关系。为尽量提高焊接速度、提高生产效率，本产品焊接采用的激光功率为 400 W，并合理设置功率的渐进渐出，具体波形参数设置如图 3-11 所示。

使用 LE 软件编辑波形时，由主界面进入"波形设置"界面，该界面主要功能包括设置波形号、出光模式、波形曲线、最大功率、平均功率、出光频率等多种参数。其设置步骤如下。

①选择波形号，在该波形号下编辑波形。

②根据所需焊接模式选择连续焊接模式（CW 模式）或脉冲焊接模式（PULSE 模式）。

③根据出光时间设定波形曲线，并根据设置界面中右下角波形曲线调整对应波形参数，需要注意的是，波形参数并非叠加时间，其表示的是每个区间的时间，图 3-11 中的

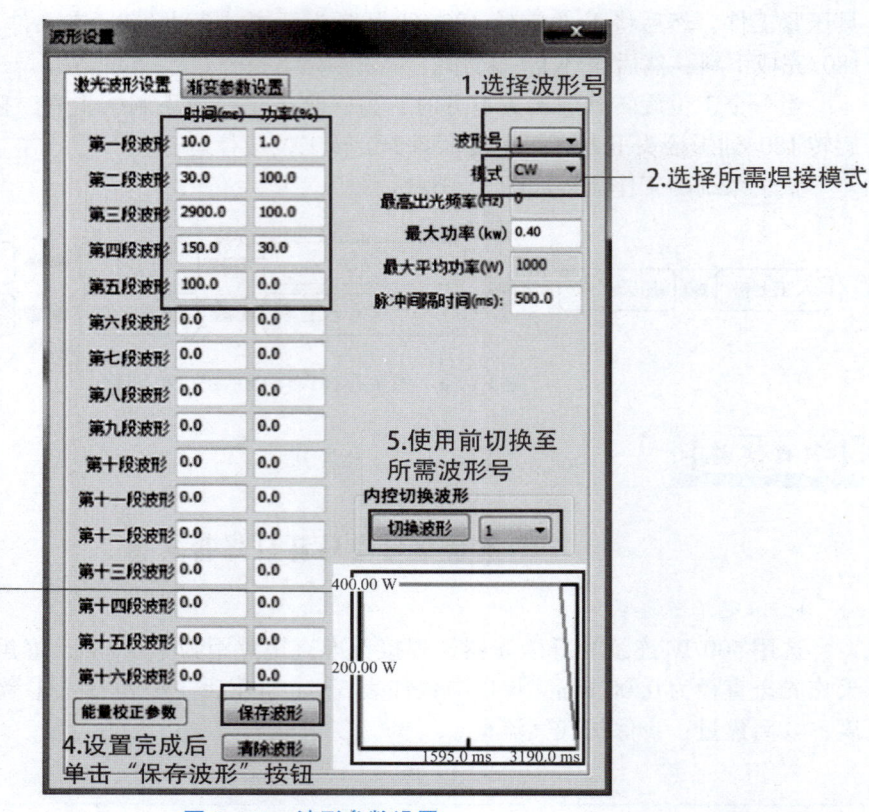

图 3-11　波形参数设置

波形参数可解释为 10 ms 时间功率由 0% 线性提升至 1%，之后 30 ms 时间功率线性提升至 100%，2 900 ms 时间功率保持 100%，再通过 150 ms 时间功率线性降低至 30%，最后 100 ms 时间功率线性降低至 0%。

④设置完成后单击"保存波形"按钮。

⑤使用前切换至所需波形号。

（2）离焦量：考虑到产品壁厚较薄且焊缝外观要求较高，为避免在焦点位置光斑的能量密度过高导致焊接过程汽化剧烈、熔池成型不稳定，焊接薄材料时，宜用正离焦；而当要求熔深较大时，采用负离焦。本案例中，结合光路聚焦光斑大小及产品焊接位置结构，采用正离焦 5 mm 进行焊接。

（3）焊接速度：焊接速度的快慢会影响单位时间内的热输入，当激光功率及离焦量保持不变时，焊缝熔深随焊接速度的加快而减小。为减小产品变形并提高焊接效率，在满足熔深、熔宽要求并保证焊缝成型良好的前提下，焊接速度应尽量快。本产品采用的焊接速度为 50 mm/s。

（4）保护气气流量：虽然产品焊接后还需经过打磨抛光处理，允许焊缝存在一定程度的氧化，但在焊接过程中也必须使用惰性气体来保护熔池。因为产品结构较薄，在没有保护气的情况下，容易被烧黑炭化。本产品焊接采用直吹气嘴进行吹气，保护气为 Ar，气流量为 15 L/min。

2. 产品上机焊接

根据工艺参数搭建了保温杯杯口焊接系统，保温杯杯口常规焊接工艺流程如图 3-12 所示，包括：①产品装夹；②视觉拍照定位焊接轨迹；③激光加热焊接；④下料。

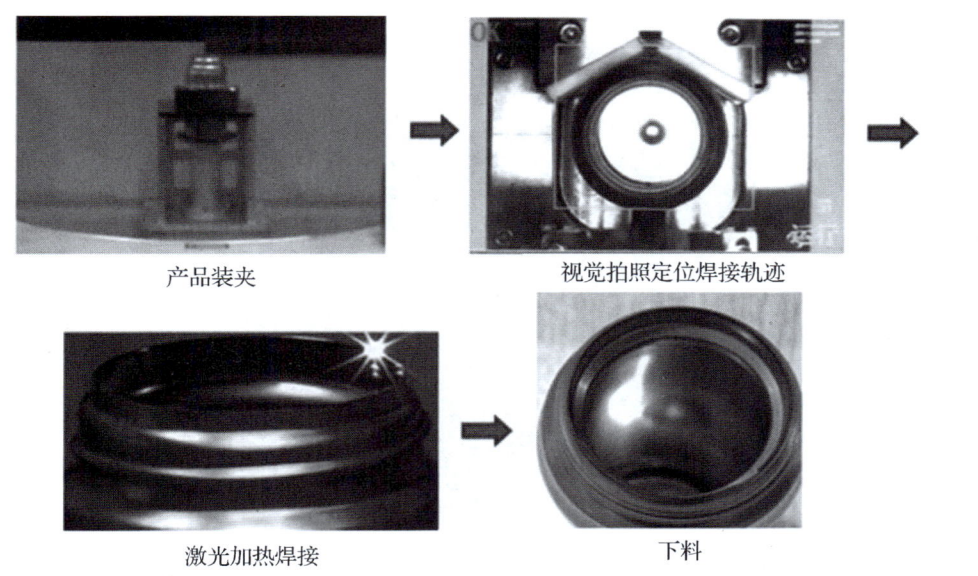

图 3-12 保温杯杯口常规焊接工艺流程

（1）产品装夹：如图 3-13 所示，人工将产品放置于夹具上，保证杯底放到位，启动气缸，压块压紧并固定产品。此时，杯口处内胆与外壳体端接环缝不允许存在超过薄壁厚度 10% 的间隙及错边。局部间隙或错边过大都可能导致焊缝出现焊穿、凹凸不平、未熔合等缺陷，降低生产良品率。

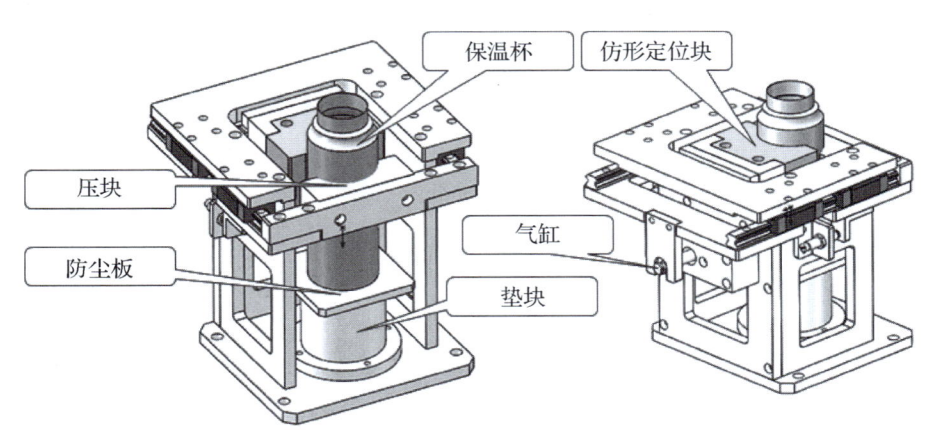

图 3-13 产品装夹示意

（2）视觉拍照定位焊接轨迹：产品装夹完成后，以双工位转台中心为轴心旋转 180°，CCD 监视器捕捉产品端口特征点并确定焊接轨迹。由于该产品焊接属于端口圆周密封焊接，焊缝收尾位置与焊缝起始位置需有一定长度的重叠。考虑到收尾阶段应有充足的时间进行激光功率递减，避免焊缝收尾位置出现凹坑，一般要求首尾重叠长度在 10 mm 左右，以实现焊缝首尾平滑过渡。

（3）激光加热焊接：在软件内调用拟定的功率波形，并设置相应的焊接速度，然后运行程序，平台运动机构开始带动焊接头在 XY 平面上按既定轨迹对产品进行焊接。

（4）下料：焊接完成后，再以双工位转台为轴心旋转 180°，将已焊接产品卸下，待焊接产品旋转至焊接区域预备焊接，装夹已焊接产品的夹具气缸松开，人工将产品取下即可。图 3－14 所示为激光焊接杯口效果。

图 3－14　激光焊接杯口效果

【项目检测】

评估不锈钢保温杯杯口焊接性能

保温杯杯口焊接完成后，主要从外观、金相（焊缝截面形貌）、力学性能等方面评估其焊接性能。

（1）外观：目测焊缝表面是否存在缺口、未熔合、焊瘤及凹凸不平的波浪形状等明显缺陷。当焊缝在起始或收尾位置出现凹坑时，需优化波形图中上升沿和下降沿的时间参数（见图 3－11 中的波形参数设置）。其他位置存在缺口、凹凸不平等缺陷时，则需调整离焦量，降低激光能量密度并使光斑能量分布相对均匀，再适当优化激光功率及焊接速度，使得激光以热导焊模式对杯口进行焊接，这样就可以避免深熔焊时材料内部形成小孔、熔池发生跳跃性变化，而导致焊接过程不稳定。采用拟定参数焊接产品的杯口焊缝外观合格品如图 3－15（b）所示，焊缝平整光滑、均匀一致。

（2）金相：从外观合格的焊缝上截取部分样件进行金相制作，测试其焊缝熔深、熔宽并观察焊缝内部是否存在气孔。图 3－15（c）所示的焊缝截面形貌，焊缝内部无气孔等缺陷，焊缝熔深 0.33 mm，熔宽 0.71 mm，对保温杯杯口进行全部包覆，起到密封作用。

（3）力学性能：采用万能试验机对杯口焊缝进行强度测试，如果从焊缝处断裂则满足实际要求。实际生产中，不同规格的保温杯对其杯口焊缝的抗拉强度要求也有所差异。一般情况下，焊缝熔深在 0.3 mm 左右，焊缝强度可以满足要求。

（a） （b） （c）

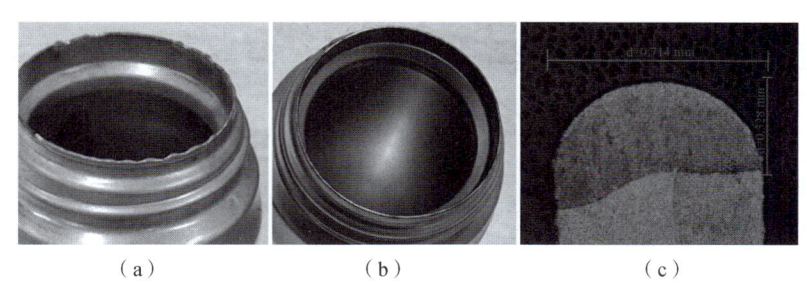

图 3-15　杯口焊缝外观及截面形貌

(a) 外观不良品；(b) 外观合格品；(c) 焊缝截面形貌

项目完成后，请填写项目评价表。

项目评价表

产品编号		加工时间		得分	
评价项目	技术要求	配分	评分标准		得分
设备操作（20%）	确定焦平面	10	不正确处每处扣1分		
	产品装夹	5	不正确处每处扣1分		
	CCD监视器对位	5	不正确处每处扣1分		
程序与工艺（20%）	程序编写正确完整	10	不规范处每处扣1分		
	工艺参数合理	10	不合理处每处扣1分		
焊接质量（20%）	磨金相	10	不正确处每处扣1分		
	检测表面状态	5	不合格处每处扣2分		
	力学性能测试	5	按实际情况扣分		
文明操作（20%）	安全操作	10	不合格不得分		
	佩戴护目镜	5	未佩戴不得分		
	设备清洁	5	不合格不得分		
职业素养（20%）	激光焊接知识	5	酌情给分		
	自学能力	5	酌情给分		
	团队协作	5	酌情给分		
	仪器设备正确使用	5	酌情给分		

项目二　高功率半导体激光器焊接不锈钢门窗

【项目引入】

现代五金加工业中，焊接工艺在加工过程中扮演着至关重要的角色。市场对于焊接质量、效率的要求越来越高，氩弧焊的缺点也越来越明显。传统氩弧焊在加工制造领域中普遍存在加工周期长、成本高、效率低、人为操作误差等问题。随着激光器设备上所有元器件的国产化，激光器设备的价格越来越低，五金加工业也逐渐引入激光焊接设备。相较于氩弧焊，激光焊接则可实现焊接效果和生产效率的双重提升，焊接速度可达氩弧焊的数倍至数十倍，且激光焊接具有热输入小、变形量小、工艺简单、焊接成型效果好、使用成本低、无耗材等优势，使得激光焊接在五金加工业中逐渐取代传统氩弧焊。

与光纤激光器相比，半导体激光器光斑较大、功率密度分布更均匀、材料吸收率高，更适合薄板不锈钢的传导焊接。其由于在焊接过程中熔池稳定、无飞溅、焊缝表面光滑美观，因此特别适用于汽车激光钎焊及金属薄板焊接。半导体激光器已经取代了许多传统焊接技术，发展势头迅猛。

【项目目标】

知识目标
(1) 了解半导体激光器原理。
(2) 了解高功率半导体激光焊接系统。
(3) 理解焊接参数及其意义。
(4) 掌握产品质量检测要求。

技能目标
(1) 能搭建焊接系统。
(2) 能独立完成产品焊接。
(3) 能独立完成产品焊接性能评估。

素养目标
(1) 具备动手实践能力。
(2) 具备严谨认真的工作态度。
(3) 具备合作创新能力。

【项目描述】

本项目采用高功率半导体激光焊接系统焊接不锈钢门窗，通过焊接操作过程了解半导体激光器，熟悉焊接系统组成、不锈钢焊接特性和产品性能评估。本项目从了解半导体激光器原理及高功率半导体激光焊接系统开始，通过实际操作焊接系统、调整焊接参数、焊接产品三步，对高功率半导体激光焊接系统加深了解。通过不锈钢门窗焊接操作了解不锈钢焊接特性，以及通过对焊后产品的外观、力学性能、产品变形量评估，加强对现代制造业的理解。

【知识链接】

3.4 分析不锈钢门窗的焊接特性

不锈钢门窗的普及，直接带动了该领域焊接技术的发展。不锈钢门窗传统焊接使用的是氩弧焊，但随着氩弧焊的深入使用，暴露出越来越多的缺点，在美观程度上也表现得并不是很让人满意。这是因为不锈钢门窗所采用的材质一般较薄，而氩弧焊在对比较薄的不锈钢门窗进行焊接时非常容易导致变形或焊穿（见图3-16）。随着激光行业的快速发展，激光焊接技术逐渐取代氩弧焊，广泛使用到不锈钢门窗的焊接中。

图3-16 氩弧焊焊接不锈钢门窗效果

图3-17所示为一款不锈钢酒柜门框，产品由4条不锈钢型材组成。焊接位置为4角对接处，结构为拼接焊方式。要求焊缝平整一致，不能存在凹陷、缺口及未熔合等缺陷，且焊接后板材不得翘曲变形。

图3-17 不锈钢酒柜门框

考虑到产品的焊接结构及较高的外观要求，采用高功率半导体激光器进行焊接较为合适。通常情况下，多模光纤激光器的传输光纤约为 50 μm，半导体激光器的传输光纤约为

400 μm。相同外光路配置下，半导体激光器的激光光斑直径约为光纤激光器的 8 倍，因此半导体激光器对间隙的容忍度更高；同时，光纤激光光斑能量呈高斯分布，光斑中心功率密度远高于边缘，而半导体激光光斑能量呈平顶分布，光斑中心能量分布更均匀且能量密度较小（见图 3 – 18）。所以当焊接位置结构存在一定间隙时，半导体激光更易获得平整光滑的焊缝。图 3 – 19 所示为使用光纤激光和半导体激光分别对间隙为 0.3 mm 的不锈钢板进行焊接所得的焊缝截面。光纤激光焊接过程是深熔焊，焊缝深宽比较大，且焊缝表面下凹严重；而半导体激光焊接过程属于热导型，焊缝表面平整光滑。

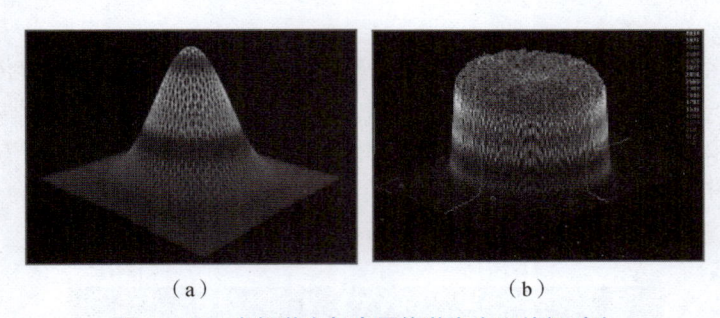

（a） （b）

图 3 – 18　光纤激光与半导体激光光斑特征对比
（a）光纤激光光斑能量：高斯分布；（b）半导体激光光斑能量：平顶分布

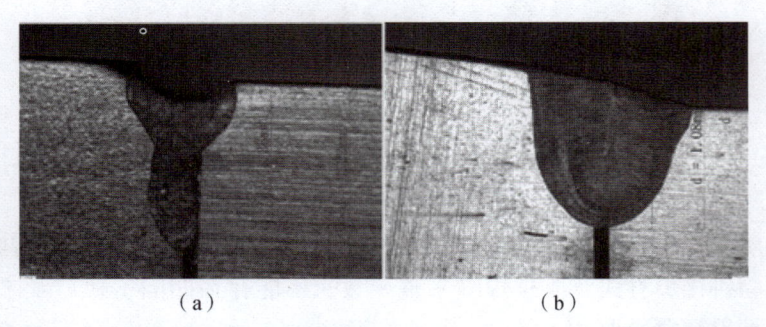

（a） （b）

图 3 – 19　光纤激光与半导体激光焊接间隙为 0.3 mm 的不锈钢板效果对比
（a）光纤激光焊接焊缝截面效果；（b）半导体激光焊接焊缝截面效果

3.5　半导体激光器原理

半导体激光器是用半导体材料作为工作物质的一类激光器，由于物质结构上的差异，因此产生激光的具体过程比较特殊。常用的半导体材料有砷化镓（GaAs）、硫化镉（CdS）、磷化铟（InP）、硫化锌（ZnS）等。激励方式有电注入、电子束激励和光泵浦三种形式。在大多数应用中，半导体激光器都采用电注入的激励方式，即给 PN 结加正向电压，以使在 PN 结平面区域产生受激发射，类似于一个正向偏置的二极管，因此半导体激光器又称半导体激光二极管，其原理如图 3 – 20 所示。高功率半导体激光器由多个泵浦源经过合束器合束的方式获得更高功率。

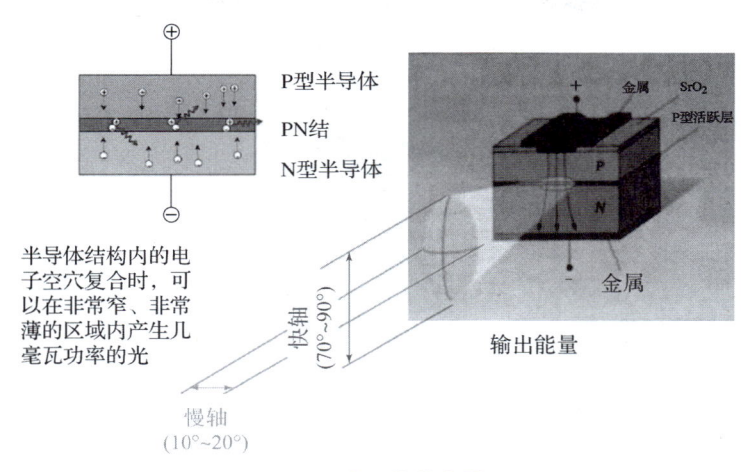

图 3-20 半导体激光器原理

高功率半导体激光器系统具有转换效率高、功率高、可靠性高、寿命长、体积小及成本低等诸多优点。该激光器具有结构简单、模块化程度高、效率高、激光亮度高、成本低、可靠性好、易于扩展功率等优点。同时，该激光器各级子模块针对不同功率水平的工业应用设计，从而实现一款产品衍生出覆盖一系列应用领域的子产品。

半导体激光器最显著的优势是金属对半导体激光的吸收率高，波长可以在 800～1 100 nm 之间任意定制。根据研究，波长越短，金属材料对激光的吸收率越高，特别是铝合金对波长为 800 nm 的激光的吸收率有明显上升。与光纤激光器、CO_2 激光器相比，半导体激光器以其独特的优势，适用于铝合金车身的焊接。同时，高功率半导体激光器的光—光转换效率高达 97%，而电—光转换效率为 45%，极大提高了能源利用效率，而光纤激光器的光—光转换效率仅为 75%。同时，准平顶模态能量密度分布使得高功率半导体激光器可生成高效、平滑的光束轮廓。

半导体激光器在材料加工领域能够实现良好的应用，例如，在铝合金的激光焊接过程中，采用光纤激光器及碟片激光器存在若干问题，极好的光束质量易造成焊接过程中飞溅很大、焊缝结合面积过小、填充能力较差甚至焊缝中存在裂纹、气孔、缩孔等缺陷，而采用半导体激光器不仅成本低，而且由于其光斑能量分布更加均匀，因此焊接时更易获得性能优良的焊缝。此外，半导体激光器对待焊接金属板的间隙的容忍度比较大，更适合厚度不等板材的拼接焊接，达到单面焊双面成型的良好效果。

3.6 搭建高功率半导体激光焊接系统

如图 3-21 所示，高功率半导体激光焊接系统主要由高功率半导体激光器 MFD1500（配电控柜）、焊接机器人 MH24（配机器人控制柜）、焊接头（见图 3-22）、冷水机、焊接夹具组成。高功率半导体激光器输出光纤芯径为 400 μm，最高输出功率为 1 500 W。该系统只需要单人单机操作，程序设定后，可实现高效率的自动焊接。高功率半导体激光器关键参数如表 3-2 所示。

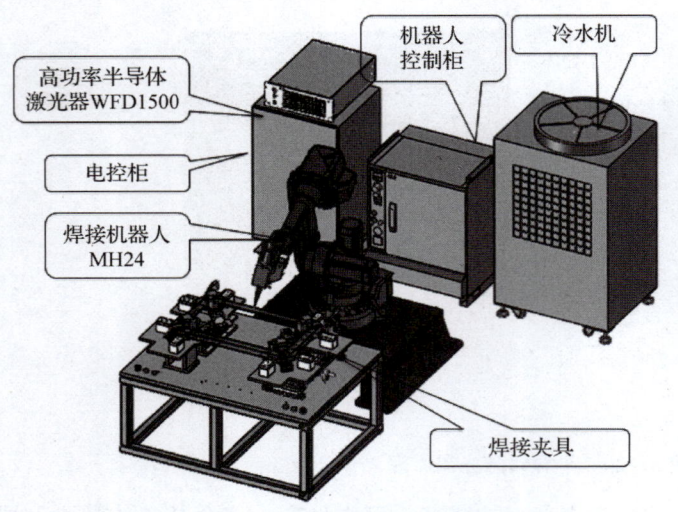

图 3-21 高功率半导体激光焊接系统

图 3-22 焊接头

表 3-2 高功率半导体激光器关键参数

波长/nm	最大平均功率/W	光纤芯径/μm	数值孔径（NA 值）
915	1 500	400	0.22

【项目实施】

不锈钢门窗焊接实训

1. 拟定工艺参数

选用 1 500 W 高功率半导体激光器，焊接头准直聚焦系统由焦距为 100 mm 的准直镜和焦距为 150 mm 的聚焦镜组成，聚焦光斑直径为 0.6 mm，焊接参数如表 3-3 所示。

表 3-3 焊接参数

激光功率/W	焊接速度/(mm·s^{-1})	离焦量/mm	保护气气流量/(L·min^{-1})
1 000	20	0	15(Ar)

2. 产品上机焊接

根据搭建的焊接系统，不锈钢门窗焊接工艺流程包括产品装夹、编译焊接轨迹、激光焊接、取料。

（1）产品装夹：鉴于产品极高的焊缝外观要求，产品加工精度需保证每条边长度方向公差在 -0.15~+0.15 mm，焊接面直线度不大于 0.05 mm，经夹具装夹后拼合间隙及错边不大于 0.1 mm。若装夹间隙过大则会面临焊穿或焊缝下凹严重的风险。平台夹具的装夹流程如下：人工上料第一边，按下压紧按键，侧面压紧机构压紧第一边后，长度定位气缸回缩；人工上料两条竖边，并推至紧靠第一边，按下压紧按键，侧面压紧；人工上料另一边，按下压紧按键，侧面压紧，如图3-23所示。

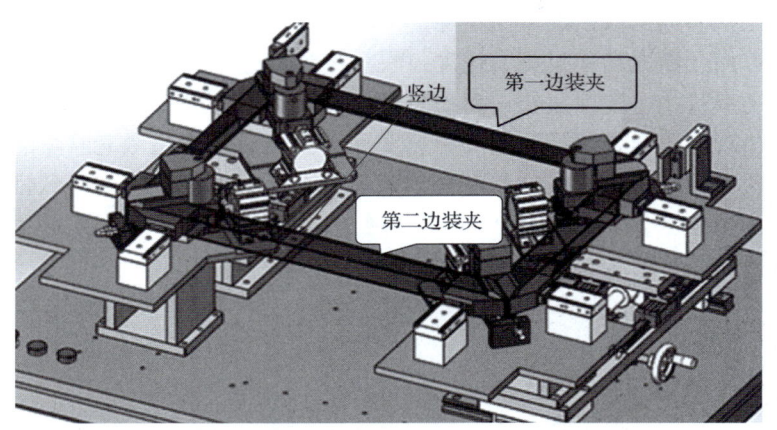

图3-23 平台夹具的装夹流程

（2）编译焊接轨迹：使用焊接机器人配置的示教器进行焊接轨迹的编译，应注意尽量控制激光光斑作用于焊缝中心，偏差控制在±0.15 mm以内，以免焊缝出现焊穿或成型不均匀等现象。

（3）激光焊接：将焊接机器人的工作模式调到自动挡，操作人员处于安全位置，按下启动按键即可按设定程序进行自动焊接。

（4）取料：焊接完成，待机械臂移动到安全位置后，松开气缸，人工将产品取下。

【项目检测】

评估不锈钢门窗焊接性能

不锈钢门窗焊接性能的评估主要涉及焊缝外观、力学性能、产品变形量等方面。

（1）焊缝外观：焊缝上不允许存在焊穿、未熔合等缺陷。图3-24所示为焊缝外观不良品，导致出现以上缺陷的因素包括产品装夹不良、工艺参数设置不合理等。

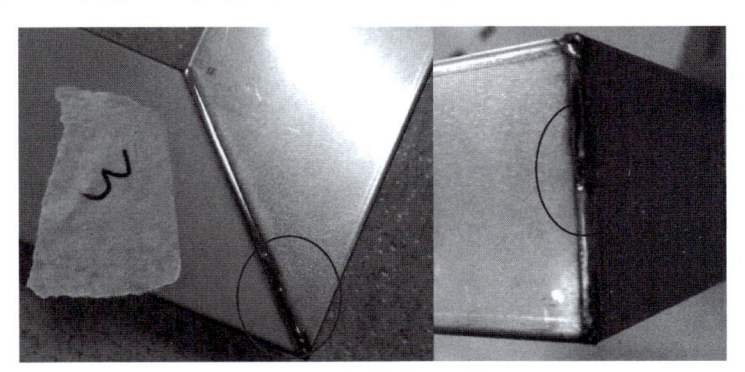

图3-24 焊缝外观不良品

产品装夹方面，局部对缝间隙过大或错边过大，可能会产生焊穿成孔洞或焊瘤。若整条对接缝隙过大，则焊接过程中两边金属熔化时，两侧金属熔池不能桥接，将导致表面张力使液态金属回缩而产生未熔合缺陷。避免产生焊穿及未熔合的方法是严格要求产品装夹精度。过大的拼接间隙无法消除时,应重新加工板料边缘。过大的局部错边可采用调整治具夹紧状态或用铜棒局部敲击的方法消除。

工艺参数方面,激光功率过高、速度过慢、离焦量过小造成热输入过大,从而引起焊缝烧穿;激光功率过小、速度过快、离焦量过大造成热输入过小,熔融金属不足以填充拼接缝隙导致会出现未熔合。生产时需要根据实际情况,适当优化激光功率、速度、离焦量等工艺参数,严格控制焊接的线能量在合理范围内,从而保证焊缝的一致性。在装夹良好的条件下,采用拟定工艺参数焊接产品的外观合格品效果如图3-25所示,焊缝平整光滑、无明显焊接缺陷。

图3-25 外观合格品效果

(2)力学性能:产品焊接强度需要使用力学测试设备进行测试,不同规格产品要求的焊接强度也不尽相同,要视实际使用场合而定,本方案针对产品需要,要求焊透即可视为满足强度要求。当焊缝存在未焊透的情况时,可适当优化工艺参数,增加热输入以达到焊透的效果。

(3)产品变形量:由于不锈钢薄板拘束度较小,在焊接过程中受到局部加热、冷却作用,形成了不均匀的加热、冷却,因此工件会产生不均匀的应力和应变,焊缝的纵向缩短对薄板边缘的压力超过一定值时,会产生较严重的波浪式变形,影响产品的外形质量。所以在装夹产品时,必须保证夹紧力平衡均匀,严格控制焊接的线能量,力求在能完成焊接的前提下尽量减小热输入,从而减小热影响区,尽可能避免或减少工件变形。本产品采用上述定制治具及工艺参数焊接后,无明显翘曲变形,可满足使用要求。

项目完成后,请填写项目评价表。

项目评价表

产品编号		加工时间		得分	
评价项目	技术要求	配分	评分标准		得分
设备操作(20%)	确定焦平面	10	不正确处每处扣1分		
	产品装夹	5	不正确处每处扣1分		
	CCD监视器对位	5	不正确处每处扣1分		
程序与工艺(20%)	程序编写正确完整	10	不规范处每处扣1分		
	工艺参数合理	10	不合理处每处扣1分		

续表

评价项目	技术要求	配分	评分标准	得分
焊接质量（20%）	测量变形量	10	不合格处每处扣1分	
	检测表面状态	5	不合格处每处扣2分	
	力学性能测试	5	按实际情况扣分	
文明操作（20%）	安全操作	10	不合格不得分	
	佩戴护目镜	5	未佩戴不得分	
	设备清洁	5	不合格不得分	
职业素养（20%）	激光焊接知识	5	酌情给分	
	自学能力	5	酌情给分	
	团队协作	5	酌情给分	
	仪器设备正确使用	5	酌情给分	

项目三　灯泵激光器焊接电机定子铁芯

【项目引入】

随着新能源汽车产业的逐年发展，电动汽车产销量呈现爆发式增长，市场对高性能电机的需求也越来越大。电机作为现代车辆的驱动核心，其性能直接关系到整车的输出动力和能效。在电机中，定子铁芯是至关重要的组成部分，其制造工艺对电机性能有着直接影响。定子铁芯的制作需要多道工序，而焊接件因质量高、成本低的特点而备受青睐。焊接不仅能够有效连接硅钢片，还能提高硅钢片之间的绝缘电阻，进一步改善电机的性能。由于电机工作时需要承受较高的温度和压力，因此，焊接件的质量对整个电机的可靠性和寿命都至关重要。

激光焊接作为一种先进的焊接技术，在电机定子铁芯的制造中得到了广泛应用。激光焊接能量集中在激光输出的高功率密度激光束上，其光斑小、能量集中、密度大，具有加热快速、效率高的特点，这使得激光焊接在焊接金属时能够实现较小的变形，确保焊接后的硅钢片保持良好的形状。由于硅钢片的热导率低、热灵敏度高，因此，激光焊接有助于迅速将硅钢片加热到熔点以上，使其熔化，从而形成均匀而牢固的连接焊缝。

【项目目标】

知识目标
（1）了解灯泵激光器原理。
（2）了解灯泵激光焊接系统。
（3）理解焊接参数及其意义。
（4）掌握产品质量检测要求。

技能目标
（1）能搭建焊接系统。
（2）能独立完成产品焊接。
（3）能独立完成产品焊接性能评估。

素养目标
（1）具备动手实践能力。
（2）具备严谨认真的工作态度。
（3）具备合作创新能力。

【项目描述】

本项目采用灯泵激光焊接系统焊接电机定子铁芯，通过焊接操作过程了解灯泵激光器，熟悉焊接系统组成、硅钢片的焊接特性和产品性能评估。本项目从了解灯泵激光器原理及灯泵激光焊接系统开始，通过实际操作焊接系统、调整焊接参数、焊接产品三步，对灯泵激光焊接系统加深了解，并通过电机定子铁芯焊接操作了解硅钢片的焊接特性，以及通过对焊后产品的外观、变形量、力学性能进行评估,加强对智能制造工艺的理解。

【知识链接】

3.7 分析电机定子铁芯的焊接特性

定子铁芯是电机的重要组成部分,主要以硅钢片为原材料,经过剪切、冲裁等加工工艺后,把叠片整齐叠压紧固,然后在叠装好的铁芯外圆上沿轴向焊接若干条焊缝,将硅钢片有效地固定在一起,成为一个定子铁芯整体。如图3-26所示,根据产品结构的不同,电机定子铁芯可分为叠片式定子铁芯和分块式定子铁芯。

(a)　　　　　　　　(b)

图 3-26　电机定子铁芯

(a)叠片式定子铁芯;(b)分块式定子铁芯

电机定子铁芯叠片材料一般采用冷轧或热轧的硅钢片,具备良好的焊接性能。电机定子铁芯的焊接工艺发展先后历经了焊条电弧焊、CO_2气体保护焊、氩弧焊及激光焊。前两种焊接方式存在焊缝成型差且容易产生较大飞溅等不足,而采用钨极氩弧焊虽然也能获得较理想的焊缝,但激光焊在控制热输入、减小产品变形量、实现自动化焊接、提高生产效率、减少人工及耗材成本等方面存在明显优势。激光焊已广泛应用于电机定子铁芯的生产,大型电机定子铁芯往往采用高功率光纤激光器焊接以提高生产效率,而对于小型电机定子铁芯,在考虑满足产能需求及经济实用性的前提下,采用脉冲激光焊接是个极佳选择。电机定子铁芯焊接要求焊缝平整一致、无明显爆点缺陷并具备一定的强度。

3.8 灯泵激光器原理

灯泵激光器是一种典型的固体激光器,其原理如图3-27所示。灯泵激光器采用氪灯或氙灯作为泵浦源,采用Nd:YAG晶体棒(掺钕的钇铝石榴石,掺杂钕原子含量约1.0%~1.5%)作为增益介质,由反射镜组成谐振腔。泵浦源发出的特定波长的光可以促使增益介质 Nd:YAG 晶体棒中的钕离子发生能级跃迁,从而释放出激光,释放出的激光经谐振腔多次放大后,输出波长为1 064 nm的脉冲激光束,经过扩束、反射、聚焦后,即可形成对材料进行加工的激光束。灯泵激光器适用于金属材料的激光焊接、打孔等,可用于金属材料的激光点焊、激光脉冲焊接、振镜激光焊接等。

灯泵激光器具有以下特点。

(1) 成本低、稳定、安全、可靠性高,集切割、焊接、打孔等多功能为一体,是理想的精密高效加工设备。

(2) 输出激光波长为 1 064 nm,恰好比 CO_2 激光波长 10.06 μm 小一个数量级,因而其与金属的耦合效率高、加工性能良好。

(3) 灯泵激光器可借助时间分光和功率分光多路系统,方便地将一束激光传输给多个工位或远距离工位,便于实现激光加工柔性化。

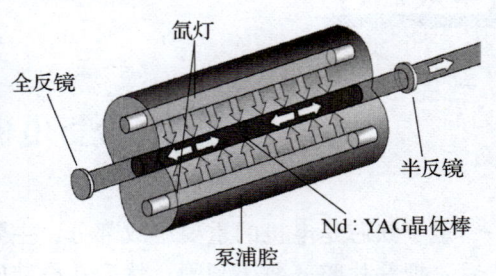

图 3-27 灯泵激光器原理

3.9 搭建灯泵激光焊接系统(电机定子铁芯焊接系统)

电机电子铁芯焊接系统主要由激光焊接机、冷水机、焊接工作台等组成,如图 3-28 所示。激光焊接机采用灯泵激光器,最大平均功率为 300 W,配置 4 路芯径为 600 μm 的输出光纤分别连接至焊接工作台上的 4 个相同规格的焊接头,其准直镜焦距为 150 mm,聚焦镜焦距为 150 mm,聚焦光斑直径为 0.6 mm。灯泵激光器实行能量分光的工作模式,焊接时 4 条光路输出同样的激光能量,4 个焊接头对称分布于产品四周,同步进行焊接作业,有利于抑制产品变形,不仅保证了产品圆度,也提高了生产效率。灯泵激光器关键参数如表 3-4 所示。

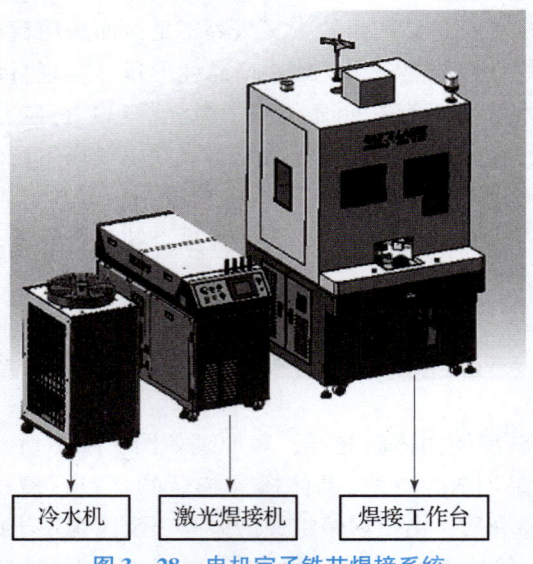

图 3-28 电机定子铁芯焊接系统

表 3-4　灯泵激光器关键参数

波长	最大平均功率	最大峰值功率	最大脉冲能量	光纤芯径
1 064 nm	300 W	6 kW	30 J	600 μm

如图 3-29 所示，电机定子铁芯焊接工作台核心机构由进料组件、上下料组件、高度压平组件、圆周定位组件、旋转组件等部分组成。焊接工作台是单工位作业，需配备一名操作人员在上下料工位负责上料和取料，焊接工序如图 3-30 所示。焊接工序为自动化焊接：将扣紧成圆形后的电机定子铁芯手动放入上料工位，进行圆周方向粗定位，进料组件将产品送到待焊接工位；上下料组件的双爪手夹具负责将待焊接工位上的待焊接产品抓取到焊接工位上进行焊接并将焊接工位上的已焊接产品抓取到下料皮带输送线上；已焊接产品通过下料皮带输送线输送到下料工位上。整个焊接工作台结构紧凑，操作简单方便。

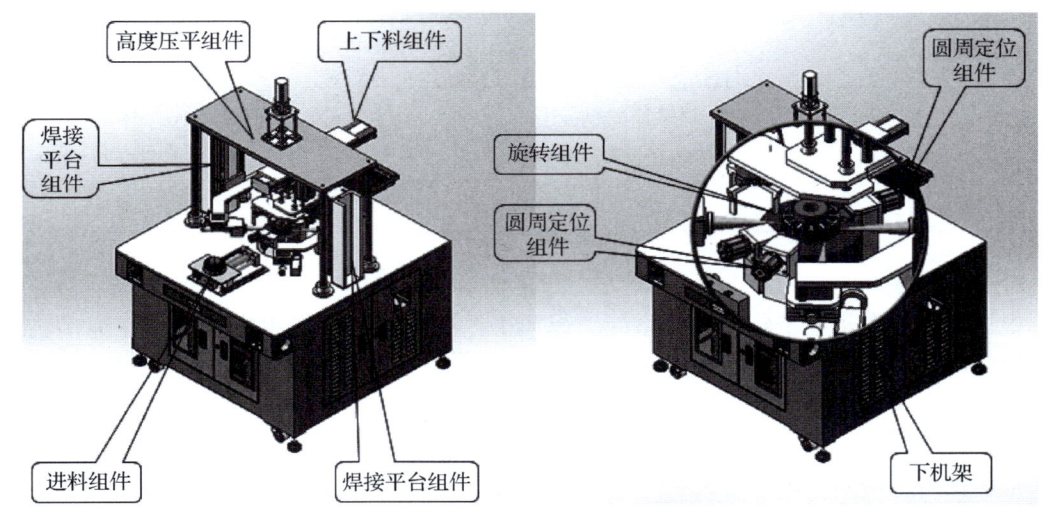

图 3-29　电机定子铁芯焊接工作台

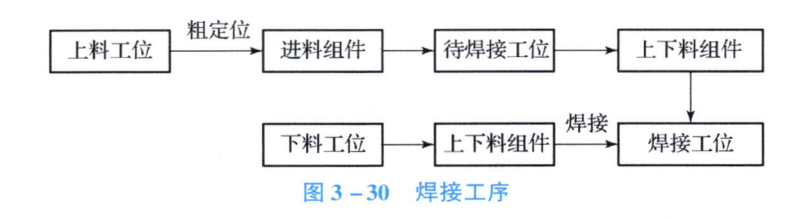

图 3-30　焊接工序

【项目实施】

电机定子铁芯焊接实训

1. 拟定工艺参数

脉冲能量决定加热能量的大小，主要影响金属的熔化量。峰值功率和脉冲宽度共同决定脉冲能量的大小。当脉冲能量一定时，选择高峰值功率、短脉冲宽度波形激光可使焊接获得更大的熔深，但高峰值功率意味着更高的功率密度，而过高的功率密度会导致金属蒸发剧烈,易形成飞溅及凹坑,焊接过程不稳定;选择低峰值功率、长脉冲宽度波形激光使焊接获得的熔深相对浅一些,但焊接时的热输入更柔和,熔池更稳定,焊缝成型更平整。结合产品实际情况及焊接要求,脉冲激光焊的脉冲激光波形需根据被焊材料的热物理特性及具体的焊接要求进行设置。考虑到产品材质具有良好的焊接性能,且对激光反射率相对较低,因此采用图 3-31 所示的方形波,具体焊接参数如表 3-5 所示。

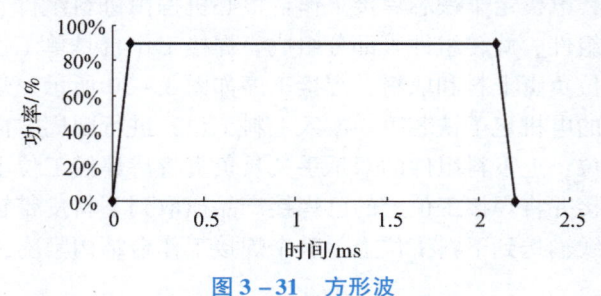

图 3-31 方形波

表 3-5 焊接参数

峰值功率/W	脉宽/ms	焊接速度/(mm·s^{-1})	离焦量/mm	频率/Hz	保护气气流量/(L·min^{-1})
2 000	6	2	0	6	5(Ar)

2. 产品上机焊接

根据搭建的电机定子铁芯焊接系统,焊接工艺流程包括上料粗定位、编译焊接轨迹、激光焊接、下料。

(1) 上料粗定位:产品来料已采用特定的加工工艺扣紧成圆形,为保证焊接效果,要求相邻铁芯间缝隙控制在 0.2 mm 以内。生产时,只需人工将产品置入上料工位的粗定位导向轴上即可,如图 3-32 所示。

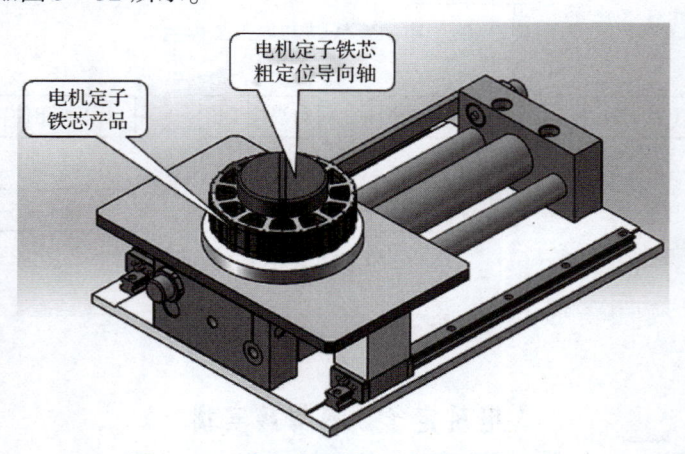

图 3-32 电机定子铁芯上料粗定位示意

(2) 编译焊接轨迹:上料夹具将电机定子铁芯抓取到焊接工位,圆周定位组件对其进行圆周方向的精定位后,在软件中编译焊接轨迹。手动调整焊接头上的微调旋转轴及微调平台,使聚焦光斑落在电机定子铁芯其中一个待焊接位置上。单击软件中的"文件管理"

按钮，然后单击"示教"按钮，选中"多边形"单选按钮，移动升降平台到焊接起始点（可先用上下箭头按键粗略移动到大致位置，再通过在小火苗软件中输入距离或结合工作台上的电子手轮来移动），单击"记录当前点"按钮，然后移动升降平台到焊接终止点，再单击"记录当前点"按钮即完成焊接轨迹的编译，如图 3-33 所示。

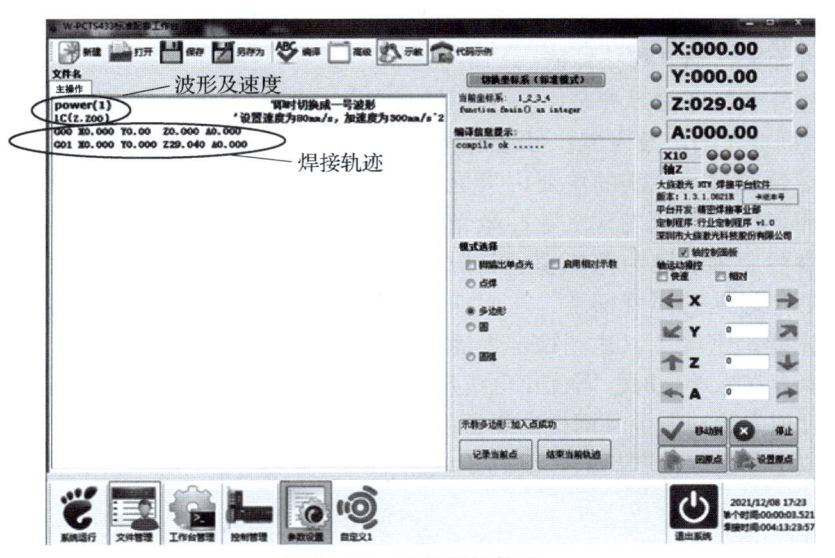

图 3-33　编译焊接轨迹

（3）激光焊接：在软件内调用拟定的波形参数，如图 3-34 所示，并设置相应的焊接速度，然后单击"系统运行"按钮，再单击"运行"按钮，开始按设定程序进行焊接。

图 3-34　在软件内调用拟定的液形参数

（4）下料：完成焊接的产品经上下料组件的双爪手夹具抓取至下料皮带输送线上，人工在下料工位取料即可。

【项目检测】

评估电机定子铁芯焊接性能

产品焊接完成后，可以从焊缝外观、力学性能、产品变形量（内圆的圆度及内外圆的同心度）等方面来评估其焊接性能。

（1）焊缝外观：评估焊缝表面是否存在未熔合、塌陷、飞溅等缺陷。如图3-35（a）所示，焊缝表面存在凹坑及飞溅，可通过优化工艺参数来改善。根据硅钢片材料的物理特性分析，导致凹坑及飞溅的主要因素是焊接能量密度过高，熔池汽化剧烈导致迸发熔融金属，从而形成凹坑及飞溅。脉冲激光焊接电机定子铁芯时，调试工艺参数应遵循低峰值、长脉宽的原则。因为低峰值、长脉宽既可以防止功率密度过大造成的局部汽化，又可以降低液态熔池的温度梯度，从而抑制飞溅的产生。除此之外，还可适当调整离焦量来降低激光能量密度，以达到稳定焊缝熔池、获得平整外观的目的。如图3-35（b）所示，当焊缝存在未熔合时，需优化电机定子铁芯扣紧成圆形的工艺，减小焊接位置的缝隙，或者通过加大脉冲能量及调整离焦量使得熔融金属的覆盖面增大，从而有效填充产品缝隙。采用拟定参数焊接产品的焊缝外观效果如图3-35（c）所示，焊缝表面平整且一致性优良。

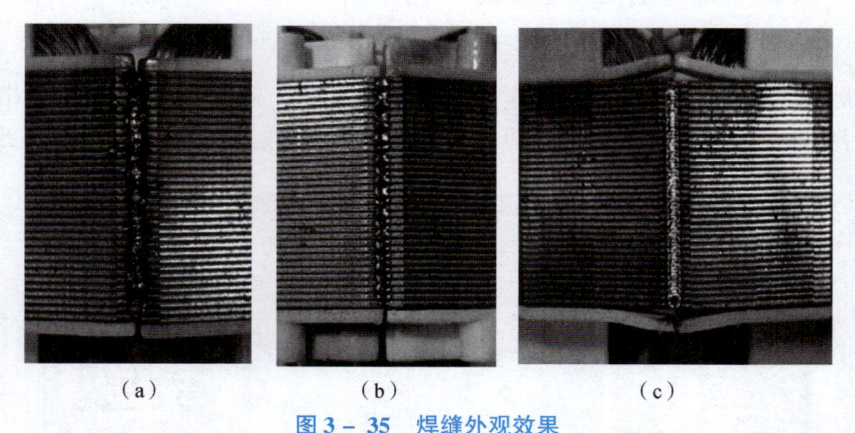

图3-35 焊缝外观效果
（a）焊缝表面存在凹坑及飞溅；（b）焊缝未熔合；（c）焊缝表面平整且一致性优良

（2）力学性能：通过万能试验机对产品进行破坏性测试，相邻定子铁芯间结合力大于600 N，满足焊接要求。焊接强度大小与两侧材料的结合面积密切相关。当焊接强度不达标时，可通过调整脉冲的峰值功率及脉宽来加大脉冲能量，或者调整焊接速度与脉冲频率间的匹配关系，以提高单个焊点间的重叠率，从而增加本体材料间的结合面积，保证焊接强度。

（3）产品变形量：采用三坐标测量仪测量电机定子铁芯焊后其内圆的圆度及内外圆的同心度，测量得到内圆的圆度≤0.08 mm，内外圆的同心度≤0.04 mm，满足要求。

项目完成后，请填写项目评价表。

项目评价表

产品编号		加工时间		得分	
评价项目	技术要求		配分	评分标准	得分
设备操作（20%）	确定焦平面		10	不正确处每处扣1分	
	产品装夹		5	不正确处每处扣1分	
	CCD监视器对位		5	不正确处每处扣1分	
程序与工艺（20%）	程序编写正确完整		10	不规范处每处扣1分	
	工艺参数合理		10	不合理处每处扣1分	
焊接质量（20%）	测量变形量		10	不合格处每处扣1分	
	检测表面状态		5	不合格处每处扣2分	
	力学性能测试		5	按实际情况扣分	
文明操作（20%）	安全操作		10	不合格不得分	
	佩戴护目镜		5	未佩戴不得分	
	设备清洁		5	不合格不得分	
职业素养（20%）	激光焊接知识		5	酌情给分	
	自学能力		5	酌情给分	
	团队协作		5	酌情给分	
	仪器设备正确使用		5	酌情给分	

模块四　激光焊接在塑料加工行业中的应用

项目四　低功率半导体激光器焊接汽车车灯

【项目引入】

近十年来，汽车行业飞速发展，车灯制造技术也是日新月异。汽车车灯除了为车辆提供照明功能之外，还起到外观装饰的作用，无论内在、外在都影响着汽车的价值。消费者对汽车品质要求的提高，以及来自市场的竞争压力，推动着生产工艺不断革新。激光焊接技术具有焊接速度快、焊渣少、焊缝小、应力小、自动化程度高等特点，近几年才开始在车灯制造领域崭露头角。汽车塑料零部件的激光焊接工艺是将待焊接的两个塑料零件通过治具进行夹紧，使激光束穿过上层的透光材料，达到下层的吸收材料，在范德瓦耳斯力的作用下形成一个焊接区。激光焊接后的塑料部件强度更高、密闭性更好，并且具有更优秀的光学性能。激光焊接借助机械手，可以在狭小空间内实现对小零件的焊接，摆脱了热板焊接等治具带来的各种限制，因而塑料零部件的激光焊接技术应用将会更加广泛，也会更加方便和经济。

【项目目标】

知识目标

（1）了解低功率半导体激光焊接系统。
（2）理解焊接参数及其意义。
（3）掌握产品质量检测要求。

技能目标

（1）能搭建焊接系统。
（2）能独立完成产品焊接。
（3）能独立完成产品焊接性能评估。

素养目标

（1）具备动手实践能力。
（2）具备严谨认真的工作态度。
（3）具备合作创新能力。

【项目描述】

塑料激光焊接是一个庞大的焊接应用场景。本项目将从汽车车灯焊接开始学习低功率半导体激光器焊接塑料产品的相关知识。本项目从了解常用于塑料激光焊接的激光焊接系统开始，通过实际操作焊接系统、调整焊接参数、焊接产品三步，对低功率半导体激光焊接系统加深了解，并通过汽车车灯焊接后的性能评估，了解汽车车灯类产品的焊接质量要求。

【知识链接】

4.1 分析塑料的焊接特性

工程塑料具有高强度、高透亮、轻量化的特点，在汽车车灯上广泛应用，常见的汽车车灯工程塑料焊接方法有热板焊接、振动摩擦焊接、超声波焊接及激光焊接等。激光焊接塑料与传统焊接相比，焊接非常牢固，具有密封性强、不漏气、不漏水等特点，焊接过程中树脂降解少、基本无碎屑，可紧密地将塑料制品连接在一起。同时，激光焊接借助计算机进行控制，操作更加灵活，焊接轨迹更加精密，能够对尺寸很小或外观结构复杂的工件的每个部位进行细微焊接。此外，激光焊接可大幅减少塑料制品的振动力和热应力，从而延缓了塑料制品的老化速度。

常见的热塑性材料和热塑性弹性体都可以进行激光焊接，也包括玻璃纤维增强的塑料，其焊缝强度通常可以达到甚至强于母材本体的强度。而作为车辆重要照明零配件的汽车车灯，其焊接技术直接影响着车灯及汽车的外观及性能。随着汽车行业的飞速发展和消费者对美感及品质的更高追求，激光焊接技术日渐在车灯制造领域广泛应用。各种焊接方式的优缺点对比如表4-1所示。

表4-1 各种焊接方式的优缺点对比

焊接方式	热板焊接	振动摩擦焊接	超声波焊接	激光焊接
优点	设备成本低	支持多工件焊接； 支持大型工件焊接； 焊接周期短； 设备维护成本低	支持非平面焊接； 焊接周期短； 设备维护成本低	支持复杂、大型工件焊接； 支持在线监控工艺过程； 焊接周期短； 焊接强度高； 良品率高； 设备维护成本低
缺点	仅限于简单工件； 基材易过度熔融； 易"拉丝"	易产生碎屑； 机械应力大； 仅限于平面轮廓焊接； 焊缝较宽	易产生碎屑； 机械应力大； 工件尺寸受限	初期设备投入成本相对较高； 对基材光学性能有要求

4.2　分析汽车车灯的焊接特性

常见的汽车车灯材料包括聚甲基丙烯酸甲酯（PMMA）、磷酰胆碱（PC）、ABS 等，均为热塑性材料。热塑性材料的特性是物质在加热时能发生流动变形，冷却后可以保持一定形状，并且可进行反复热加工。热塑性的相对概念是热固性，是指材料加热时不能软化和反复塑制的性能。热塑性材料受热后，结合处熔化形成分子链缠绕和化学键合，冷却后形成焊缝区域完成焊接。

汽车车灯焊接通常为上下层叠焊结构，上层为透光材料，下层为吸光材料。在激光焊接过程中，首先将两个待焊接塑料零部件通过机械夹具实现紧密贴合，然后激光穿透上层工件后，能量被下层工件表面吸收并使其熔化，热量通过热传导的方式使上层材料熔化，最后结合面位置熔化后冷却形成有效焊缝。塑料激光焊接原理如图 4-1 所示。当激光轨迹经过汽车车灯整个待焊接区域后，即可实现汽车车灯密封焊接。常见汽车车灯结构如图 4-2 所示。

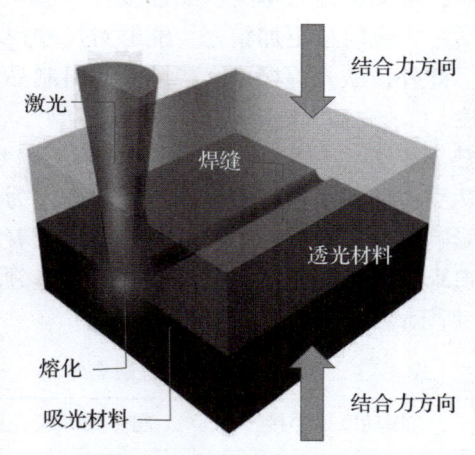

图 4-1　塑料激光焊接原理

图 4-2　常见汽车车灯结构

4.3 搭建低功率半导体激光焊接系统

低功率半导体激光焊接系统包括激光器、工作台、外光路及控制系统。低功率半导体激光器功率为 50～300 W，波长为红外波长 900～1 000 nm。低功率半导体激光器直接由一个泵浦源获得相应的功率输出。

塑料激光焊接方式有轮廓焊接、准同步焊接、3D 振镜准同步焊接及同步焊接四种方式。其中，轮廓焊接及准同步焊接应用最为普遍。使用轮廓焊接可适应大幅面复杂车灯结构，使用准同步焊接可实现高效焊接小尺寸车灯。不同的焊接头与对应的焊接方式如图 4-3 所示。

（a）　　　　　（b）　　　　　（c）　　　　　（d）

图 4-3　不同的焊接头与对应的焊接方式
（a）轮廓焊接；（b）准同步焊接；（c）3D 振镜准同步焊接；（d）同步焊接

轮廓焊接：应用准直聚焦焊接头的焊接方式，聚焦后的激光光斑沿着焊接路径运动，使材料顺序熔化并形成焊缝；可固定工件，激光焊接头搭载于运动平台或机械手上，使激光光束沿待焊接区域轮廓运动；也可固定激光光束，使被焊接工件沿预定轨迹运动。

准同步焊接：应用振镜焊接头的焊接方式，激光束经过 XY 振镜片的摆动使激光由聚焦镜头聚焦到工件表面上，并以极高的速度沿焊接轮廓扫描，可单次或在极短时间内多次扫描；系统控制软件的人机操作界面可采用绘制工件焊点分布图的方式完成平面内任意矢量点阵图形的焊接动作。

3D 振镜准同步焊接：应用 3D 振镜焊接头的焊接方式，激光束经过 XY 振镜的摆动使激光束快速沿待焊接区域运动，同时，通过电机带动准直镜片实时调整焦点位置，可实现同时焊接多个不同高度的产品。

同步焊接：应用特殊光束整形的焊接方式，使光斑整形为焊接轨迹形状。

单工位振镜焊接系统采用准同步焊接方式，由内置激光器工控机、振镜头、塌陷值测量模块、焊接监视器、夹具、显示屏、触摸屏、安全光栅、Z 轴升降体、抽风口、三色指示灯、漏电保护开关、电路气路接口等部分构成，具体结构如图 4-4 所示。单工位振镜焊接系统核心部件包括激光器、振镜系统、焊接治具三部分（见图 4-5）。其中激光器是激光发生装置，产生的激光先通过光纤传输到振镜头，再通过振镜头 XY 振镜片的偏摆实现轨迹移动，最后在产品焊接位置聚焦实现加热焊接。对将焊接治具产品进行定位，保证产品放置的位置精度为 ±0.1 mm，同时将产品的上下层压合，其中支撑座根据产品仿形设计并提供支撑，上盖板使用透光材料，并选择合适的气缸行程压合产品。焊接前气缸下压实现压合后焊接，焊接后经一段时间保压完成焊接。

单工位振镜焊接系统的辅助部件及其功能包括：塌陷值测量模块用于测量焊接中塌陷量数值；焊接监视器用于实时监测焊接过程；显示屏与触摸屏用于直观反映焊接系统运行状态及提供操作界面；Z轴升降体用于保障Z轴的上下移动，便于操作人员寻找产品焦点及安装夹具；抽风口用于连接除尘装置以及时清理焊接过程中产生的灰尘和有害气体；三色指示灯则用于警示机器运行状态。

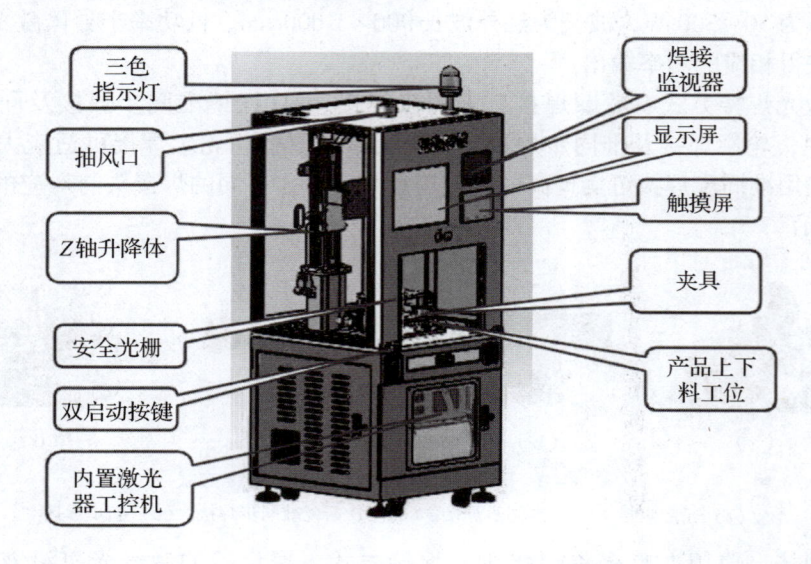

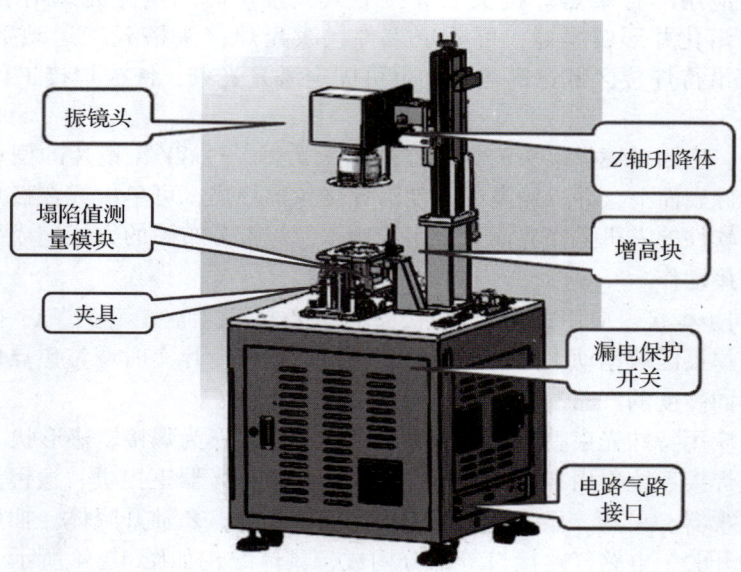

图4-4 单工位振镜焊接系统

低功率半导体激光器因其光束能量分布均匀的特点广泛用于塑料激光焊接，其连续功率可达300 W，同时它还具备高光电转换效率及功率稳定免维护的优势。

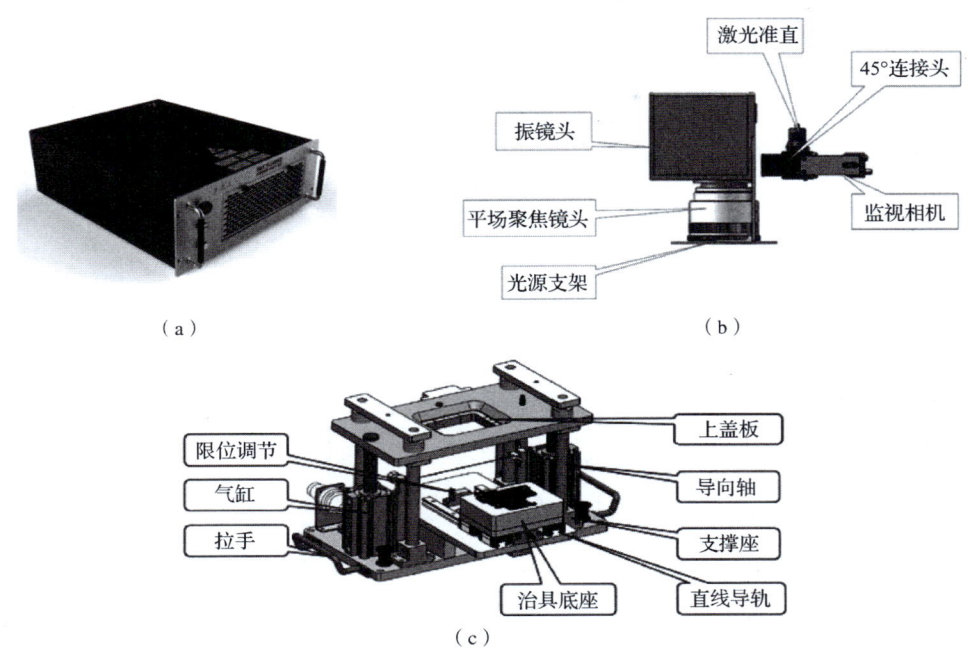

图 4-5 单工位振镜焊接系统核心部件
(a) 激光器；(b) 振镜系统；(c) 焊接治具

【项目实施】

汽车车灯焊接实训

塑料激光焊接过程包括下层材料吸光，产生热量，结合位置软化、熔合，重新固化 4 个过程，如图 4-6 所示。车灯结构上层材料为透光材料，下层材料为吸光材料。在焊接过程中，准同步激光焊接材料结合层熔化后在压力作用下上层材料会产生下沉，称为塌陷量，在焊接过程中也通过传感器实时监测并控制塌陷量的大小以控制焊接质量，塌陷量检测曲线如图 4-7 所示。

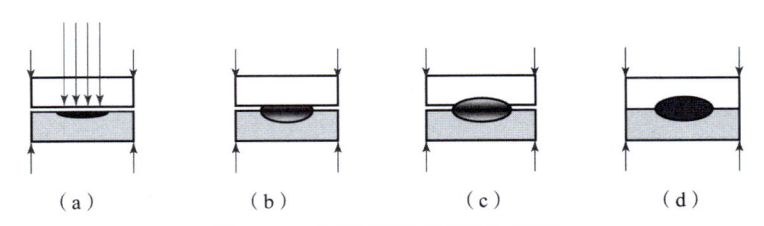

图 4-6 塑料激光焊接过程示意
(a) 下层材料吸光；(b) 产生热量；(c) 结合位置软化、熔合；(d) 重新固化

（1）设备准备。准同步焊接设备如图 4-8 所示；焊接前将机台上电，开启激光器，并接通压缩空气以控制焊接治具上气缸压合开启，如图 4-9 所示；先将车灯产品底座放置于治具底座上，再将车灯产品上层镜片放置于产品底座上，完成装配后通过控制阀将治具压合，完成产品压合后进行产品调试，如图 4-10 所示。

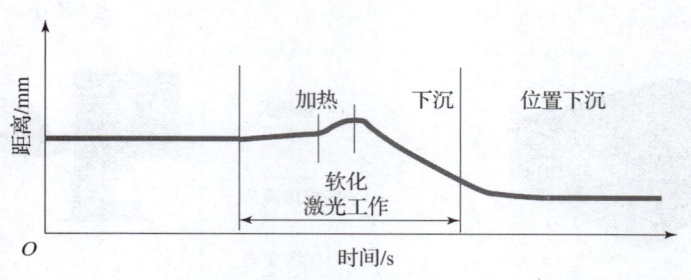

图 4-7 塌陷量检测曲线

图 4-8 准同步焊接设备

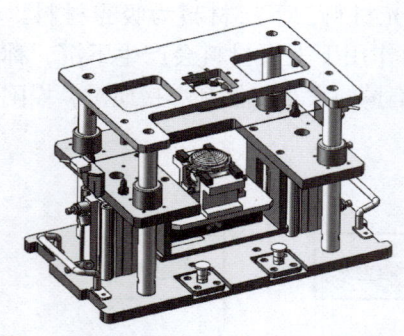

图 4-9 产品焊接治具上气缸压合开启

图 4-10 产品压合状态

（2）产品焊接轨迹调试。产品使用振镜焊接，调试前确认焊接光斑大小后将监测 CCD 监视器调试至最清晰位置，然后在 HSW 焊接软件系统上选择"示教"选项，移动光标可进行振镜范围内振镜偏摆，在 CCD 监视器上找到焊接位置，确认所需焊接轨迹首尾位置后，即可通过画线工具将焊接轨迹画出。该车灯焊接轨迹为 4 段圆弧，因此在软件上应描出 4 段焊接曲线，操作过程如图 4-11 所示。

(a)

(b)

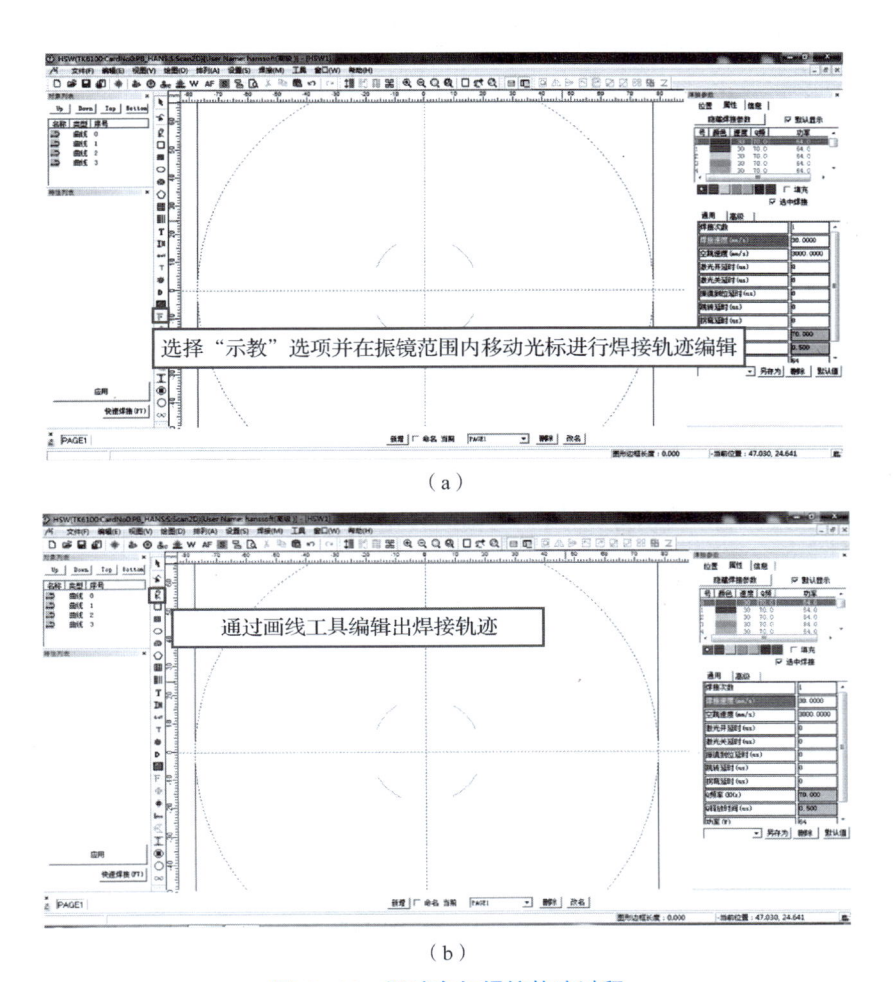

图 4-11 调试车灯焊接轨迹过程

（3）软件参数设置。产品所需的焊接宽度为 3 mm，为增大焊缝宽度采用轨迹增加摆动方式，在软件上选择"位置"→"摆动"选项后设置摆动参数。在"摆动方式"下拉列表中选择 Ellipse 选项并设置合适的"垂直振幅"及"摆动频率"，"垂直振幅"为垂直轨迹大小，主要由焊接宽度决定，"摆动频率"是单位时间内摆动次数。另外，根据产品大小及材料选择合适的"焊接速度"及"空跳速度"，在准同步焊接中焊接速度一般在 200 mm/s 以上，空跳速度可设置为 500 mm/s 以上。准同步焊接为多次快速扫描，因此应输入合适的焊接次数，本项目中设置为 10 次。焊接参数设置如图 4-12 所示。

（4）激光器功率设置。使用低功率半导体激光器软件对焊接波形进行编辑，单击"波形编辑"按钮，将"波形模式"设置为 FCW，即可编辑"渐进时间""渐出时间"，自动生成焊接时间模式，选择振镜设置的波形号后对相应的波形进行设置，设置"最大功率"及"渐进时间""渐出时间"，低功率半导体激光器软件焊接参数设置界面如图 4-13 所示。调试时，功率设置应从小功率开始调试，避免烧伤产品及治具。

(a)

(b)

(c)

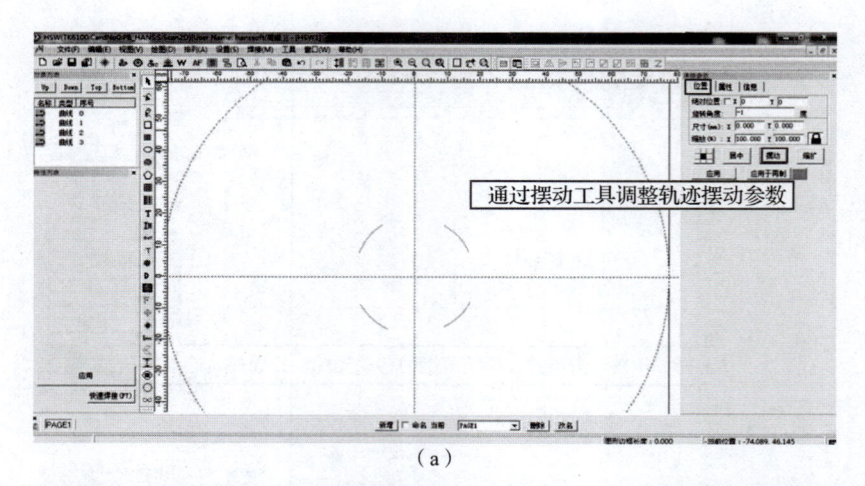

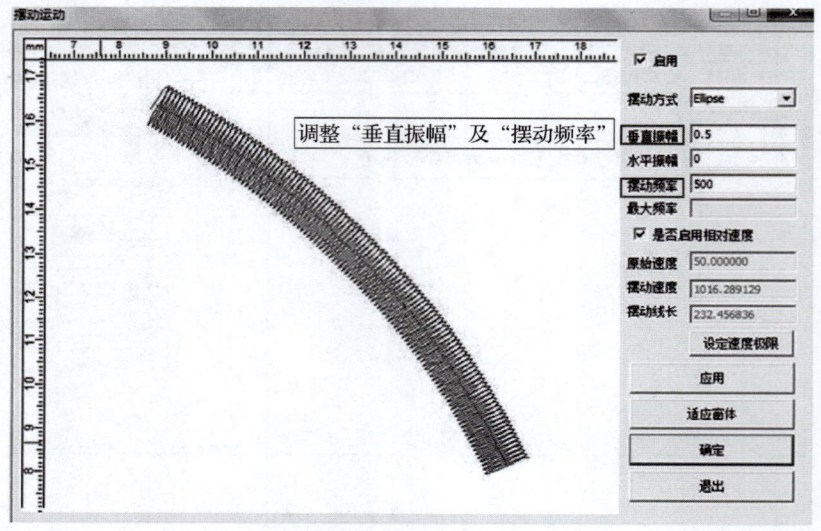

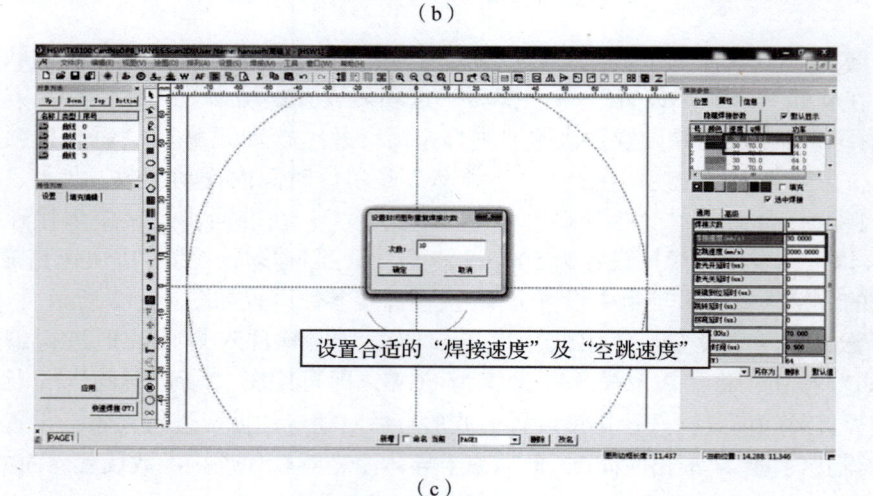

图 4-12 振镜控制软件 HSW 中焊接参数设置

(a) 设置摆动参数;(b) 设置"垂直振幅"与"摆动频率";(c) 设置"焊接速度"与"空跳速度"

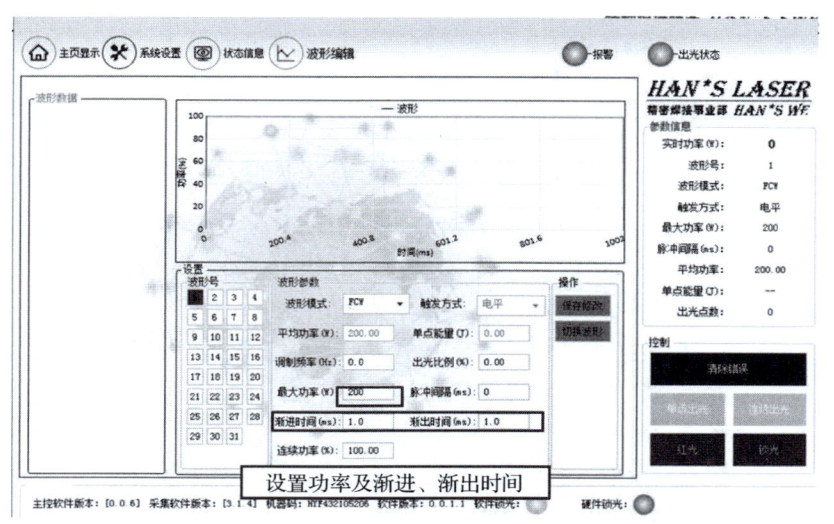

图4-13　低功率半导体激光器软件焊接参数设置界面

（5）焊接测试。设置好功率及速度参数后，选择振镜控制软件HSW中"焊接工具"选项进行焊接，根据焊接效果主要针对激光器功率、振镜焊接速度及焊接次数进行匹配修改，优化参数以达到最优焊接效果。振镜控制软件HSW焊接指令方式如图4-14所示。

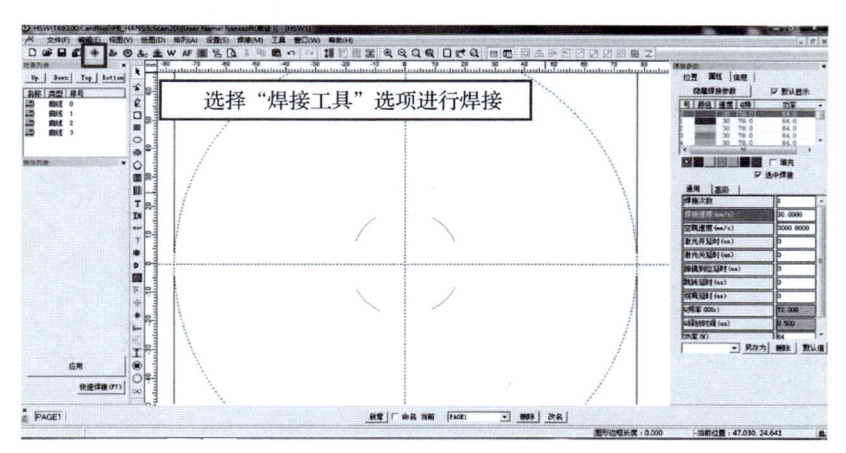

图4-14　振镜控制软件HSW焊接指令方式

【项目检测】

评估汽车车灯焊接性能

汽车车灯焊接性能主要从焊接密封性、力学性能、外观及塌陷量三个方面进行评估。

（1）焊接密封性。对于焊接密封性，根据不同产品使用场景会有不同的规格要求，高要求下须通过氦气气密性测试，如图4-15所示。常规要求下应对产品进行液体环境下爆破气密测试，可直接反映出焊接泄漏位置及产品薄弱部位等。如果焊接效果不良，爆破气密测试时会出现泄漏或焊缝直接脱落的情况;如果焊接效果良好,爆破气密测试时产品会从非焊缝位置开裂,如图4-16所示。在气密性达不到要求情况下,应首先确认材料焊接性能,确认焊接治具已将产品焊接位置均匀压合;然后检查焊缝结合面是否足够,若不足够应调整工艺参数进行调试。塑料焊接产品要具备良好的密封性,是因其通常作为液体容器或保护内部器件的壳体。长期使用中可靠的密封性也是激光焊接方式重要的优势体现。

图4-15 氦气气密性测试

图4-16 爆破气密测试时产品会从非焊缝位置开裂

(2) 力学性能。力学性能主要是指焊接后的拉伸强度,可以通过测试产品焊接后的整体强度,或单位长度的拉伸强度来体现。为获得较高的力学性能,通常使用同种材料进行焊接,焊接过程中须确保焊接不出现未熔合或材料过热分解的情况。在测试中通常使用力学拉伸计配合合适的治具对材料进行拉伸破坏测试。车灯在投入使用后,会受到各类冲击力的影响,因此需要保证其力学强度。在车灯焊接后,对产品整体进行拉伸测试(见图4-17),须达到产品焊缝位置脱落的测试强度,以评估焊接质量。

(3) 外观及塌陷量。外观检测焊缝性能主要包括焊接后上盖板平整度,焊缝一致性,检查是否出现未熔合、热分解及溢胶等。上层材料平整度差、高度不一致,说明各个位置塌陷量不一致,焊缝熔化量有区别,可能存在局部焊接薄弱位置。焊缝一致性可直接检测焊缝宽度是否一致,如果焊缝宽度不一致,则可能存在部分位置未熔合等缺陷,焊缝熔合

图 4 - 17　车灯拉伸测试

良好的情况如图 4 - 18 所示。热分解一般是指焊接功率过高，超过材料熔点后塑料在高温下产生分解，常见情况为焊缝存在气孔等，一般该情况下也会伴随溢胶的情况，即熔融塑料在压力作用下溢出焊缝外区域，对产品外观产生影响，如图 4 - 19 所示。

图 4 - 18　焊缝熔合良好

图 4 - 19　焊缝热分解

项目完成后，请填写项目评价表。

项目评价表

样品编号		加工时间		得分	
评价项目	技术要求	配分	评分标准		得分
设备操作（20%）	确定焦平面	10	不正确处每处扣1分		
	产品装夹	5	不正确处每处扣1分		
	CCD监视器对位	5	不正确处每处扣1分		
程序与工艺（20%）	程序编写正确完整	10	不规范处每处扣1分		
	工艺参数合理	10	不合理处每处扣1分		
焊接质量（20%）	密封性	10	不合格处每处扣1分		
	检测表面状态	5	不合格处每处扣2分		
	力学性能测试	5	按实际情况扣分		
文明操作（20%）	安全操作	10	不合格不得分		
	佩戴护目镜	5	未佩戴不得分		
	设备清洁	5	不合格不得分		
职业素养（20%）	激光焊接知识	5	酌情给分		
	自学能力	5	酌情给分		
	团队协作	5	酌情给分		
	仪器设备正确使用	5	酌情给分		

项目五　中红外激光器焊接母婴塑料产品

【项目引入】

塑料作为工程材料具有以下优点：原料来源广泛、综合性能优良、加工成型简单、成品质量小、成本较低等，其应用非常广泛。塑料作为钢铁、铝等金属材料和陶瓷、玻璃等非金属材料在实际应用中的替代品，越来越广泛地应用于工业制造和日常生活用品，极大地推动了电子、微电子、计算机、汽车制造、新材料等行业的发展。

常见的塑料焊接方式包括热板焊接、振动摩擦焊接、超声波焊接、激光焊接等。与传统的焊接方式相比，激光焊接作为一种非接触式焊接技术，具有易于自动化控制、焊接速度快、焊接强度高、热应力和振动应力小、不易损伤焊接材料等诸多优点。塑料激光焊接包括各种有色塑料和透明塑料之间的焊接。相对于有色塑料，透明塑料对于可见光和近红外波段光的吸收率极低，大部分激光能量穿透塑料，难以发生熔化实现焊接。因此，使用传统的激光光源（800～1 100 nm）进行透明塑料激光焊接的难度较大，目前使用激光焊接透明塑料制品的主要方式是在下层透明塑料的上表面添加吸收剂以促进塑料对激光的吸收。透明塑料制品在医疗、食品包装等领域的使用比有色塑料更加广泛，这些行业对塑料制品的安全要求极高，禁止使用具有一定污染性的激光吸收剂，因此透明塑料的激光无吸收剂焊接工艺具有很大的应用空间。出于人类健康要求，母婴产品必须安全无毒，因此其生产制造过程均需严格控制。母婴产品所用塑料的焊接通常采用超声波焊接等工艺，但是生产效率较低，且焊印面积较大，适用性较差。塑料激光焊接技术作为一种新兴的塑料焊接技术，相对于常用的超声波塑料焊接，具有非接触性加工、焊接强度高、效率高、易于实现CNC控制、无污染等优点，可以广泛应用于母婴、医疗行业。

【项目目标】

知识目标
（1）了解中红外激光焊接系统。
（2）理解焊接参数及其意义。
（3）掌握产品质量检测要求。

技能目标
（1）能搭建焊接系统。
（2）能独立完成产品焊接。
（3）能独立完成产品焊接性能评估。

素养目标
（1）具备动手实践能力。
（2）具备严谨认真的工作态度。
（3）具备合作创新能力。

【项目描述】

本项目将从母婴产品焊接开始学习中红外激光焊接的相关知识,从了解常见塑料对不同波长光的吸收率、透明塑料焊接特性、中红外激光焊接系统开始,通过实际操作焊接系统、调整焊接参数、焊接产品三步,对塑料激光焊接系统加深了解,并通过母婴产品焊接后的性能评估,了解母婴类产品的质量要求。

【知识链接】

4.4 分析透明塑料的焊接特性

塑料激光焊接的材料常规为上层透光、下层吸光材料,在医疗等行业中为保证材料纯净度不添加染色剂,通常均为透明材料。为实现透明材料焊接,可利用中红外激光可被透明材料部分吸收的特点,使其部分透过上层透明材料而被下层材料部分吸收,从而在结合层加热材料并熔化形成焊缝。不同波段各透明材料吸收率如图4-20所示,聚丙烯(PP)及PMMA材料在近红外波段吸收率较低,而在中红外波段(1 500~2 000 nm)PP及PMMA材料吸收率有明显提升,部分激光能量可被下层材料吸收。在焊接过程中由于上层材料吸收激光,因此需使用透光散热材料贴合表面进行散热以避免上层材料温度过高产生烧伤。

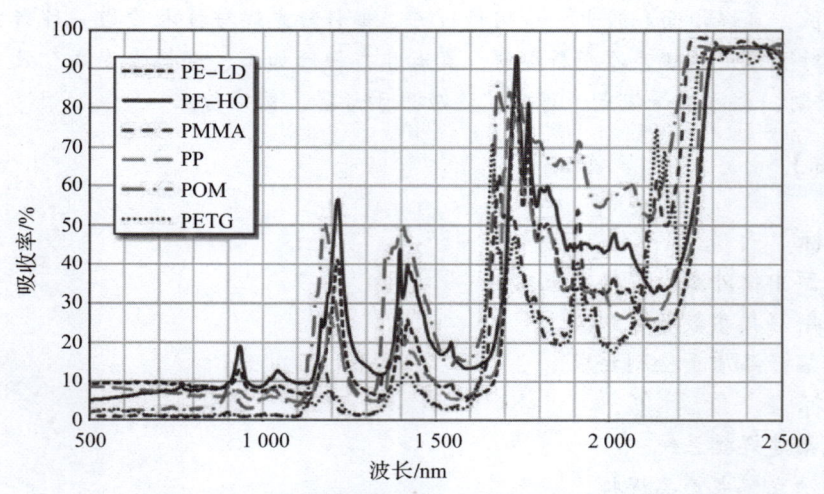

图4-20 不同波段各透明材料吸收率(附彩插)

注:PE-LD 为低密度聚乙烯;PE-HO 为聚3-乙基-3-羟甲基环氧丁烷;PMMA 为聚甲基丙烯酸甲酯;PP 为聚丙烯;POM 为聚甲醛;PETG 为聚对苯二甲酸乙二醇酯-1,4-环己烷二甲醇酯

透明材料在医疗等行业应用广泛,通常在上下层材料中间喷涂吸收剂进行焊接。但这种方式一方面会增加工序难度,另一方面吸收剂残留会对产品洁净度产生影响。而使用中红外激光焊接可有效避免该影响。中红外激光器焊接透明材料的焊接原理如图4-21所

示。在中红外激光焊接过程中，上层透明材料也会吸收激光能量，因此需要使用透明散热性好的材料进行散热，以避免上层材料过热造成烧伤；同时上层材料厚度不可过大，当上层材料厚度过大时，激光透过上层材料的能量衰减会较多，需使用更高激光功率以保证足够激光被下层材料吸收，但此时上层材料会吸收更多能量，从而造成严重烧伤。不同厚度透明聚酰胺（PA）材料的透过率如表 4-2 所示。

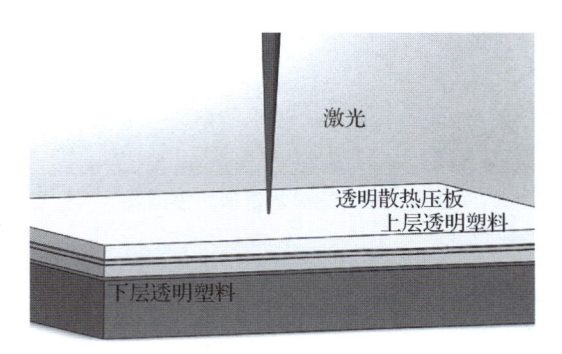

图 4-21　中红外激光器焊接透明材料的焊接原理

表 4-2　不同厚度透明 PA 材料的透过率

激光波长	透明 PA 材料厚度		
	1 mm	2 mm	3 mm
915 nm	93.5%	92.7%	91.8%
1 710 nm	53.6%	28.5%	17.2%

使用中红外激光焊接时，不必针对材料进行下层材料吸光性能的改进，因此它在医疗、日用及 3C 行业有较为广泛的应用。例如，医疗上呼吸管、胃镜胶囊、面罩等焊接，使用中红外激光焊接可保证密封性，同时，中红外激光的非接触性也可保证产品洁净。此外，利用中红外激光部分吸收、部分透过的特点，可提高焊缝熔深，利用该特点还可进行塑料对接结构的焊接，如图 4-22 和图 4-23 所示。

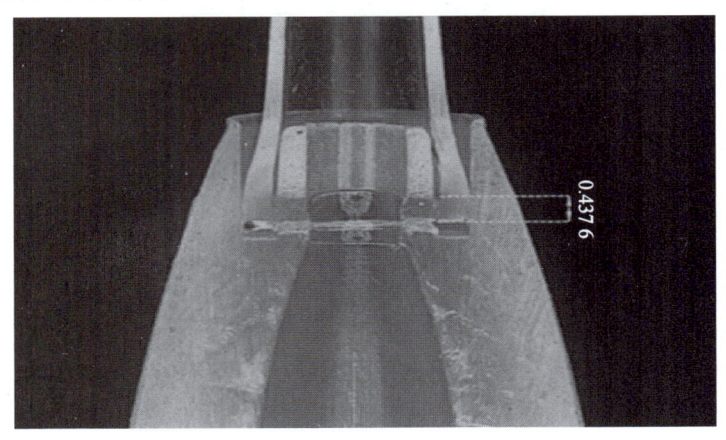

图 4-22　医疗软管对接结构

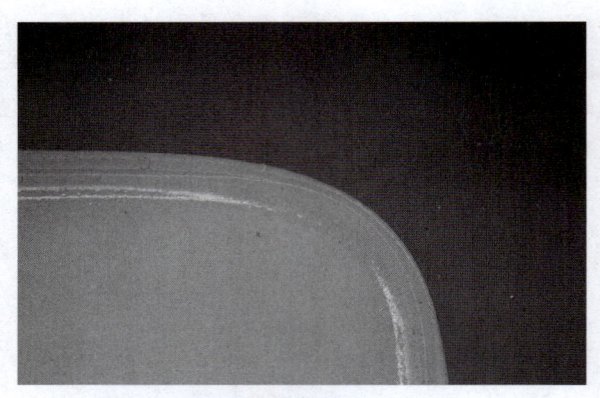

图 4-23　充电器塑料对接结构

4.5　搭建中红外激光焊接系统

中红外激光焊接系统由激光器主机、工控机、焊接夹具、显示器及监视器构成。配置的激光器为中红外激光器，其波长为 1 710 nm，最高连续功率为 50 W，冷却方式为风冷。该激光器体积小、功率稳定性高，与工控机一同内置于工作台内。工作台为带轴运动系统，焊接头通过轴移动实现轨迹焊接。该设备的焊接方式属于轮廓焊接，根据产品大小选择合适行程的运动轴。实际生产中，常见的中红外双工位焊接系统如图 4-24 所示。

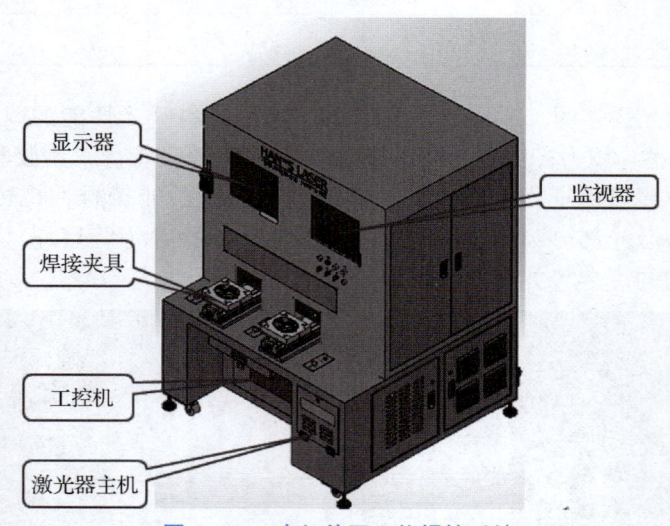

图 4-24　中红外双工位焊接系统

中红外激光焊接透明材料需使用特制压板，该压板具有高透光、高散热率等特点。为实现产品上表面与压板贴合，异形产品需根据产品形状对压板进行仿形加工。焊接过程中产品通过送料轴进入焊接区域后气缸压合，仿形压板将产品所有区域压合贴紧，一方面将产品上下层压合贴合，另一方面也为产品上表面提供散热。常用的定制产品压合治具的结构如图 4-25 所示。

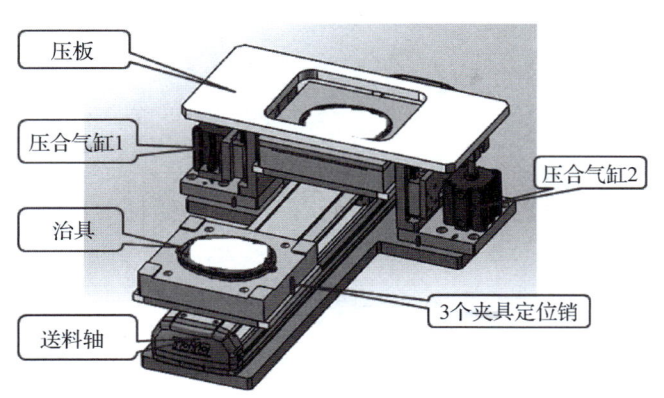

图 4-25 常用的定制产品压合治具的结构

【项目实施】

母婴塑料产品焊接实训

中红外激光焊接系统为轮廓焊接系统，焊接轨迹通过轴运动控制。焊接通过小火苗平台软件（见图 4-26）进行轨迹调试，其中轨迹编辑采用 G 代码进行示教调试。整体焊接过程分为产品装配压合、轨迹调试、激光器功率设置、焊接参数设置和运行调试 5 个部分。

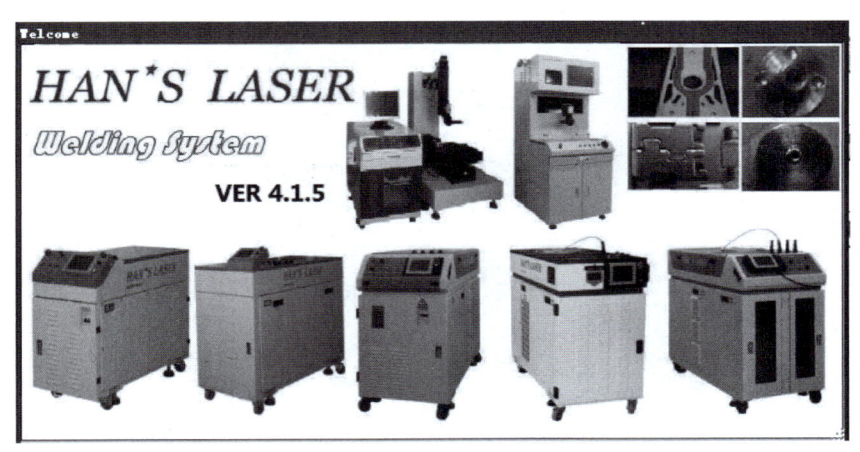

图 4-26 小火苗平台软件

（1）产品装配压合。母婴塑料产品上下层均为透明 PP 材料，焊接结构为上下层穿透焊接结构，须将该产品的上壳体焊接到底壳上，如图 4-27 所示，焊接要求密封。将产品透明底壳放置于治具上，如图 4-28 所示，再通过底座仿形定位固定位置，将透明上壳体放置于底壳上。放置好产品后通过控制阀控制气缸压合，实现产品压合并确认产品是否存在错位，如图 4-29 所示。

图 4 - 27　母婴塑料产品结构（红色为焊接位置）（附彩插）

图 4 - 28　放置产品

图 4 - 29　治具压合产品

（2）轨迹调试。该产品焊接筋有高低落差，在调试中要调节焊接头 Z 轴方向的高低。使用小火苗平台软件进行轨迹调试，焊接轨迹使用 G 代码编写，编写轨迹代码界面如图 4 - 30 所示。G 代码编写定义如下。

①G00 X0 Y0 Z0 A0 定义为空走到某个位置。

X/Y/Z/A 后面可跟常量或变量。

②G01 X10 Y10 Z10 A10 定义为焊接直线到某个位置。

③G02 X10 Y10 I10 J10 PXY 定义为在平面 XY 上进行圆弧焊接（顺时针方向）。

④G03 X10 Y10 I10 J10 PXY 定义为在平面 XY 上进行圆弧焊接（逆时针方向）。

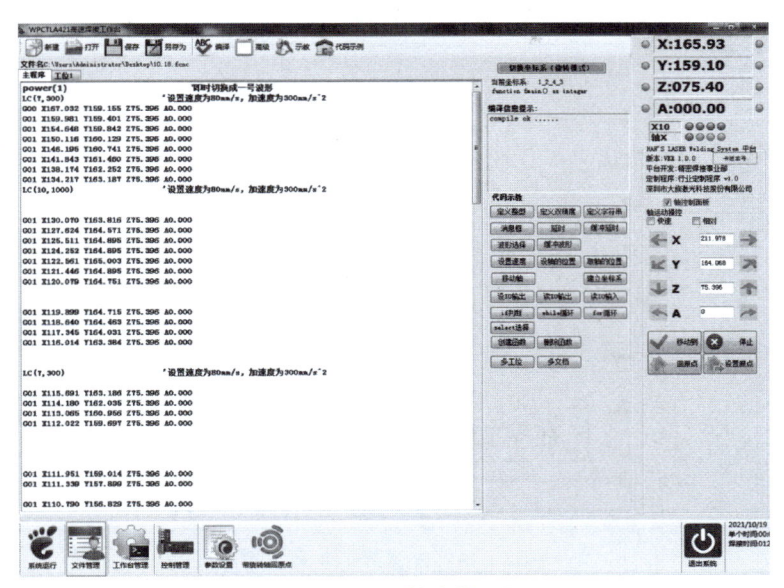

图 4-30 编写轨迹代码界面

在调试轨迹过程中，先调试监测 CCD 监视器清晰度，将待焊接产品轨迹调试至最清晰位置后，将 CCD 监视器十字中心点位置对准母婴塑料产品焊接筋位置，记录该位置并描绘出整体焊接轨迹，如图 4-31 所示。

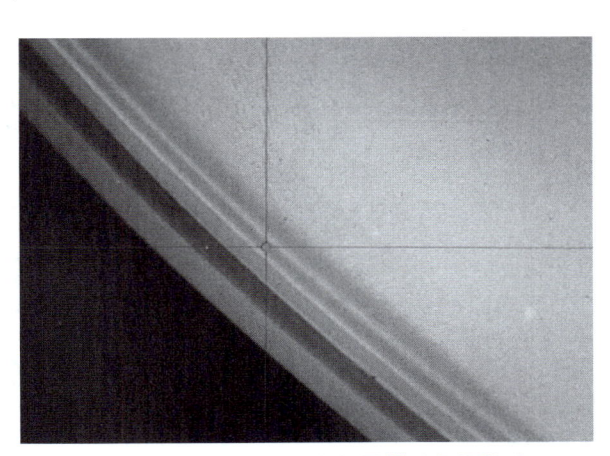

图 4-31 通过 CCD 监视器描绘焊接轨迹

（3）激光器功率设置。中红外激光器使用串口调试工具进行控制。如图 4-32 所示，选择"串口设置"选项后输入 SBC 数值（以信号频谱为依据的编码方法）对应相应的激光功率，单击"发送"按钮完成功率设置。在调试时先使用低功率进行焊接测试，避免功率过高使产品热分解从而烧伤定制压板，从低到高调试功率，确认好合适的功率后进行效果验证。

图 4-32　中红外激光器功率设置界面

（4）焊接参数设置。在小火苗平台软件中设置合适的速度与加速度，如图 4-33 所示。G 代码中速度设置语句为 LC（7，300），其中 7 表示速度为 7 mm/s，300 表示加速度为 300 mm/s^2。设置速度时建议由快到慢进行设置，避免过低速度情况下较高的线能量密度使产品热分解导致压板烧伤。

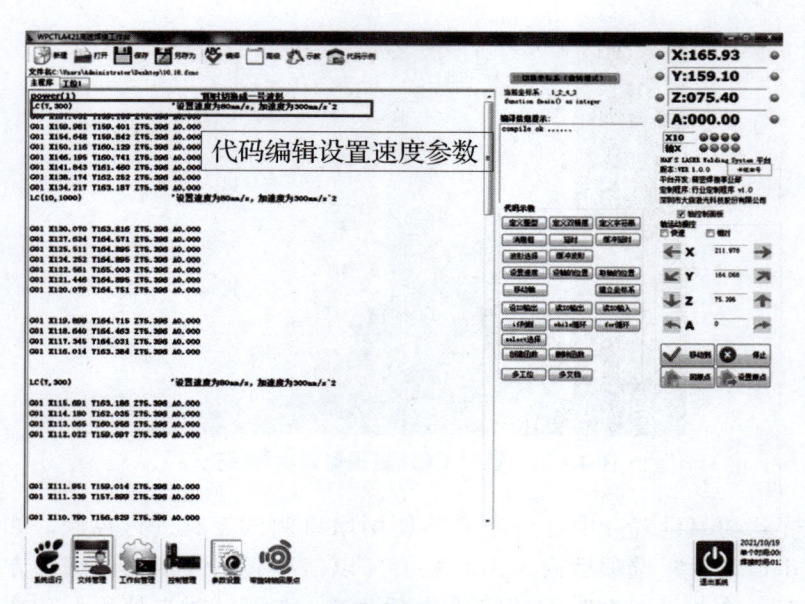

图 4-33　设置合适的速度与加速度

（5）运行调试。如图 4-34 所示，焊接时单击小火苗平台软件中的"系统运行"按钮，再单击"运行"按钮测试焊接效果，根据效果调试速度与功率参数。

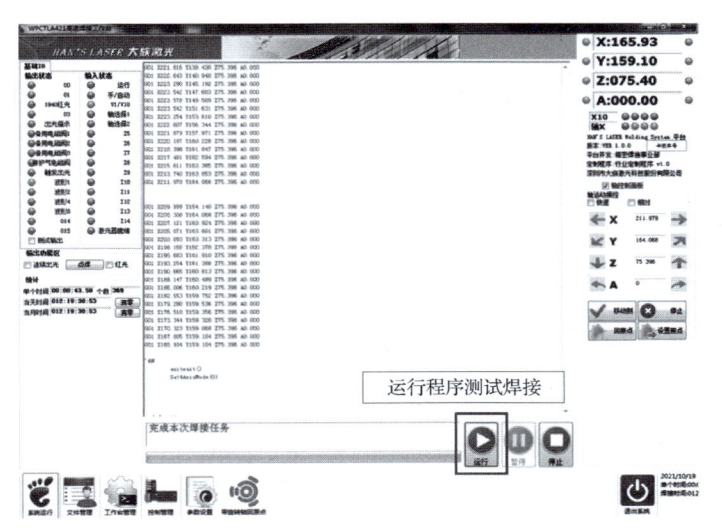

图 4-34　运行焊接程序

【项目检测】

评估母婴塑料产品焊接性能

母婴塑料产品焊接后主要从外观、气密性及跌落测试三个方面进行评估。

（1）外观。焊接外观上无烧伤，且焊缝均匀一致，焊缝无未熔合气孔等缺陷，如图 4-35 和图 4-36 所示。

图 4-35　正常焊接母婴塑料产品外观

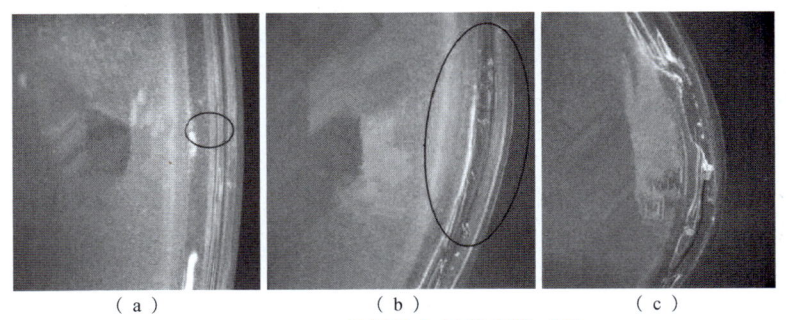

（a）　　　　　　　（b）　　　　　　　（c）

图 4-36　正常焊缝与异常焊缝对比

（a）未熔合；（b）焊缝凹陷；（c）产品烧损

（2）气密性。为测试产品气密性，将产品预留一个进气口，其他位置全部密封。在 0.2 MPa 压力下将产品置于水中进行充气测试，充气测试时焊缝处未冒气泡，同时爆破气密测试时焊缝未脱落，开裂位置为产品其他位置（见图 4-37），说明焊接气密性满足要求。

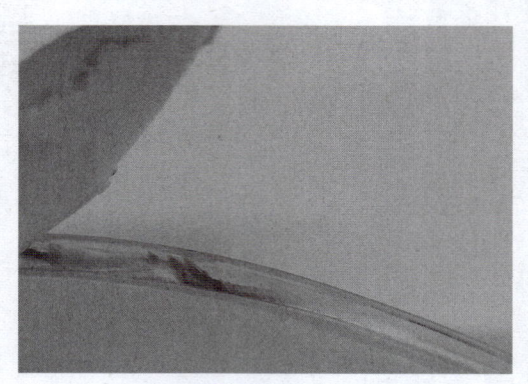

图 4-37 爆破气密测试时焊缝未脱落

（3）跌落测试。为测试产品使用性能，将产品置于 1.5 m 高度进行跌落测试，连续跌落 5 次，产品焊缝未发生脱落即满足要求。

项目完成后，请填写项目评价表。

项目评价表

产品编号		加工时间		得分	
评价项目	技术要求	配分	评分标准		得分
设备操作（20%）	确定焦平面	10	不正确处每处扣 1 分		
	产品装夹	5	不正确处每处扣 1 分		
	CCD 监视器对位	5	不正确处每处扣 1 分		
程序与工艺（20%）	程序编写正确完整	10	不规范处每处扣 1 分		
	工艺参数合理	10	不合理处每处扣 1 分		
焊接质量（20%）	密封性	10	不合格处每处扣 1 分		
	检测表面状态	5	不合格处每处扣 2 分		
	跌落测试	5	按实际情况扣分		
文明操作（20%）	安全操作	10	不合格不得分		
	佩戴护目镜	5	未佩戴不得分		
	设备清洁	5	不合格不得分		
职业素养（20%）	激光焊接知识	5	酌情给分		
	自学能力	5	酌情给分		
	团队协作	5	酌情给分		
	仪器设备正确使用	5	酌情给分		

模块五　激光焊接在电子封装行业中的应用

项目六　锡膏激光焊接光通信元器件

【项目引入】

传统的光通信器件封装技术，一般是通过紫外胶将器件在结合面处黏结固定起来，先将紫外胶点到器件结合处，再通过紫外线灯照射固化。这种器件连接方式，存在许多缺陷，例如，固化深度有限，受器件几何形状限制，紫外线灯照射不到的地方胶不会固化。既要有点胶装置，又要设置紫外灯，使得整个系统变得比较复杂，最主要的是在器件实际使用时，由于受热等因素，会存在上下器件在结合处出现微量的位置偏移，导致器件耦合功率值失常、精度下降，影响产品质量，同时生产节拍长，效率不高。锡膏激光焊接是一种在光通信模块上应用非常成熟的焊接技术。将锡膏涂覆在焊盘上，采用激光加热将锡膏熔化然后凝固形成焊点，操作比较简单。锡膏主要用于表面贴装元器件的焊接。在PCB板上涂覆适量的锡膏后，通过激光焊锡机对元器件进行加热，使锡膏熔化并渗透到元器件与PCB板之间的间隙中，形成牢固的焊接点。其所具备的焊接牢固、变形极小、精度高、速度快、易实现自动控制等优点，使之成为光通信器件封装技术的重要手段之一。

【项目目标】

知识目标

（1）了解锡膏激光焊接系统。
（2）理解焊接参数及其意义。
（3）掌握产品质量检测要求。

技能目标

（1）能搭建焊接系统。
（2）能独立完成产品焊接。
（3）能独立完成产品焊接性能评估。

素养目标

（1）具备动手实践能力。
（2）具备严谨认真的工作态度。
（3）具备合作创新能力。

【项目描述】

本项目采用锡膏激光焊接系统焊接光通信 BOSA 元器件，通过焊接操作过程带领大家熟悉焊接系统组成、锡焊焊接特性和产品性能评估。本项目从认识锡焊工作原理、了解 BOSA 元器件焊接特性和锡膏激光焊接系统开始，通过实际操作焊接系统、调整焊接参数、焊接产品三步，对锡膏激光焊接系统加深了解。通过 BOSA 元器件焊接操作了解锡焊的焊接特性，以及通过对焊接后产品的外观、力学性能进行评估，加强对现代电子产品制造业产品检测的理解。

【知识链接】

5.1 认知锡焊的工作原理

锡焊是利用锡基合金焊料（钎料）加热熔化后渗入并填充金属间连接间隙，与被焊金属表面形成金属间化合物（IMC 层），从而形成永久连接的一种焊接方法，属于软钎焊（450 ℃以下）的一种。锡焊与本体熔化焊接的区别在于前者在工艺过程中母材金属本身不熔化，焊接区域金属达到一定温度，锡料熔化、润湿铺展黏合焊接处；而后者在工艺过程中母材金属熔化熔合形成焊缝，如图 5-1 所示。因此，工艺过程中两种焊接方式焊点区域温度相差很大，锡焊温度作用区间为 150～400 ℃，而本体熔化焊接温度作用区间相对较高，例如，SUS304 焊缝中心区域熔化温度会达到 1 600 ℃以上。

图 5-1 锡焊与本体熔化焊接区别示意
(a) 锡焊；(b) 本体熔化焊接

待焊接产品表面粘锡性及焊点导热快慢决定了焊接质量，例如，导热较快的产品需要较大的热输入，若熔融的锡不易在产品表面铺展，焊接效果也会较差。锡在不同金属表面润湿性也不同，一般而言，锡、铜、金、银、铅、镍等具有较好的可焊性，而铝、锌、镁、铁等可焊性较差，需要特殊焊剂及方法才能锡焊。同时，材料表面氧化、污染等也会对锡焊特性产生较大程度的影响。金属锡焊焊接难易度排序如图 5-2 所示。

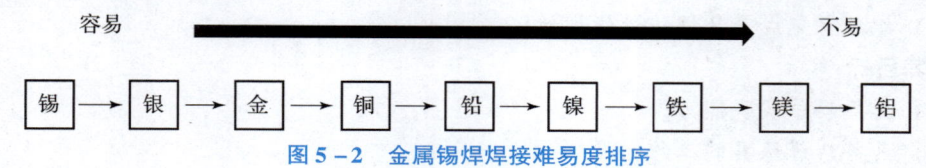

容易 → 不易

锡 → 银 → 金 → 铜 → 铅 → 镍 → 铁 → 镁 → 铝

图 5-2 金属锡焊焊接难易度排序

锡焊工艺方式有很多（见表5-1），传统主流的自动化锡焊生产方式包括波峰焊和回流焊等。波峰焊是利用熔融的钎料循环流动的波峰面，与插装有元器件的PCB焊接面相接触完成焊接过程；而回流焊则是将钎料放置在PCB焊盘之间，加热后通过钎料熔化将元件与PCB连接起来。随着激光技术发展，激光锡焊技术应运而生，它是以激光热源为加热主体，加热锡料填充熔融固化，从而达到连接、导通、加固的工艺目的。相较于传统锡焊工艺，激光锡焊技术具有加热速度快、热输入量及热影响小、焊接位置可精确控制、易实现自动化等特点，通过配套设备能精确控制锡料用量，焊点一致性好。同时，该工艺方式的人工参与少，可大幅减少锡焊过程中挥发物对操作人员的影响。

表5-1 不同锡焊工艺方式比较

不同锡焊工艺方式	烙铁锡焊	波峰焊、回流焊	热压焊	激光锡焊
热源形式	电阻热	电阻热	电阻热	激光
工艺特点	成本低、操作简单、易学，对于批量插针类PCB产品可实现高速自动化生产。劳动力需求量较多，无法实现狭小空间的锡焊。烙铁头品质对焊接质量影响很大，需要经常更换烙铁，焊接好坏受焊接人员影响较大	对于大批量贴片电阻，元器件较多的PCB焊接有很大优势，焊接效率高，焊接一致性好。设备庞大，维护成本高；机台工站较多需要人工送料，能耗很大，不同产品需要开模，成本较大。对于热敏元件、电容类元件不适用，且大型PCB焊接会产生板料变形问题	对于贴片FPC及预锡线材类产品焊接优势明显，可实现一次焊接成型，焊接效率很高，一致性较好。焊接局限性很大，除了面面接触类产品，其他几乎无法焊接。焊接治具要求较高，热压头需要经常更换	新型非接触式焊接工艺，可配合多种焊料形式焊接，能量可控、绿色环保、能耗较低，易实现自动化，节省人力，焊接效率高，焊接一致性好，对热敏件、空间狭小点位焊接优势明显。成本相对较高，焊接不能挡光，焊接能量过高会有烧伤发生
应用领域	插针类PCB、常用电子元器件	批量贴片电阻、大型电子元器件	FPC+PCB类产品、预锡线材类品焊接	小型电子元器件，消费电子领域

5.2 分析光通信BOSA元器件焊点的焊接特性

光通信BOSA元器件焊点属于PIN贴合结构（见图5-3），PIN针与PCB焊盘贴合锡焊，工艺要求熔锡连接导通PIN与焊盘金属，熔锡表面光亮、锡点饱满、无虚焊，焊盘PCB及焊点周边元器件无烧伤不良。

图 5-3　光通信 BOSA 元器件焊点结构

产品焊点表面为镀金材质，粘锡性良好，适合锡焊工艺。由于产品焊点周边元器件较多、结构紧凑，采用传统手工烙铁锡焊工艺极易影响周边元器件功能，同时对操作人员要求较高，生产效率较低，很难实现高效自动化生产，图 5-4 所示是手工烙铁焊接焊点情况。针对此类产品结构特点，焊点上方无挡光结构，激光作为一种非接触式的加热方式，能不受干涉地直接作用于焊点表面进行加热，同时激光能量密度大，在加热过程中对周边热影响小，能有效降低对周边电阻元器件的热影响，提高焊接品质，与传统锡焊工艺相比有明显优势。锡膏激光焊接工艺采用独立加锡和激光焊接两个工序，互不干扰，生产效率显著提高。激光焊接作为非接触的加工方式，能够有效改善人工烙铁生产中出现的焊点拔尖缺陷。同时，该工艺调试简单、自由度高、对操作人员要求较低，工艺方式不存在机械干涉问题，特别适用于此类结构的产品。

图 5-4　手工烙铁焊接焊点情况

5.3　搭建焊接系统

锡膏激光焊接需要相应的焊接平台实现，整个焊接系统由点锡设备（见图 5-5）和激光焊接设备（见图 5-6）组成，待焊接产品先在点锡设备上完成点锡步骤后再在焊接设备上进行激光锡焊。

点锡设备由三轴点锡运动平台、锡膏与点锡阀体及点锡控制盒和控制器组成。点锡阀体装配于运动轴上，根据锡膏类型、焊点大小及点锡精度要求选择不同阀体；点锡控制盒软件调节点锡气压、点锡量、点锡高度、点锡位置、点锡方式等参数，编译程序完成点锡步骤。

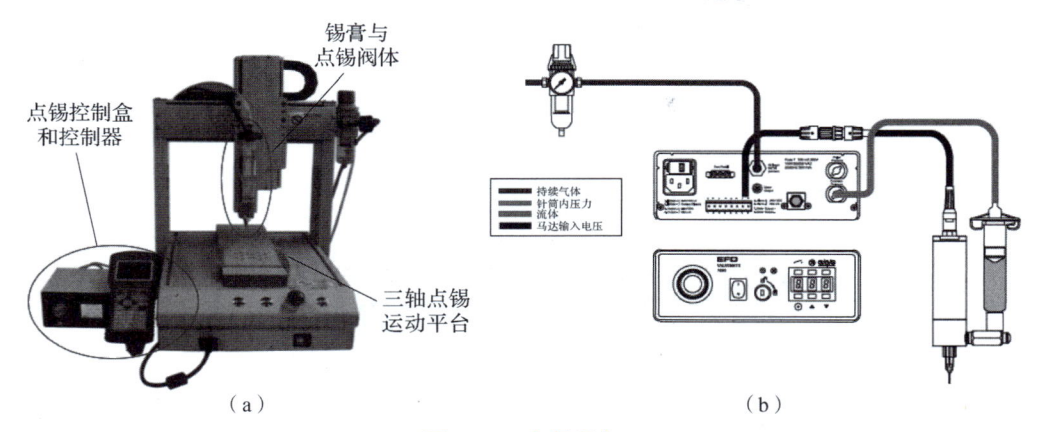

图 5-5 点锡设备
(a) 三轴点锡设备；(b) 点锡控制系统

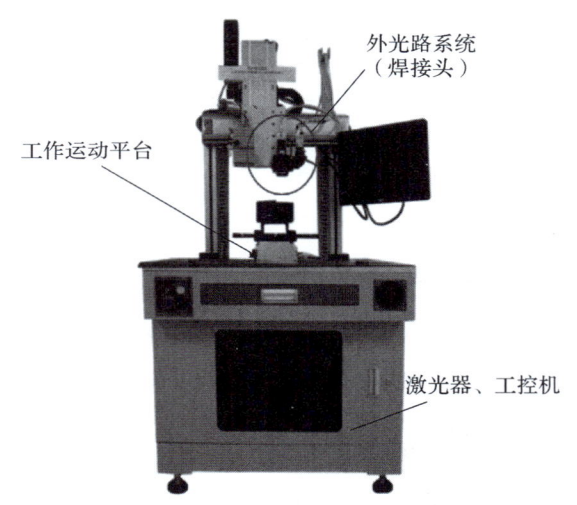

图 5-6 激光锡焊设备

激光焊接设备由工作运动平台、激光器、工控机及外光路系统组成。激光器和工控机内置于工作平台下端控制柜中，激光器光纤连接装配于工作平台上的焊接头，通过工控机系统里的出光控制软件、平台运动软件等完成激光焊接过程。锡膏激光焊接工艺中，激光器常选择半导体激光器，由于半导体激光器光束呈平均分布，能量分布均匀，具有良好的热效应。其特有的光束均匀性与激光能量的持续性，对焊盘的均匀加热、快速升温效果显著，具有焊接效率高、焊接位置可精确控制、焊点一致性好等优势，非常适合微小型电子元器件、结构复杂电路板及 PCB 板等微小复杂结构零件的精密焊接。

锡膏激光焊接工艺通常需要以上两种设备配合实现，在实际生产中，为提升工艺效率、减少设备占用面积，常将这两套设备整合为一套双工位锡膏激光焊接系统，即将点锡和焊接的核心部件整合到同一个多工位工作台上实现。

图 5-7 所示是一种双工位点锡激光焊接设备，采用双 X、Y、Z 轴设计，产品由 A、B 口进料，点锡阀体（带定位相机）和激光焊接头分别装配在 C、D 轴上，点锡工位和焊接工位可以同时工作，交替加工产品，在一台设备占用空间的前提下大幅提升生产效率。

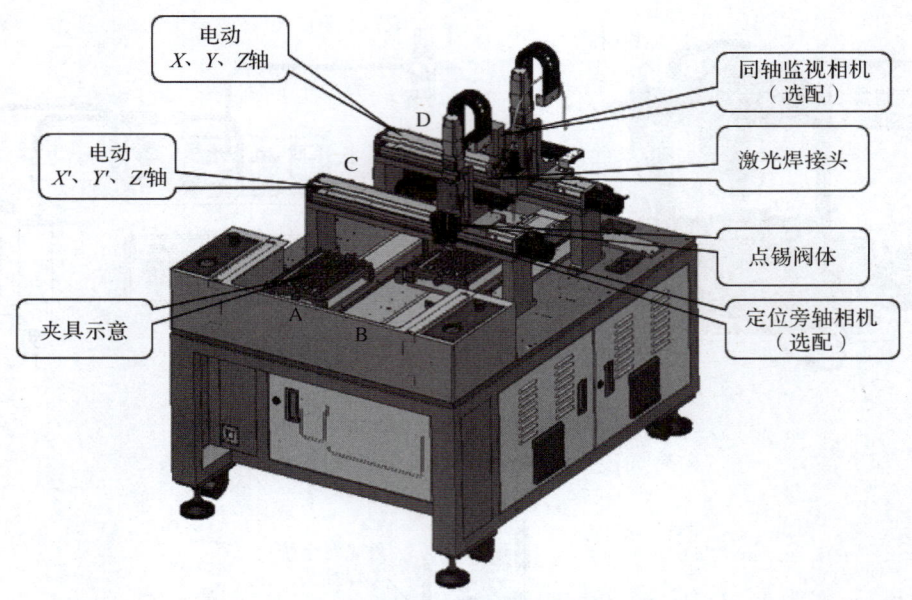

图 5-7 双工位点锡激光焊接设备

【项目实施】

光通信 BOSA 元器件焊接实训

该产品锡膏激光焊接工艺流程如图 5-8 所示，分为四个阶段：产品装夹、焊点定位、点涂锡膏、激光加热熔锡。

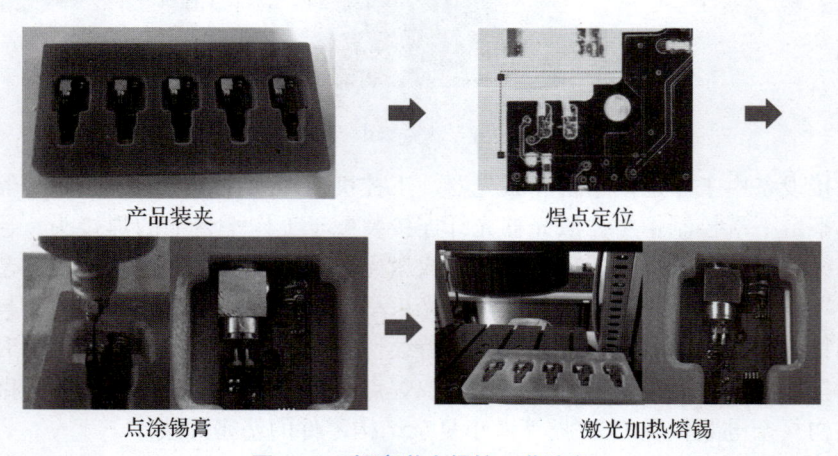

图 5-8 锡膏激光焊接工艺流程

（1）产品装夹：产品焊接装配需要相应治具配合完成（见图 5-9），对于锡膏激光焊接工艺，治具需要保证焊盘与底座贴合，对 PCB 上相应元器件作避空处理，治具不能对作用激光产生干涉，同时也不能过多参与焊点导热，否则会影响焊接稳定性。治具基底材料可以选择耐热、导热小的材料，如电木、玻璃纤维等，压爪材料方面需考虑材料粘锡性，应选择不粘锡的钛合金或铁氟龙涂层材料等。对于焊点周边存在易烧伤区域类型的产品，治具上还应作遮挡激光处理。实际生产过程中，由于助焊剂会对治具产生污染，因此还应定期清理治具，以保证焊接稳定性。

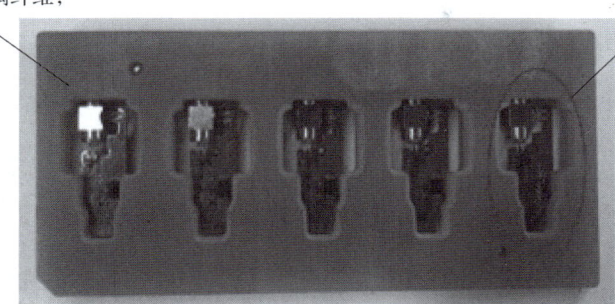

图 5-9 治具装夹产品

（2）焊点定位：产品焊点定位在点锡之前完成，根据产品精度要求不同，一般有两种定位方案：对于精度要求不高的产品，可以采取机械定位方式，即记录焊点位置坐标信息，根据机台本身机构间相对位置实现点锡与焊接；对于精度要求较高的产品，可以采用拍照定位方式，即利用定位相机抓拍焊点特征点，比对模板标记（mark）点实现不同产品的焊点抓拍。焊点定位获得相关焊点位置信息，供后续点锡、焊接使用。本产品焊接采用拍照定位方式，视觉软件抓拍产品操作如图 5-10 所示，调节至合适曝光值，在拍照视野中框选作业区域，选取区域中焊盘作为特征 mark 点，再以 mark 点为标记选择加工（点锡）中心点位。

(a)

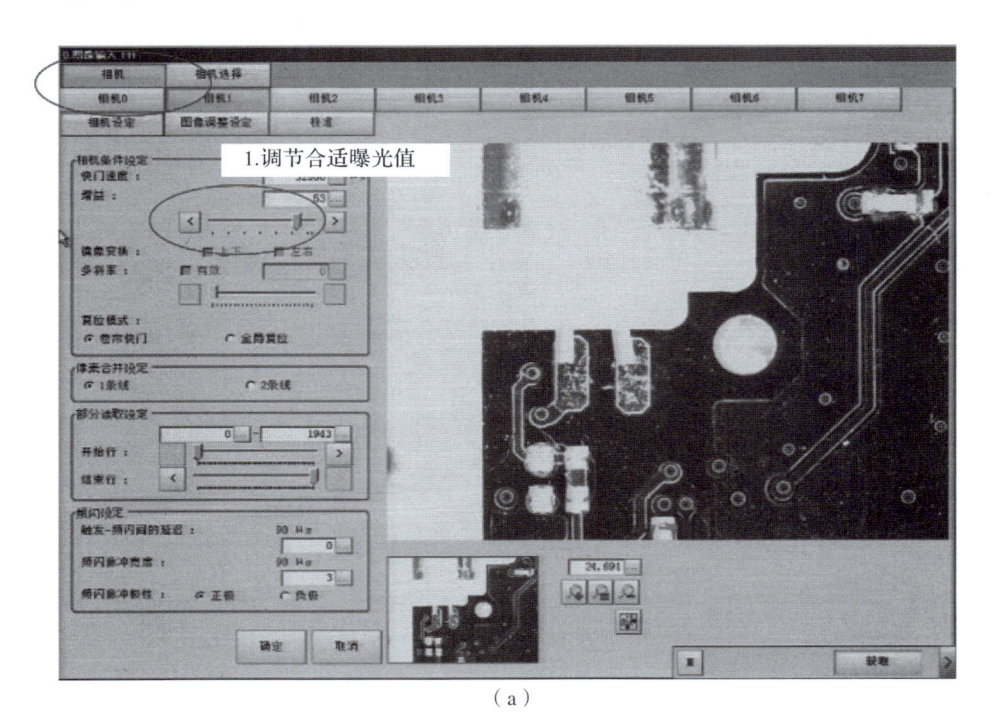

图 5-10 视觉软件抓拍产品操作

（b）

（c）

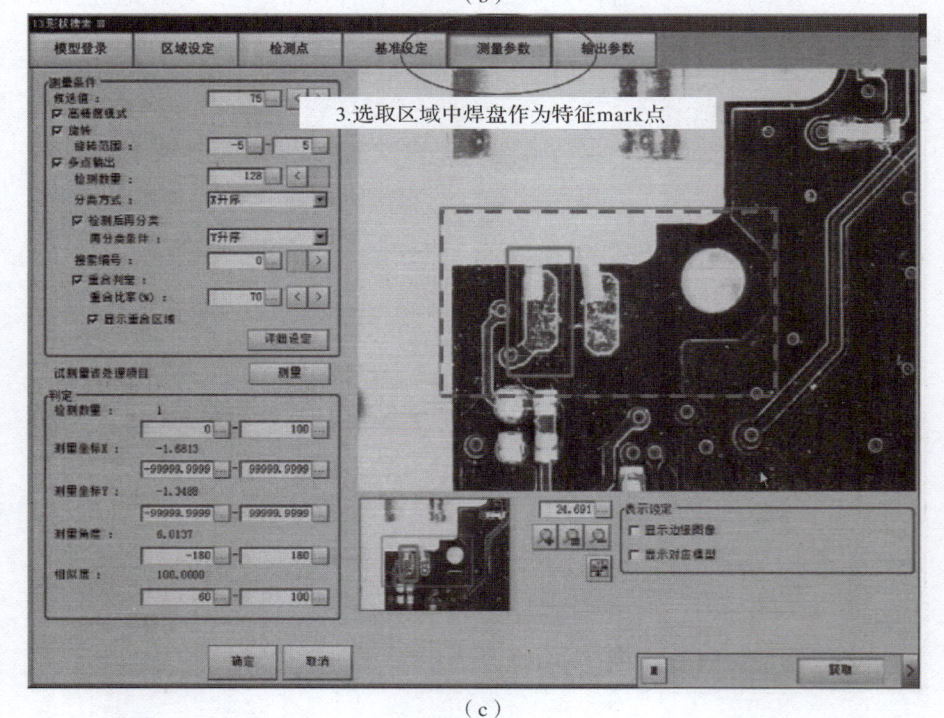

图 5-10 视觉软件抓拍产品操作（续）

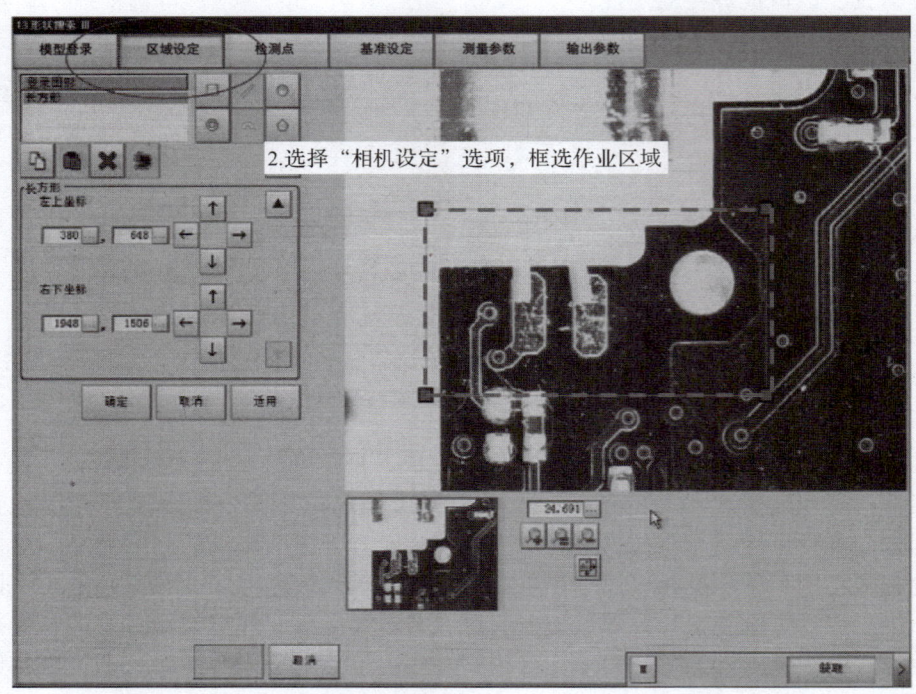

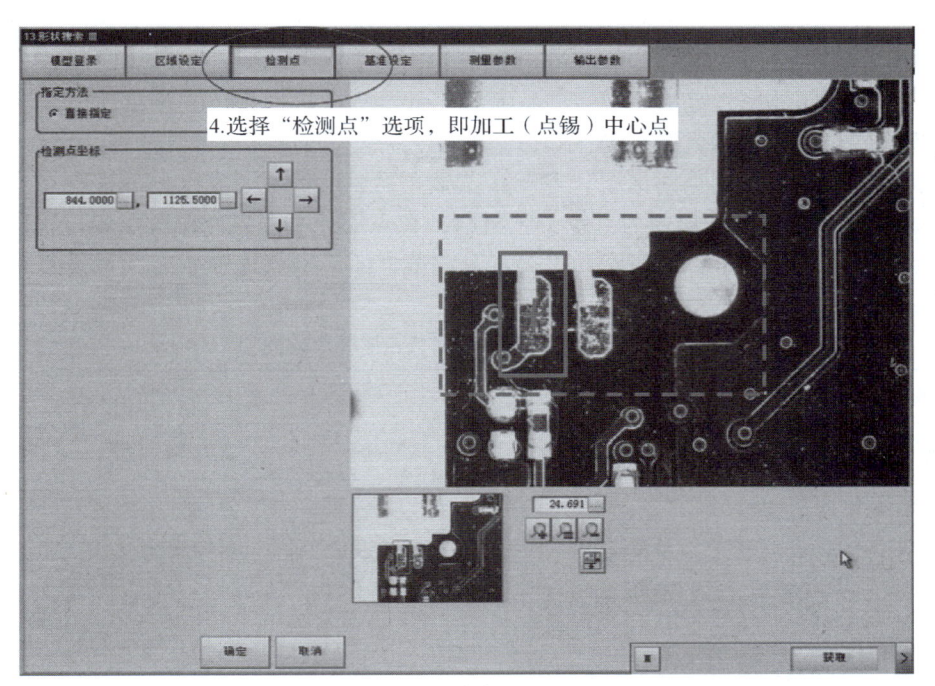

(d)

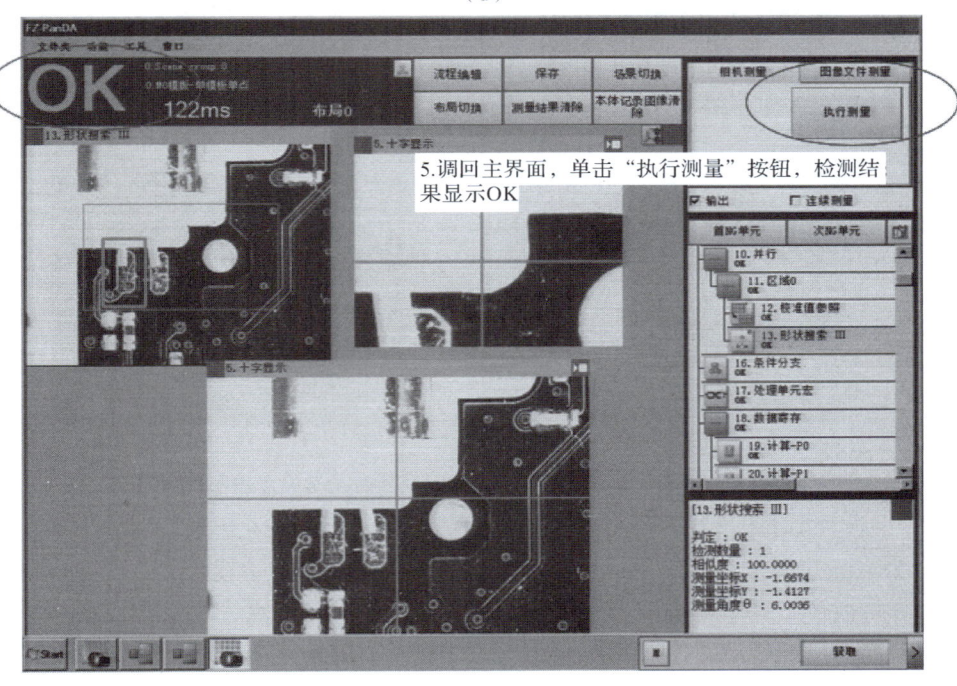

(e)

图 5-10　视觉软件抓拍产品操作（续）

（3）点涂锡膏：锡膏点涂工艺在点锡工位（系统）上完成，通过点锡控制系统调节点锡气压、出锡延时等参数。点锡要求锡点成型度好，位置、高度适中，拔尖控制良好，无锡膏粘连的情况发生。锡膏选择及点锡工艺也会对后续熔锡焊接效果产生较大影响：锡膏助焊剂含量直接影响锡点成型及焊接后锡珠残留情况，影响设备点锡顺畅度，一般激光用针管锡膏助焊剂含量为8%~13%；锡膏粉体粒度过小，焊接后锡珠残留趋势更大，粒度过大对螺杆阀阀体磨损趋势增加，一般激光用针管锡膏选择3、4、5号规格粉（锡膏粉体规格按粉体粒径分类如表5-2所示）。点锡工艺好坏会直接影响焊接后焊点饱满度、周边锡珠残留情况、焊点间连锡情况。本产品在激光锡焊设备上完成点锡过程，选择3号粉粒锡膏及含量为12%的助焊剂为点锡工艺材料，在点锡控制盒界面调节点锡过程中的气压及出锡延时等参数，图5-11所示为点锡工艺调节界面、锡点标准状态及常见点锡不良状态案例展示。

表5-2　锡膏粉体规格按粉体粒径分类

型号	1	2	3	4	5
粉体粒径/μm	75~150	45~75	25~45	20~38	15~25

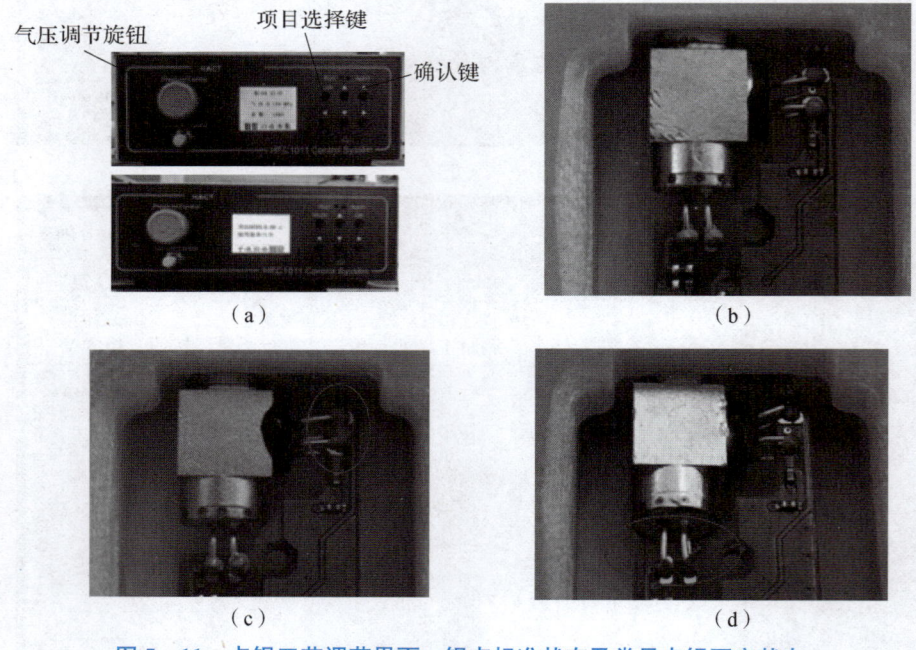

图5-11　点锡工艺调节界面、锡点标准状态及常见点锡不良状态
(a) 点锡控制盒参数调节；(b) 理想的锡点状态；(c) 点锡连锡；(d) 点锡拔尖过高

（4）激光加热焊接：点锡完成后，产品进入焊接工位进行熔锡焊接，针对不同焊点编译不同的焊接波形，调节每段波形的出光时间和温度。根据焊点大小及焊点周边导热情况的不同调节离焦量，一般对于焊点较小且周边导热不大的情况可采用焦平面位置（或正离焦位置）加热焊接；而对于焊点大且周边导热较大的情况（如陶瓷金属基电路板）可采用激光正离焦位置加热焊接，如图5-12所示。根据产品焊点尺寸及焊点周边情况，采用正离焦1.5 mm焊接，具体操作如图5-13和图5-14所示，在焦平面位置设置原点，在小火苗软件中将Z轴值设置为1.5，然后单击"移动到"按钮，将激光焊接头移动到正离焦1.5 mm处。

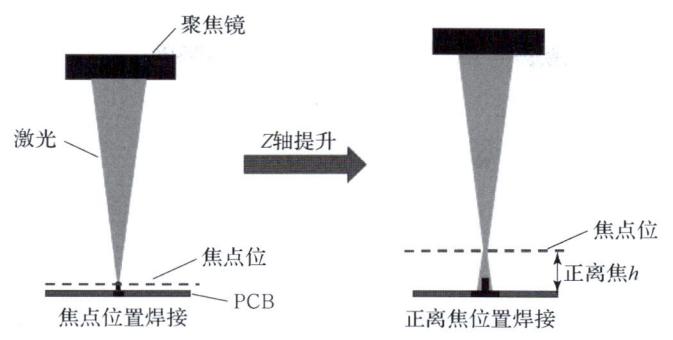

图 5-12　不同焊点情况的离焦量选择示意

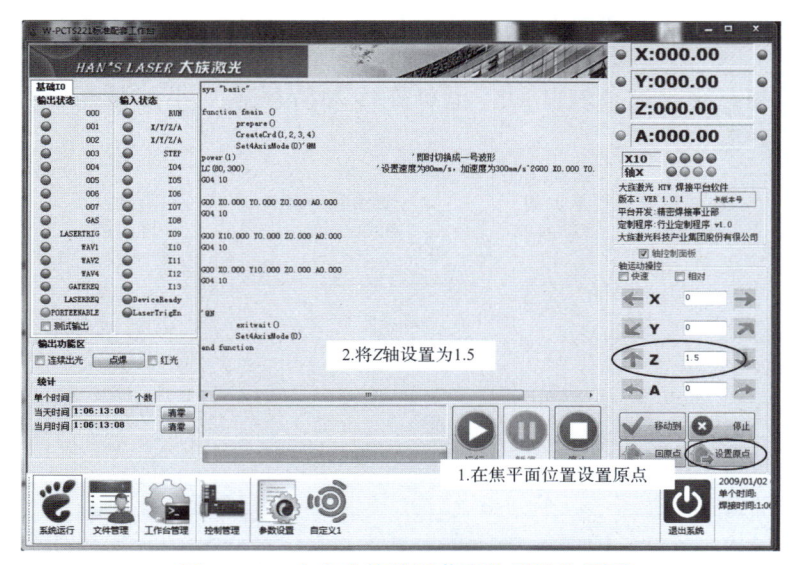

图 5-13　小火苗软件调节离焦量操作界面

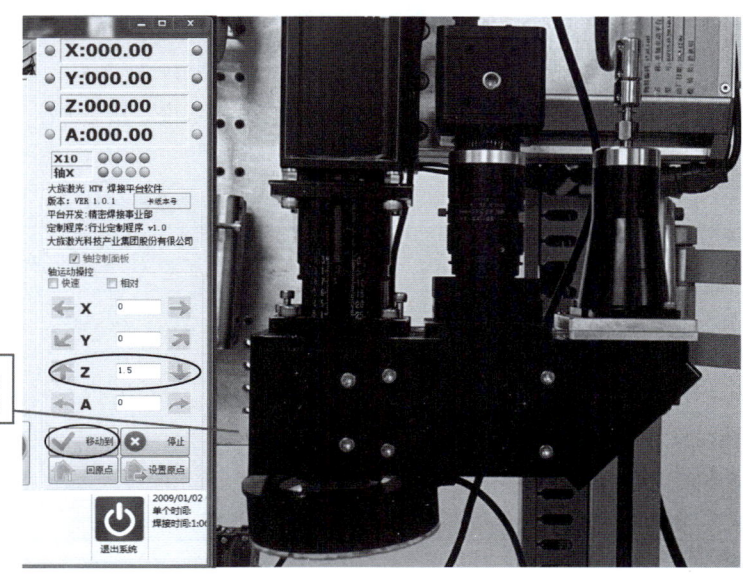

图 5-14　焊接离焦量调节

激光锡焊波形编辑需考虑使用锡膏种类和焊接的热需求量。以常规 SAC305 锡膏为例，焊接过程分四个阶段：初步预热阶段、助焊剂活性激活阶段、激光熔锡、铺展阶段及自然冷却阶段，如图 5-15 所示。前两个阶段均属于焊接前预热过程，由于激光能量密度大、工艺热利用率高，过高的激光能量瞬间作用于锡点上极易出现炸锡、锡珠飞溅等缺陷，因此常采用缓慢升温、逐步激活的加热方式，即激光作用焊点先达到一个相对较低的温度进行初步预热，然后再爬升至助焊剂激活温度 180 ℃ 左右预热，这两个阶段可占到整个焊接时间的 40% 左右。然后，温度进一步升高，工艺进入激光熔锡、铺展阶段，锡膏熔化克服表面张力在焊点表面铺展润湿，在这一阶段中，锡料达到 220 ℃ 完全熔化呈液态，焊点处在熔锡铺展区域表面温度达到 245 ℃ 以上时会与熔锡形成合金层，达到锡焊效果，考虑到焊点导热及周边 PCB 耐热温度，一般可设置焊接温度为 245~300 ℃。最后进入自然冷却阶段，这个阶段无激光能量作用，焊点自然冷却至室温，当熔锡出现裂纹及气孔时，也可在冷却阶段施加小能量激光以减缓冷却速度，改善焊接缺陷。

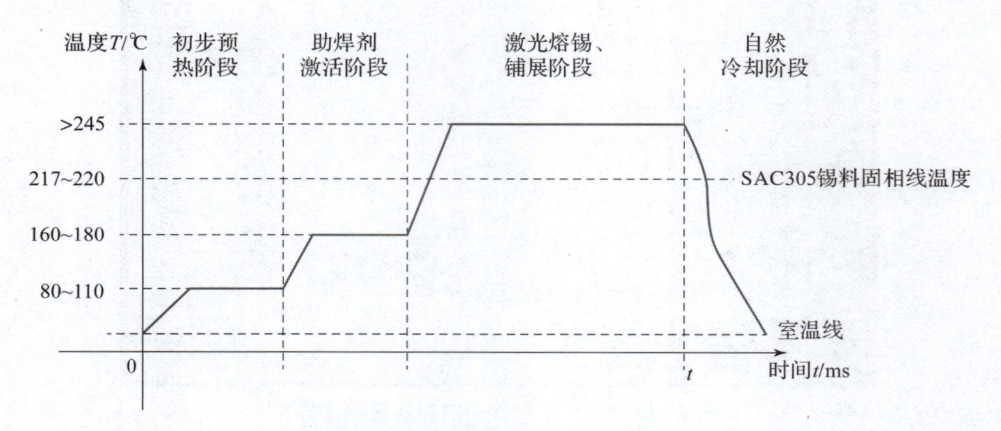

图 5-15 锡膏激光焊接通用波形示例

本产品焊接所需热量不大，产品焊接参数设计如表 5-3 所示，将参数输入波形编辑软件，传输导入数据，在小火苗软件中编译相关的焊接程序，单击"运行"按钮，完成焊接步骤，如图 5-16 和图 5-17 所示。

表 5-3 产品焊接参数设计

工艺阶段	设置温度/℃	升温时间/ms	保持时间/ms
初步预热阶段	100	200	100
助焊剂激活阶段	180	200	100
激光熔锡、铺展阶段	245	100	700
自然冷却阶段	—	—	—

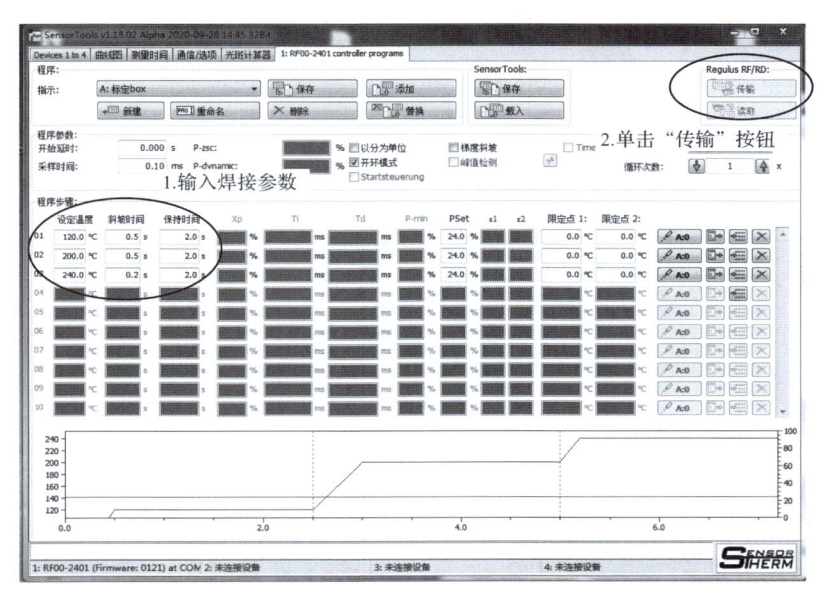

图 5-16　波形编辑软件操作界面

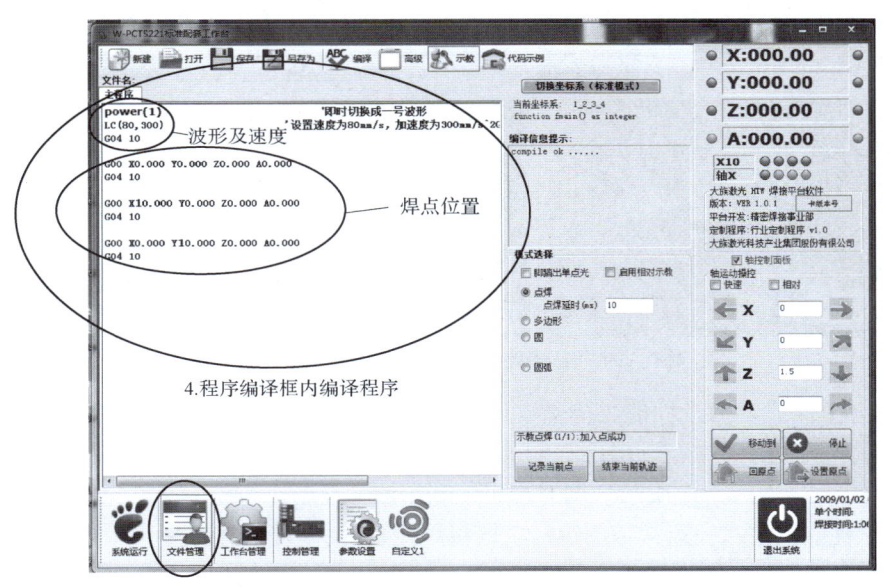

图 5-17　小火苗软件编辑焊接程序

【项目检测】

评估光通信 BOSA 元器件焊接性能

锡焊产品焊接后焊接性能的评估主要包括外观和力学性能。

（1）外观：焊接完成后应对焊点的外观情况作初步检查判定，确认焊接效果好坏，良好焊点外观如图 5-18 所示。要求 PCB 焊盘无烧伤，焊点表面光滑，色泽柔和发亮，无砂眼、气孔、毛刺、拔尖等缺陷；熔锡与待铺展区域有明显的熔锡润湿现象；焊点间无连锡、桥接、拉丝等短路现象产生。锡膏激光焊接要求焊点外观饱满，无烧伤，无连锡、炸锡，渗透率及熔锡铺展效果良好，焊接中会出现的不良情况如图 5-19 所示。

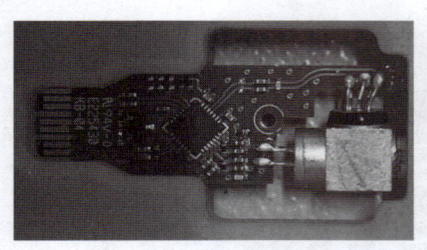

图 5-18　焊接后良好焊点外观

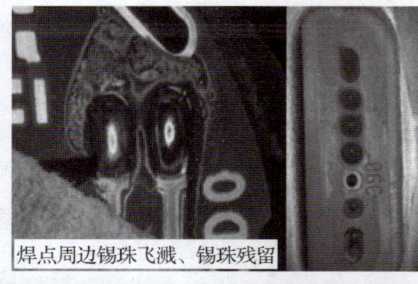

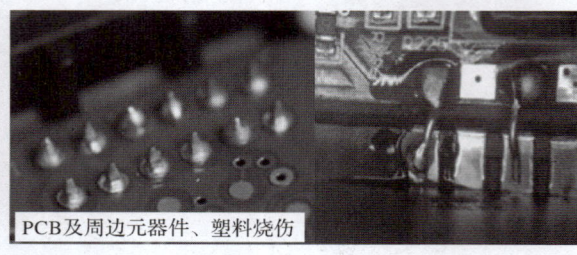

图 5-19　锡膏激光焊接工艺中常见的不良情况

（2）力学性能：力学性能方面需要结合客户的具体要求进行拉力测试，可采用破坏性的拉力测试进行初步判定，如图 5-20 所示。焊点处焊盘与 PCB 发生剥离则可认为焊接性能较好，如图 5-20（a）所示。同时也可以利用测力设备进行拉力分析，如图 5-21 所示。当焊接力学性能较差时，通常考虑锡量、熔锡焊接温度、熔锡焊接时间等因素的影响。

（a）　　　　　　　（b）

图 5-20　力学性能的锡焊拉力测试

（a）焊点处焊盘与 PCB 剥离，力学性能良好；（b）引脚与锡面剥离，力学性能较差

图 5-21 利用测力设备进行拉力分析

为了减少缺陷的产生，工艺上可以通过适当延长焊接时间，在自然冷却阶段给予适当的激光加热以增加助焊剂挥发从而改善助焊剂残留问题；炸锡、锡珠残留的产生主要由于升温的加热时间过短、焊点处受热能量密度过大、锡膏选型较差等，可以适当增加正离焦量，降低第一段焊接温度，延长升温时间，选择合适的焊接锡料加以改善；调节点锡量及点锡高度能够有效改善焊点间的连锡问题；PCB 及周边元器件、塑料烧伤的原因较多，主要由焊接时间过长、焊接温度过高、焊点金属反射、激光漫反射等因素导致，可以通过调节焊接参数、改变加热中心点位置、治具上作挡光处理等方式加以改善。

项目完成后，请填写项目评价表。

项目评价表

样品编号		加工时间		得分	
评价项目	技术要求	配分	评分标准	得分
设备操作（20%）	产品装夹	10	不正确处每处扣1分	
	点涂锡膏	5	不正确处每处扣1分	
	CCD 监视器对位	5	不正确处每处扣1分	
程序与工艺（20%）	程序编写正确完整	10	不规范处每处扣1分	
	工艺参数合理	10	不合理处每处扣1分	
焊接质量（20%）	检测表面状态	10	不合格处每处扣1分	
	力学性能测试	10	按实际情况扣分	
文明操作（20%）	安全操作	10	不合格不得分	
	佩戴护目镜	5	未佩戴不得分	
	设备清洁	5	不合格不得分	
职业素养（20%）	激光焊接知识	5	酌情给分	
	自学能力	5	酌情给分	
	团队协作	5	酌情给分	
	仪器设备正确使用	5	酌情给分	

项目七　锡丝激光焊接蜂鸣器组件产品

【项目引入】

随着智能制造时代的来临，电子行业所采用的元器件也不断向小型化及微型化方向发展，传统的焊接技术在焊接光敏元件、热敏元件、PCB板及柔性电路板时，容易造成脱焊、焊点强度低、电子元件损伤等情况。传统的自动焊锡机焊锡原理是通过自动加热的烙铁将实心锡丝加热熔化，同时借助助焊剂流入被焊金属中，冷却后形成牢固可靠的焊点。在传统的焊锡机应用中不难发现，当焊接一些复杂表面与微小平面工件时，由于烙铁头和送丝装置占用空间比较大，工件表面的元器件很容易与其发生干涉。激光锡焊是利用激光来的热能使锡料熔融并与焊件紧密结合在一起的焊接方法，从而取得电子元件的连接、导通和加固的效果，非常适合微小型电子元件、结构复杂电路板及PCB板的焊接。激光焊锡送丝装置搭配激光加热的特性占用较小空间，相较于传统焊锡机，不易发生干涉现象。此外，激光焊锡送丝装置光斑大小可自动调节，可适应多种类型的焊点，这使得它具有一定加工柔性可供随时更换产品，而传统的焊锡机则需重新设计电烙铁头，更换产品麻烦。激光焊接以熔深大、变形小、效率高、热影响区小、焊点无污染等特点，在微小电子领域应用越来越广泛。

【项目目标】

知识目标
（1）了解焊接系统（送丝机构）。
（2）理解焊接参数及其意义。
（3）掌握产品质量检测要求。

技能目标
（1）能搭建焊接系统。
（2）能独立完成产品焊接。
（3）能独立完成产品焊接性能评估。

素养目标
（1）具备动手实践能力。
（2）具备严谨认真的工作态度。
（3）具备合作创新能力。

【项目描述】

本项目采用锡丝激光焊接蜂鸣器组件，通过焊接操作过程带领大家认识了解锡丝激光焊接，熟悉焊接系统组成、锡丝锡焊材料焊接特性和产品性能评估。本项目从了解蜂鸣器的焊接特性和焊接系统（送丝机构）开始，通过实际操作焊接系统、调整焊接参数、焊接产品三步，对锡丝激光焊接系统加深了解。通过蜂鸣器组件焊接操作了解其焊接特性，以及通过对焊接后产品的外观、电气性能、力学性能进行评估，加强对现代电子制造业产品检测的理解。

【知识链接】

5.4　分析蜂鸣器组件焊点的焊接特性

蜂鸣器组件焊点属于触片贴合结构，金属触片与焊盘贴合，锡焊工艺要求熔锡连接导通触片与焊盘，焊点呈锐角润湿，表面光亮无发黑，锡点饱满、无虚焊，周边塑料、PCB无烧伤等（见图5-22）。

图5-22　蜂鸣器组件及焊点结构

产品焊盘表面作预锡处理，金属触片为铜镀锡材质，分析焊点锡焊工艺性能良好。焊点周边为塑料材质，采用常规烙铁焊接工艺处理，效率低，人工成本高。同时，作为一种接触式锡焊工艺方式，在加工过程中，烙铁头容易触碰焊点周边塑料出现烧伤。另外，烙铁头作为工艺耗材需要定期更换，以保证焊接工艺的稳定性。产品焊点结构简单、周边无遮挡，适合激光直接加热处理，配合相应送锡丝机构，容易实现锡丝激光焊接。采用锡丝激光焊接工艺容易实现产品的自动化生产，非接触式的工艺生产方式能够有效提升产品焊接质量，提高生产效率，大幅减少人力投入。同时，锡丝激光焊接采用与传统烙铁锡焊相同的锡料——锡丝，导入过程中省去锡料的验证，工艺导入更加顺畅。

5.5　搭建焊接系统（送丝机构）

锡丝激光焊接工序上与锡膏激光焊接不同，无点锡步骤，整个焊接过程在集成有送丝机构的锡丝激光焊接系统上完成。

设备核心由运动平台、自动送丝机构、半导体激光器、工控机及外光路系统等组成，如图5-23所示。根据所用锡丝芯径选择相应的自动送丝机构，机构与焊接头置于旋转升降复合轴上，半导体激光器和工控机内置于工作平台下端的控制柜中，激光器与焊接头通过光纤连接，工控机系统控制调节激光器波形、焊接位置、送丝长度、送丝速度等参数，编译程序完成出光焊接。锡丝激光焊接对激光光源的稳定性要求极高，若激光光源稳定性不高，会出现虚焊或过烧现象，半导体激光器所产生的光源具有更好的稳定性，因此锡丝激光焊接多采用半导体激光器。

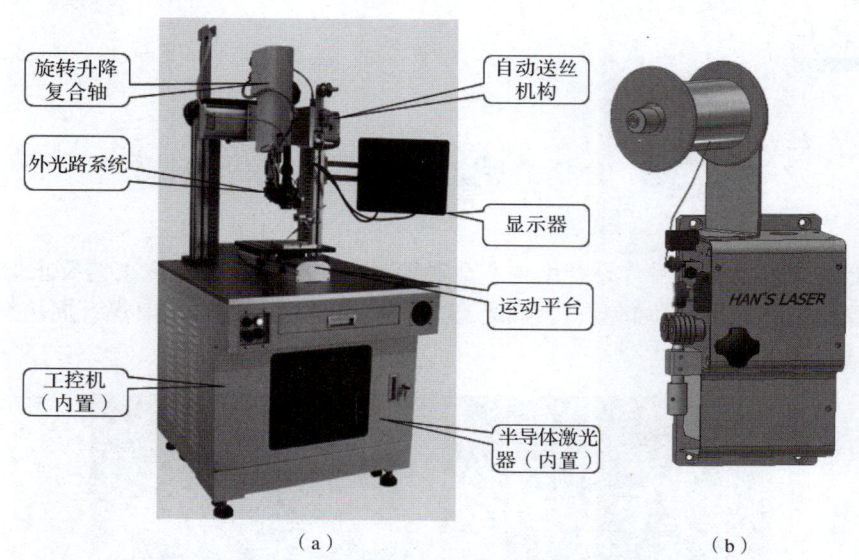

图 5-23 锡丝激光焊接系统组成及自动送丝机构

(a) 锡丝激光焊接系统组成；(b) 自动送丝机构

【项目实施】

蜂鸣器组件焊接实训

如图 5-24 所示，锡丝激光焊接常规工艺流程为：产品装夹、焊接定位、激光锡焊。

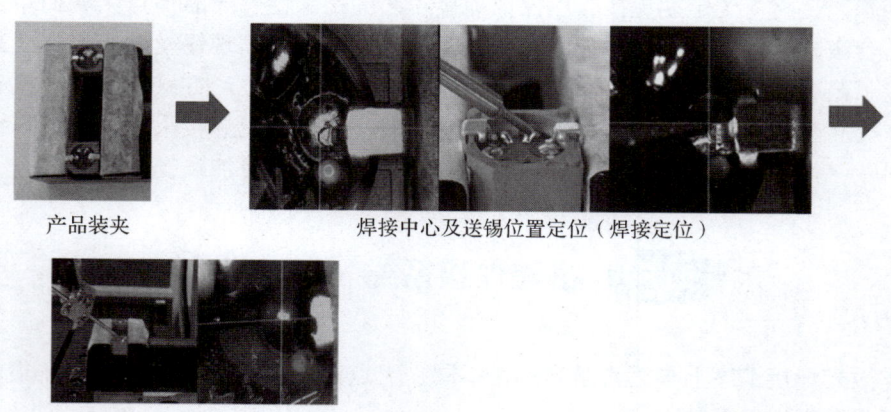

产品装夹

焊接中心及送锡位置定位（焊接定位）

激光预热、加热、过程中送/回丝（激光锡焊）

图 5-24 锡丝激光焊接常规工艺流程

（1）产品装夹：锡丝激光焊接工艺治具的要求与锡膏激光焊接工艺大体相同，要求焊点位置固定、无滑动，同样对 PCB 上相应元器件作避空处理，治具不能对作用激光产生干涉，需重点考虑送丝机构与产品治具的机械干涉问题。同时，治具需固定金属片与焊盘相对位置，又不能过多参与焊点导热，治具基底材料选择耐热、热导率小的材料，压爪材料方面选择不粘锡的钛合金或铁氟龙涂层材料等，如图5-25所示。对于焊点周边存在易烧伤区域类型的产品，同样可采用治具遮挡激光方式处理，但需要考虑机构干涉问题。锡丝激光焊接实际生产过程中，会有助焊剂飞溅问题，因此应定期清理治具，以保证焊接稳定性。

治具需保证金属片与焊盘的接触固定

治具与产品接触导热不宜过大，应选择热导率较小的材料

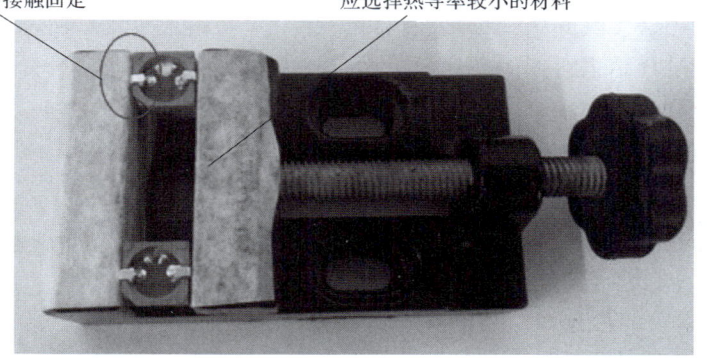

图5-25 产品治具装夹设计

（2）焊接定位：锡丝激光焊接工艺通常采用机械定位方式，即治具固定焊点，机台示教记录焊点坐标信息，每次焊接前，运动平台运动至相应坐标点后直接出光、出丝焊接。定位包括出光中心位置点记录和初始出锡丝位置点标记。移动运动平台，使焊接监视器上十字中心点位于焊接点位上，即完成出光中心位置点定位，如图5-26所示；然后移动送丝微调平台，使送出锡丝端与出光中心位置点刚好接触后回丝2.5~3 mm，定义送丝原点位置，完成初始出锡丝位置点标记，如图5-27所示。

监视器上十字中心点对准焊接点位

图5-26 激光焊接位置点定位

调整送丝端部离光中心位置2.5~3 mm

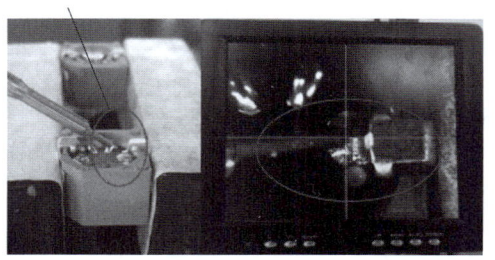

图5-27 送丝原点位置定位

（3）激光锡焊：工序上无点锡步骤，激光加热过程中同步送锡料（锡丝）完成焊接过程。其基本原理是，激光加热焊盘至预设温度后开始送锡丝，锡丝接触焊盘熔化焊接形成焊点，完成预设送锡量后开始回丝，锡丝回到初始位置后激光关闭，完成焊接。工艺主要调节参数有离焦量、出丝加热温度、焊接温度、焊接时间、送丝速度、送丝长度、回丝速度、回丝量等。离焦量的调节可参考锡膏激光焊接方式，送丝和激光波形需要配合调节。无须考虑锡珠飞溅问题，焊接波形可设计为两段式，即激光加热至焊接温度后维持恒温加热至焊接过程结束，如图 5-28 所示。

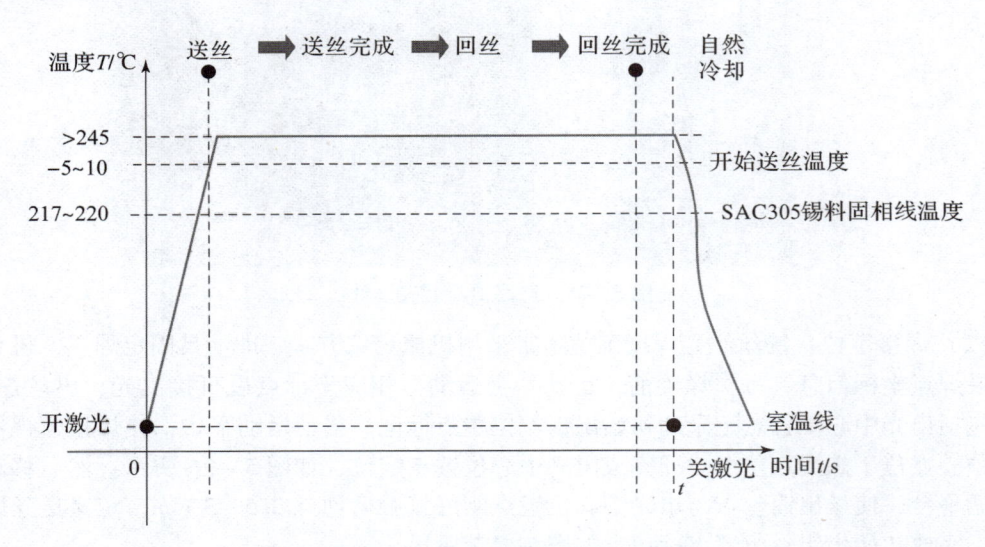

图 5-28 锡丝激光焊接基本波形

在软件中设置焊接参数，如表 5-4 所示。

表 5-4 产品焊接参数设计

预热送丝温度/℃	250
焊接温度/℃	255
时间/s	3
送丝长度/mm	6
送丝速度/(mm·s^{-1})	22
回丝长度/mm	5
回丝速度/(mm·s^{-1})	30

锡丝激光焊接具体操作过程示例如图 5-29 所示。

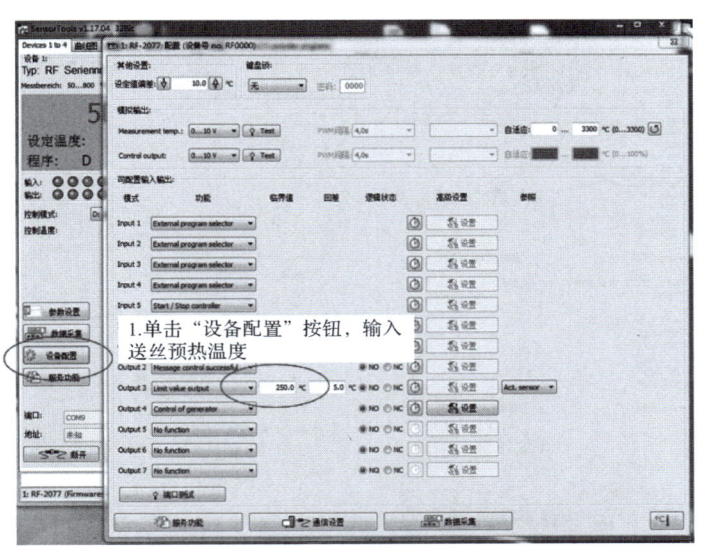

（a）

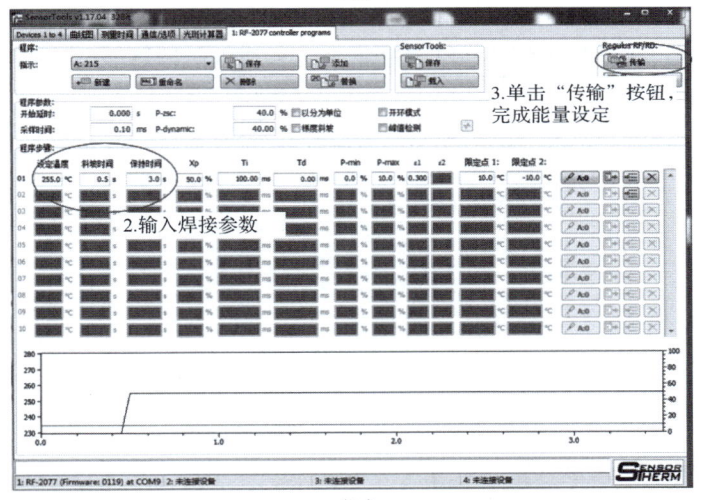

（b）

（c）

图 5-29　锡丝激光焊接具体操作过程示例

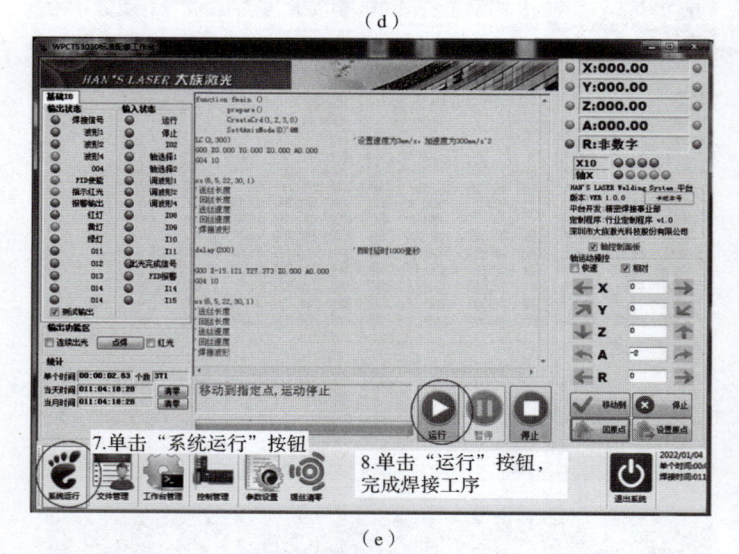

图 5-29　锡丝激光焊接具体操作过程示例（续）

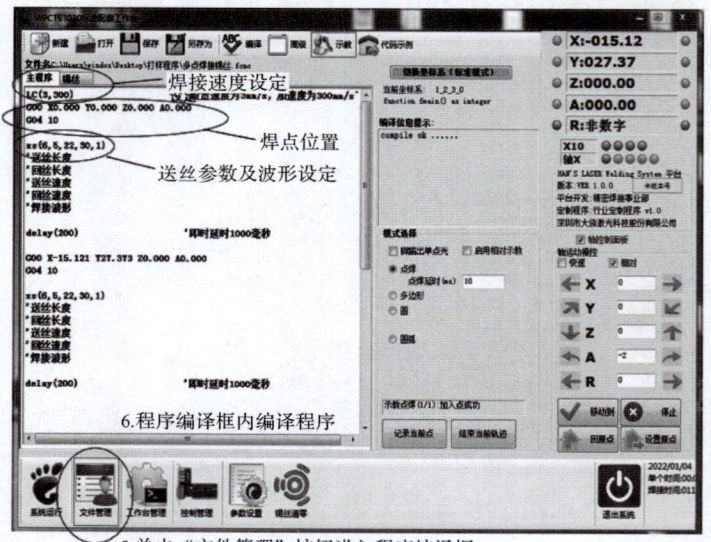

【项目检测】

评估蜂鸣器组件焊接性能

蜂鸣器组件焊接性能的评估主要包括外观、电气性能及力学性能三个方面。

（1）外观：产品完成焊接后应对焊点的外观情况进行初步检查判定，确认焊接效果好坏。锡丝激光焊接工艺主要调节送丝与激光能量，焊接后要求焊点外观饱满、无烧伤、无发黑、无连锡，熔锡丝完全熔合，无拔尖等。与锡膏激光焊接工艺不同，该工艺采用锡丝作钎料，焊点周边不会存在锡珠，助焊剂残留情况优于锡膏工艺。锡丝激光焊接调节的基本原则：锡丝到达焊点处时，焊点温度足以熔化锡丝；送锡量合适，焊点处锡丝完全熔化，在焊盘上完全铺展；送丝及回丝过程顺畅无卡顿。

锡丝焊点外观要求：焊点要求无烧伤，熔锡表面光滑、色泽柔和发亮（见图5-30），无砂眼、气孔、毛刺、拔尖等缺陷；熔锡与待铺展区域有明显的熔锡润湿现象；焊点间无连锡、桥接、拉丝等短路现象。

图5-30 良好焊点外观

锡丝激光焊接工艺不良外观如图5-31所示，处理方案：①焊接过程中如果遇到焊点发黑及周边PCB烧伤需降低焊接温度，适当缩短焊接时间；②渗锡不良及焊盘熔锡铺展不全的情况可以适当增加送锡量及后段加热时间；③如果送丝至焊盘处焊点温度较低，则会出现锡丝不熔、熔锡不畅等缺陷，需提高送丝温度；④如果焊点出现拔尖或回丝粘连问题，则需要延长后段激光加热时间。

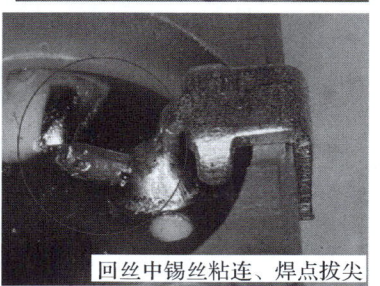

图5-31 锡丝激光焊接工艺不良外观

（2）电气性能：蜂鸣器组件电器性能评估主要是测量焊接后元器件内部阻值、点位导通、基础功能是否正常等，在客户端配套设备上完成测试。

（3）力学性能：由于产品焊点不作结构件，因此对力学性能要求不高，可以采用破坏性拉力测试的方法判定焊点情况。焊点处铜箔与 PCB 直接剥离可认为焊接力学性能良好（见图 5-32（a））；当金属触点与锡焊点脱离时，力学性能不佳（见图 5-32（b）），可以通过调整送丝量改善。

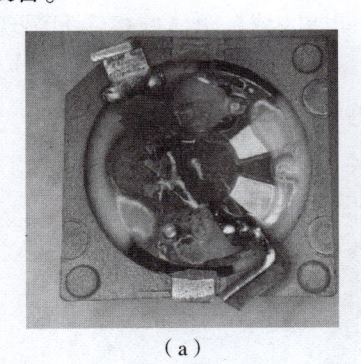

（a） （b）

图 5-32 破坏性力学性能测试结果

（a）焊点处铜箔与 PCB 剥离，力学性能良好；(b) 金属触点与锡焊点脱离，力学性能不佳

完成项目后，请填写项目评价表。

项目评价表

产品编号		加工时间		得分	
评价项目	技术要求	配分	评分标准		得分
设备操作（20%）	送丝位置调整	10	不正确处每处扣 1 分		
	产品装夹	5	不正确处每处扣 1 分		
	CCD 监视器对位	5	不正确处每处扣 1 分		
程序与工艺（20%）	程序编写正确完整	10	不规范处每处扣 1 分		
	工艺参数合理	10	不合理处每处扣 1 分		
焊接质量（20%）	焊点表面饱和度	10	不合格处每处扣 1 分		
	检测表面状态	5	不合格处每处扣 2 分		
	力学性能测试/电气性能测试	5	按实际情况扣分		
文明操作（20%）	安全操作	10	不合格不得分		
	佩戴护目镜	5	未佩戴不得分		
	设备清洁	5	不合格不得分		
职业素养（20%）	激光焊接知识	5	酌情给分		
	自学能力	5	酌情给分		
	团队协作	5	酌情给分		
	仪器设备正确使用	5	酌情给分		

项目八　锡球激光焊接摄像头触点

【项目引入】

随着电子元器件引脚数量的增加、引脚间距的减小，现代电子制造业对焊锡材料和设备工艺提出了更高的要求。而目前市场上的主流材料无铅焊料存在熔点高、润湿性差等缺点。传统的回流焊和手工锡焊工序复杂、效率低，且使用无铅焊料进行焊接时整体焊点质量难以保证、良品率较低。锡球填充激光焊接技术利用全新的非接触式喷射焊接技术，提高焊接质量和效率，满足现代电子制造业的需求，促进行业的发展。锡球填充激光焊接又称锡球激光焊接，是通过精密设备控制激光加热熔化后的锡球，使其坠落到焊盘上并与焊盘润湿的一种焊接方法。通过精准控制可以使焊盘焊点饱满圆滑、一致性好，焊盘不需要后续清洗或表面处理等额外工序，有效减少焊接过程中挥发物对操作人员的伤害和影响，对漆包线锡焊及细小焊盘焊接展现出优越性。锡球激光焊接是一种高效、高精度的焊接方法，具有成本低、无须材料填充、焊缝美观等优点。锡球激光焊接具有快速、高效、精密的特点，且焊接速度快，精度高，能够满足高质量、高效率的生产需求。相较于传统的焊接方法，锡球激光焊接无须材料填充，大幅度降低了焊接成本，因此锡球激光焊接在电子制造业得到广泛应用。

【项目目标】

知识目标
(1) 了解焊接系统（锡球）。
(2) 理解焊接参数及其意义。
(3) 掌握产品质量检测要求。

技能目标
(1) 能搭建焊接系统。
(2) 能独立完成产品焊接。
(3) 能独立完成产品焊接性能评估。

素养目标
(1) 具备动手实践能力。
(2) 具备严谨认真的工作态度。
(3) 具备合作创新能力。

【项目描述】

本项目采用锡球激光焊接系统焊接摄像头触点，通过焊接操作过程带领大家认识了解锡球结构，熟悉焊接系统组成、摄像头触点焊接特性和产品性能评估。本项目从了解摄像头触点的焊接特性和锡球激光焊接系统开始，通过实际操作焊接系统、调整焊接参数、焊接产品三步，对锡球激光焊接系统加深了解。通过摄像头触点焊接操作了解电子产品焊接注意事项，以及通过对焊接后产品的外观、电气性能进行评估，加强对现代电子制造业产品检测的理解。

【知识链接】

5.6　分析摄像头触点的焊接特性

摄像头触点焊点属于金属表面触点短接类结构，如图5-33所示，锡焊工艺要求支架框侧壁金属片与基板FPC上金属焊盘通过熔锡连接导通，熔锡表面光亮、饱满无变色，周边黑色塑料及底部FPC无烧伤，焊点之间无连锡，无助焊剂残留、锡珠飞溅等缺陷。

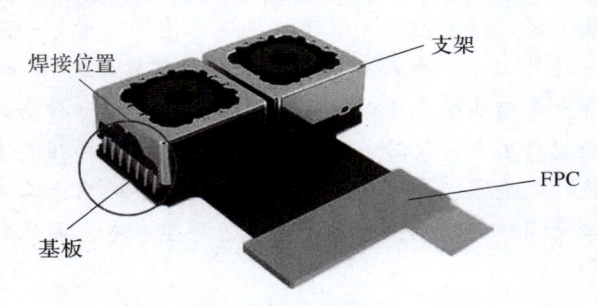

图5-33　摄像头触点焊点结构

支架框侧壁金属片与基板FPC上焊盘常采用镀金工艺，焊点表面粘锡性良好，同时焊点金属导热不大，焊点对热量输入要求不高，温度无须很高即能达到焊接要求。产品焊点精细度较高，焊接过程中对热源作用位置、锡料用量、锡焊操作手法要求较高，若采用传统人工烙铁锡焊方式，焊点周边塑料及FPC极易发生烧伤，焊接质量低，同时人工方式难以实现大规模自动化生产，焊接效率低。由于产品为摄像头模组，其中光学镜组在加工过程中有高度防尘要求，因此锡膏、锡丝等含助焊剂的锡料存在劣势。针对此类结构及锡焊要求，锡球激光焊接具有明显优势，该工艺基本原理是通过分球机构将固定规格的锡球分离下落至喷嘴口，工艺过程中激光瞬间作用于锡球，通过保护气（氮气或氩气）将熔融状态的锡料喷至焊点处形成连接导通。该工艺过程时间很短，焊接效率高，容易实现生产自动化。同时，选用的锡球锡料中无助焊剂成分，特别适用于焊接后焊点洁净度要求高的产品，适用于短接导通类、对熔锡渗透要求不高的焊点结构。

5.7　搭建焊接系统（锡球）

锡球激光焊接工艺的工艺模式、锡料形式、激光器类型选择与前面两种工艺存在较大差异。锡球激光焊接系统由锡球机构、焊接头、工控机、显示器、旁轴CCD监视器及光源、送料平台、激光器等组成，如图5-34所示。根据所用锡球规格选择相应的锡球机构，焊接头内置于锡球机构中，与喷球腔体同轴置于升降轴上。由于锡球激光焊接工艺作用产品精度要求很高，因此需要定位相机抓拍焊点位置，定位相机置于锡球机构旁轴。激光器和工控机内置于工作平台下端的控制柜中，激光器与焊接头通过光纤连接，工控机系统控制调节激光器波形、焊接位置，并编译程序完成出光焊接。与锡膏和锡丝激光焊接工艺不同，锡球激光焊接工艺激光器选择光纤激光器。由于锡球激光焊接的优点是锡球熔化后只对焊盘局部进行加热，对整体封装无热影响；采用光纤激光器，其极佳的光束质量、稳定性及快速响应性，能更好地满足熔锡喷锡要求，故锡球焊接多采用光纤激光器。

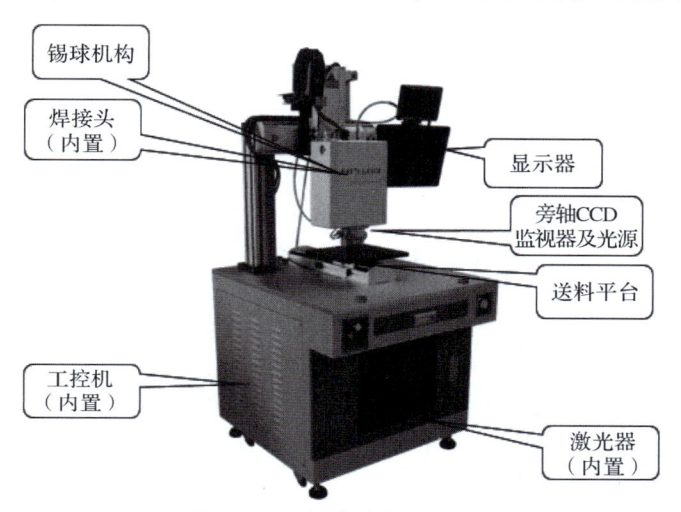

图 5-34　锡球激光焊接系统

为提升工艺效率，在实际生产中，锡球激光焊接工艺通常采用双工位焊接生产模式，可将拍照相机与锡球机构分别置于不同轴上，采用双 X、Y、Z 轴设计，产品定位与焊接相互独立，可将拍照定位和焊接工序交替同时进行，从而大幅提升工艺效率，如图 5-35 所示。

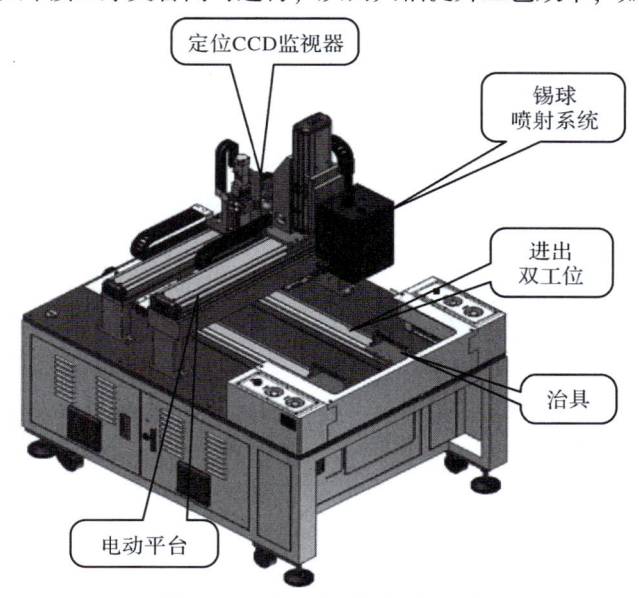

图 5-35　双工位焊接系统示意

【项目实施】

摄像头触点焊接实训

如图 5-36 和图 5-37 所示，锡球激光焊接常规工艺流程包括产品装配、CCD 监视器定位、激光熔锡喷球、焊接成型。

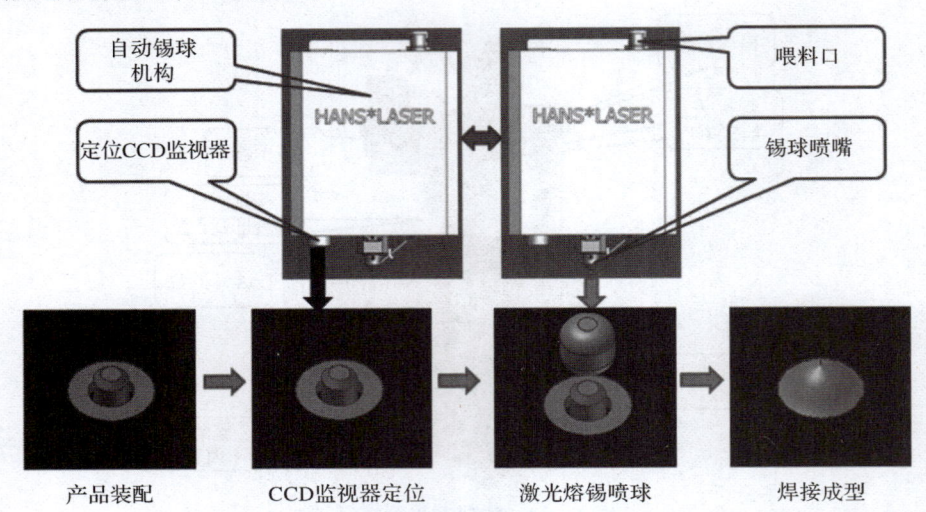

图 5-36　锡球激光焊接常规工艺流程示意

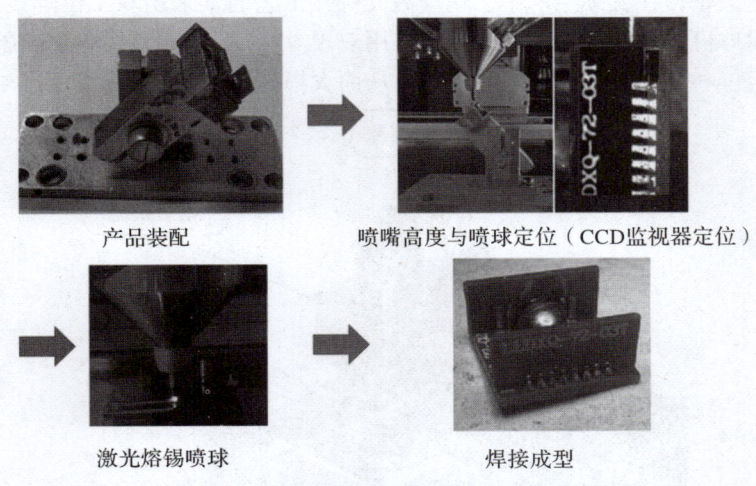

图 5-37　锡球激光焊接工艺流程实物图

（1）产品装配：与其他锡焊方式相同，锡球激光焊接的治具不能过多参与焊点导热，选材原则与其他锡焊方式一致。锡球激光焊接工艺要求喷嘴末端与焊点高度控制在 3 mm 以内，治具设计需重点考虑与喷嘴间的机械干涉问题，如图 5-38 所示。本产品焊点为垂直、水平金属触片熔锡短接，治具方面要求固定产品、将焊点旋转至合适的焊接角度。生产中可以将焊接角度固定，矩阵式装夹产品，配合设备批量生产，提高效率。

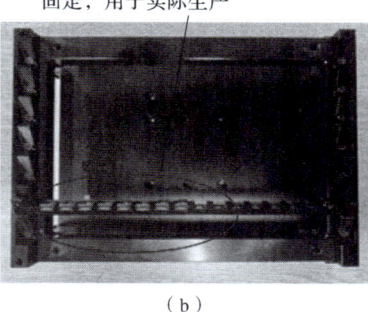

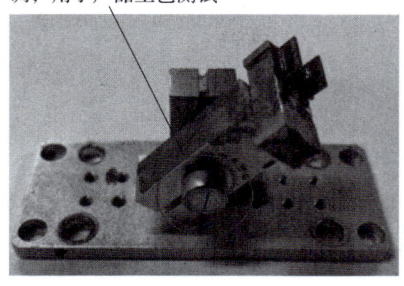

图 5-38　产品治具设计
(a) 用于单个产品工艺测试；(b) 用于批量生产

（2）CCD 监视器定位：锡球激光焊接属于高精度锡焊工艺方式，工艺对喷球位置精度要求较高，需要配合 CCD 监视器定位完成。通过分析焊点周边特征，编译特征 mark 点及喷球位置，记录相关点位信息，串联至内部程序，完成焊点位置的标记。产品调试至合适的曝光值后在视野中框选焊接区域，选取焊盘作为特征 mark 点，焊盘中心作为喷球作用点，测试结果显示 OK，记录喷球点位信息。实际操作与锡膏激光焊接方式相同，操作方法不再赘述。

（3）激光熔锡喷球：焊接前将锡球从供球口加至内部植球机构中，分球机构每次将一颗锡球分离至腔体下端喷嘴口处待焊接。其基本原理：激光作用于喷嘴处锡球，锡球受到瞬间激光能量熔化，熔融锡料在惰性气体作用下喷至待焊接产品表面形成焊点，如图 5-39 所示。锡球激光焊接工艺焊接过程时间短，在生产效率上与前两种激光锡焊方式相比有较大优势。工艺主要调节参数有喷嘴离焊点高度、喷球气压、激光峰值能量及激光脉冲时间等。喷嘴与焊点高度的调节与工艺选用锡球球径有关，喷嘴离焊点高度通常为球径的 2~2.5 倍。喷球气压与产品焊点要求的熔锡铺展程度有关，喷球气压越大，熔融铺展面积相对越大，喷球气压通常可取 1~2 kPa。激光峰值能量与激光脉冲时间构成了锡球激光焊接的调节波形，与焊接要求、选用锡球球径相关。

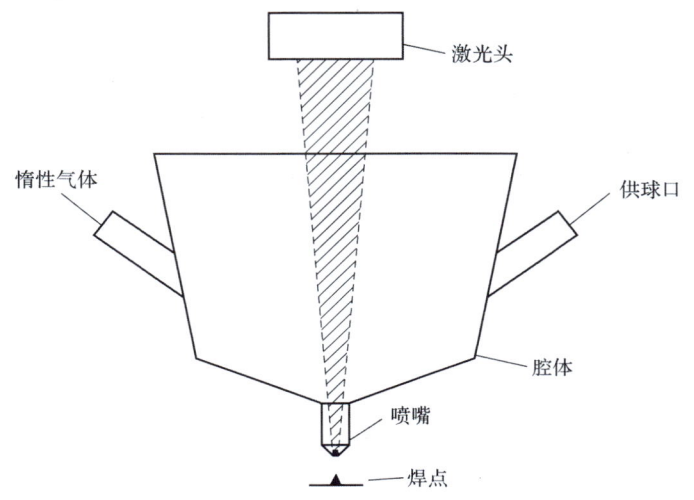

图 5-39　锡球激光焊接基本原理示意

分析产品焊点大小，选用 0.6 mm 锡球，喷球气压为 1.5 kPa，喷嘴离焊点高度为 1.3 mm。设计激光波形为两段：上升沿时间 0.1 ms，功率 240 W；持续出光时间 9 ms，功率 240 W，如表 5-5 所示。编译相关程序，运行完成焊接。锡球激光焊接具体操作过程示例如图 5-40 所示。

表 5-5　产品焊接参数设计

喷嘴离焊点高度	1.3 mm	喷球气压	1.5 kPa
焊接波形参数			
第一段波	0.1 ms		40% ×0.6 kW
第二段波	9 ms		40% ×0.6 kW

（a）

（b）

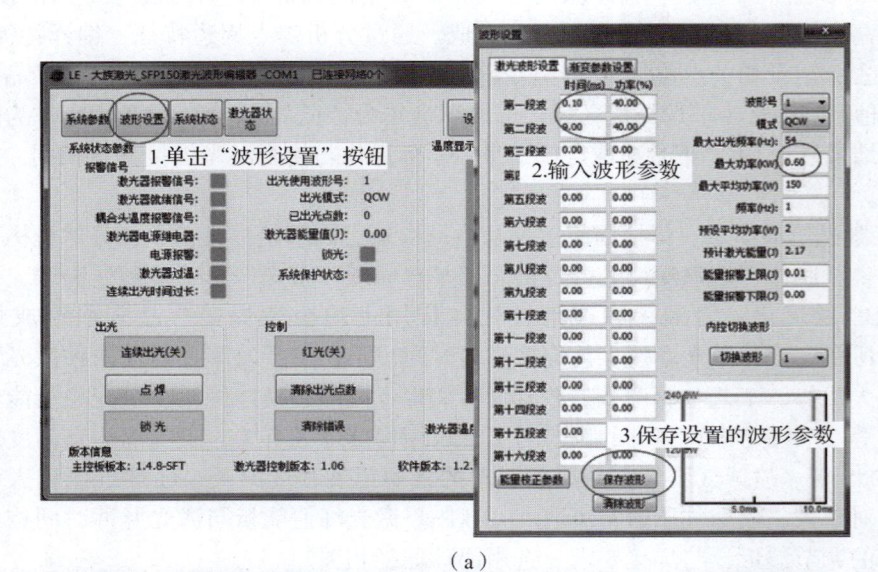

图 5-40　锡球激光焊接具体操作过程示例

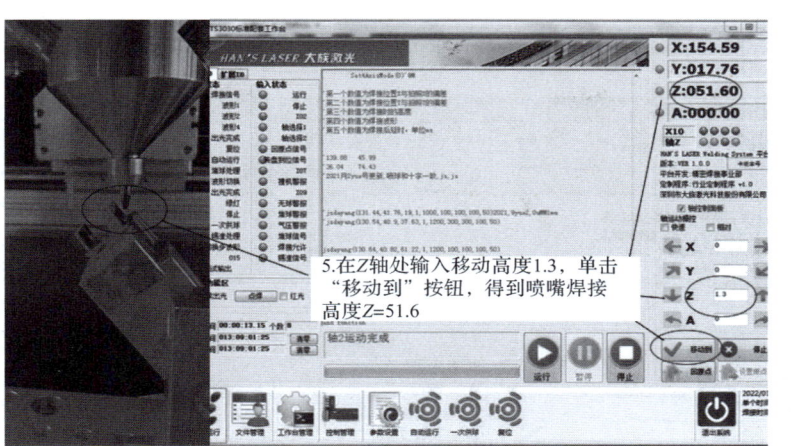

(c)

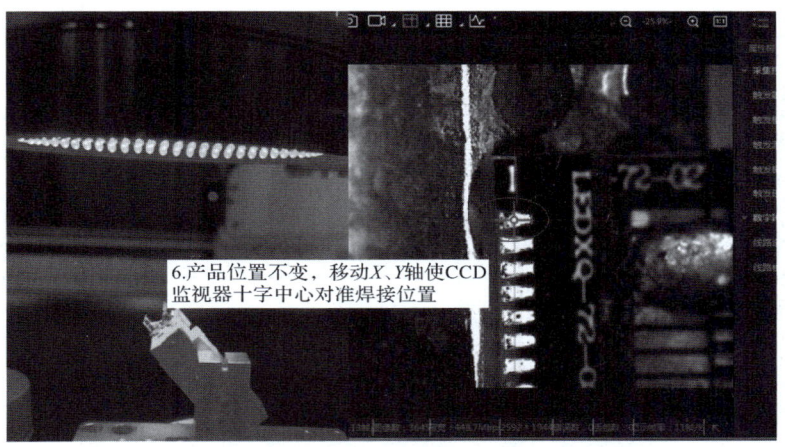

(d)

(e)

图 5-40 锡球激光焊接具体操作过程示例（续）

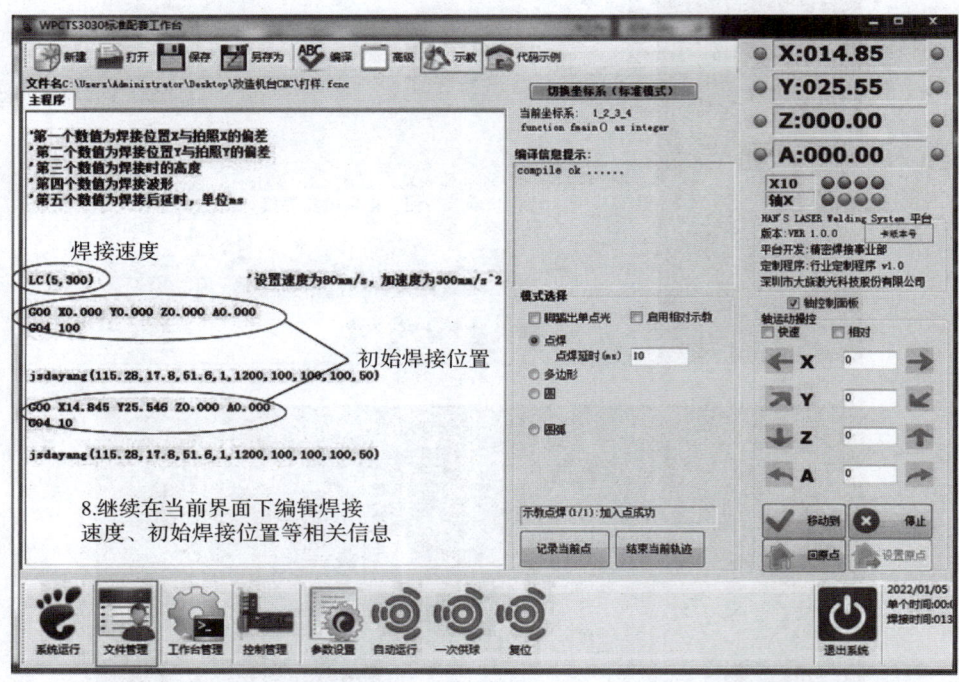

(f)

(g)

图 5-40　锡球激光焊接具体操作过程示例（续）

(h)

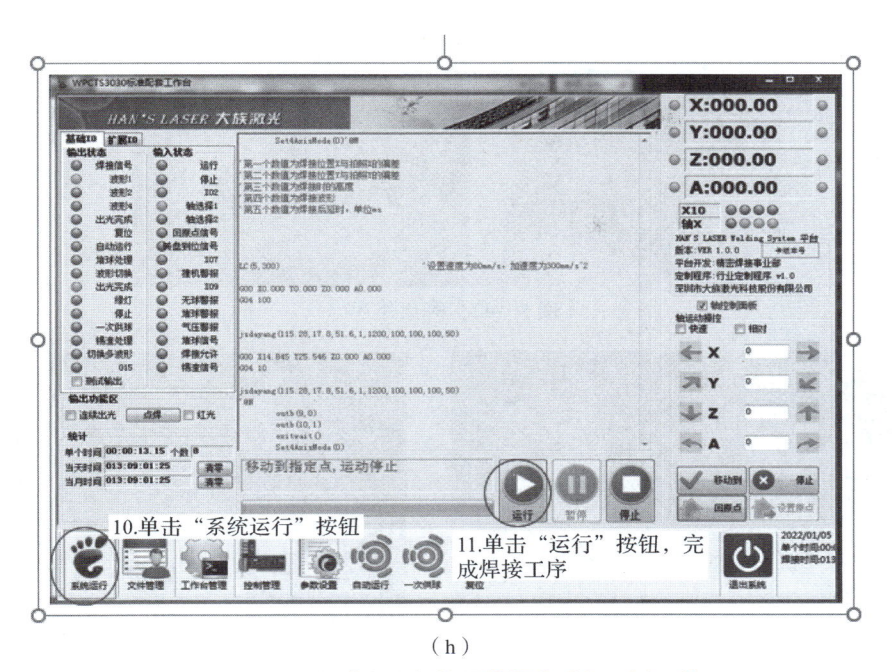

图 5-40　锡球激光焊接具体操作过程示例（续）

（4）焊接成型：待激光出光完成，锡熔融铺展开，摄像并完成焊接。

【项目检测】

评估摄像头触点焊接性能

摄像头触点焊接性能主要从外观和电气性能两个方面进行评估。

（1）外观：产品完成焊接后应对焊点的外观情况进行初步检查判定，确认焊接效果好坏。由于该工艺锡料中无助焊剂成分，因此焊接后无锡珠及助焊剂残留，要求焊点周边塑料无热缩变形，焊点表面无发黑、烧伤，熔锡表面光滑、色泽柔和发亮，无气孔、毛刺等缺陷；熔锡在立面铺展达 2/3；焊点间无连锡、桥接等短路现象。

锡球激光焊接要求焊点饱满、周边无烧伤、焊点之间无连锡，由于锡球焊料中无助焊剂成分，因此焊接后不会出现助焊剂残留及锡珠飞溅的情况，如图 5-41 和图 5-42 所示。锡球激光焊接中出现的不良外观如图 5-43 所示：如图 5-43（a）所示，焊点周边发黑烧伤，需要适当降低焊接能量，合理规划喷球焊接位置；如图 5-43（b）所示，焊点发黄及焊点表面皱缩，说明焊接过程中热影响较大，保护气对熔锡保护不佳，需要调整焊接能量，适当降低焊接高度，调整喷球气压；如图 5-43（c）所示，焊点间连锡情况发生与焊接位置及焊点间尺寸有关，需要进一步优化焊接位置，优化产品焊点间尺寸设计，选择合适尺寸大小的锡球进行焊接；如图 5-43（d）所示，焊盘露铜及熔锡铺展不全的情况需要适当增加焊接能量，当焊点处导热较大时可作焊接前预热处理。

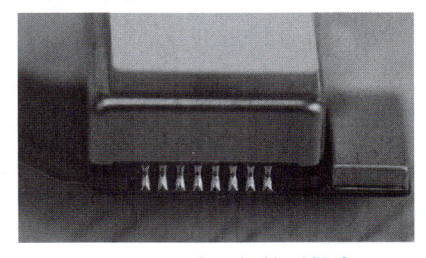

图 5-41　产品焊接后焊点

图 5-42 焊点外观

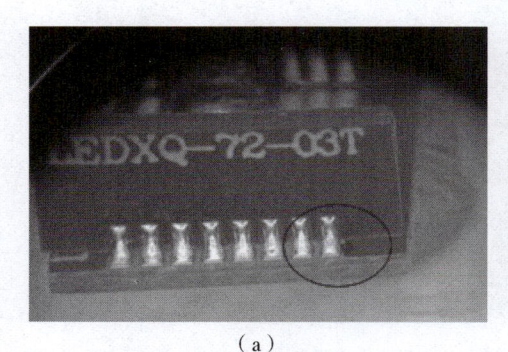

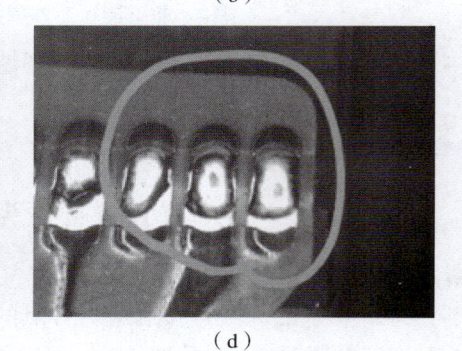

（a） （b）

（c） （d）

图 5-43 锡球激光焊接中出现的不良外观

（a）焊点周边发黑烧伤；（b）焊点发黄及焊点表面皱缩；（c）焊点间连锡；（d）焊盘露铜及熔锡铺展不全

（2）电气性能：焊接后摄像头触点电气性能评估主要是导通测试，由客户端在配套设备上完成测试。产品力学性能要求不高，无须进行破坏性拉力测试，主要由客户端在配套设备上进行振动测试，分析力学情况。

完成项目后，请填写项目评价表。

项目评价表

产品编号		加工时间		得分	
评价项目	技术要求	配分	评分标准		得分
设备操作（20%）	确定焦平面	10	不正确处每处扣1分		
	产品装夹	5	不正确处每处扣1分		
	CCD 监视器对位	5	不正确处每处扣1分		

续表

评价项目	技术要求	配分	评分标准	得分
程序与工艺（20%）	程序编写正确完整	10	不规范处每处扣1分	
	工艺参数合理	10	不合理处每处扣1分	
焊接质量（20%）	焊点表面饱和度	10	不正确处每处扣1分	
	检测表面状态	5	不合格处每处扣2分	
	力学性能测试/电气性能测试	5	按实际情况扣分	
文明操作（20%）	安全操作	10	不合格不得分	
	佩戴护目镜	5	未佩戴不得分	
	设备清洁	5	不合格不得分	
职业素养（20%）	激光焊接知识	5	酌情给分	
	自学能力	5	酌情给分	
	团队协作	5	酌情给分	
	仪器设备正确使用	5	酌情给分	

模块六　激光焊接在动力电池行业中的应用

项目九　环形激光器焊接动力电池顶盖

【项目引入】

电动汽车可以减少汽车尾气排放、提高能源利用效率、增强运行平稳性，因此，电动汽车行业前景十分广阔。新能源汽车动力电池作为"三电"核心之一，其安全问题越来越受到设计人员的关注，随着应用环境的复杂化，动力电池受到撞击、挤压、过热的可能性增大，这将导致动力电池内部气压过大，而动力电池是密封结构，气体无法及时排出导致动力电池膨胀甚至爆炸，因此，动力电池的安全性越来越重要。而电池焊接又与电池安全问题息息相关，动力电池焊接质量直接决定了电池强度、密封性、电气性能等关键特性。

动力电池的壳体和盖板起到封装电解液和支撑电极材料的作用，为电能的储存和释放提供稳定的密闭环境，其焊接质量直接决定电池的密封性及耐压强度，从而影响电池的寿命和安全性能。电池壳体主要采用 Al3003 铝合金，其厚度一般在 0.6~0.8 mm 之间，一般采用连续激光焊接。近年来，环形光斑激光器进入锂电池行业，目前动力电池顶盖焊接正在大量采用这种新型激光加工技术进行焊接。环形光斑激光器相比传统光纤激光器，有更广泛的功率可调空间，兼容性更强。焊接时环形光斑分布实现了焊接过程的预热缓冷作用，缓解了传统光纤激光器焊接时的匙孔不稳定现象，使动力电池顶盖焊接时的稳定性大幅度提高。

【项目目标】

知识目标

（1）了解环形光斑激光器原理。
（2）了解环形光斑激光焊接系统。
（3）理解焊接参数及其意义。
（4）掌握产品质量检测要求。

技能目标

（1）能搭建焊接系统。
（2）能独立完成产品焊接。
（3）能独立完成产品焊接性能评估。

素养目标

（1）具备动手实践能力。

(2) 具备严谨认真的工作态度。
(3) 具备合作创新能力。

【项目描述】

本项目采用环形光斑激光焊接系统进行动力电池顶盖封口焊接，通过焊接操作过程带领大家认识了解环形光斑激光器，熟悉焊接系统组成、动力电池顶盖封口焊接特性和产品性能评估。本项目从了解环形光斑激光器原理及其激光焊接系统开始，通过实际操作焊接系统、调整焊接参数、焊接产品三步，对环形光斑焊接系统加深了解。通过动力电池顶盖封口焊接操作了解铝及铝合金的焊接特性，以及通过对焊接后产品的外观、金相、力学性能进行评估，加强对电池制造检测的理解。

【知识链接】

6.1 分析动力电池顶盖封口的焊接特性

方形铝壳电池在制造组装过程中，需要大量应用到激光焊接工艺，包括极柱、转接片、盖板封口、防爆阀、密封钉焊接等。激光焊接是方形动力电池的主要焊接方法，归功于激光焊接具有能量密度高、功率稳定性好、焊接精度高、易于系统化集成等诸多优点，其在方形铝壳电池生产工艺中，有不可替代的作用。

顶盖封口焊接焊缝是方形铝壳电池中尺寸最长的焊缝（见图6-1），也是焊接耗时最长的焊缝。壳体和顶盖通常采用纯铝和3系铝合金作为原材料，一般动力电池铝壳厚度都要求在1 mm以下，主流厂家目前根据电容量不同，壳体材料厚度在0.3~0.5 mm之间，顶盖厚度一般在1.4~2.0 mm之间。产品要求焊缝饱满光滑，密封性良好，不允许存在飞溅、爆孔、未熔合等缺陷。

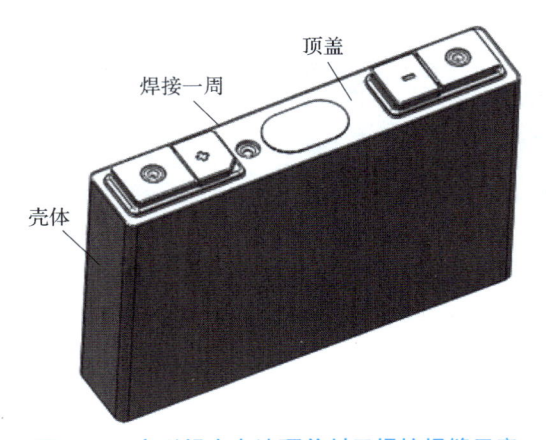

图6-1 方形铝壳电池顶盖封口焊接焊缝示意

2015—2017年，传统设备方案通常使用光纤激光器，配置普通激光焊接头焊接，焊接速度为50~100 mm/s，设备生产效率一般为6~10 PPM。2018年新能源产业迎来了大爆发，市场对动力电池的产能需求也越来越高。为了满足单线产能要求，电池顶盖激光焊接设备需要将生产效率提升到 15~20 PPM，其激光焊接速度需要达到 150~200 mm/s。采用普通光纤激光器通过普通焊接头输出单点光源的方案，选型很难满足 200 mm/s 的速度要求。因为在原有技术方案上，只能通过配置选项、调整光斑大小及调整激光功率等基本参数来控制焊接成型效果：采用光斑较小的配置时，焊接熔池匙孔细小，熔池形态不稳定，焊缝熔宽也偏小；而采用光斑较大的配置时，匙孔会增大，但是焊接功率显著提高，飞溅和爆孔率也显著提高。

理论上，如果想保证顶盖高速激光焊接的焊缝成型效果，需要满足以下一些要求。

（1）焊缝具有足够的宽度，且焊缝深宽比合适，这就需要光源的热作用范围足够大，且焊接线能量在合理范围。

（2）焊缝光滑，这需要焊接过程中的热循环时间足够长，以使熔池具有足够的流动性，在保护气的保护下焊缝凝固成为光滑的金属焊缝。

（3）焊缝一致性好，气孔、孔洞少，这需要在焊接过程中，激光稳定地作用于工件上，高能束等离子体持续产生，作用于熔池内部，熔池在等离子反作用力下产生匙孔，匙孔足够大且足够稳定，使得生成的金属蒸气和等离子体不易喷射和带出金属熔滴，形成飞溅，匙孔周围熔池也不易坍塌，卷入气体。即便焊接过程中遇异物烧损，爆炸式地释放气体，更大的匙孔也更利于爆炸性气体的释放，减少金属飞溅和孔洞的形成。

随着激光器技术的进步，采用环形激光器来解决以上问题。如图 6-2 所示，可以明显看出，在高速焊接（200 mm/s）状态下，环形光束焊接焊缝平整且一致性好，而普通光束焊接焊缝波动明显，焊缝一致性较差。得益于环形光束独特巧妙的焊接机理，环形光束激光焊接在表面成型及工艺稳定性、减少焊接缺陷、提高焊接强度及生产效率等方面存在明显优势。

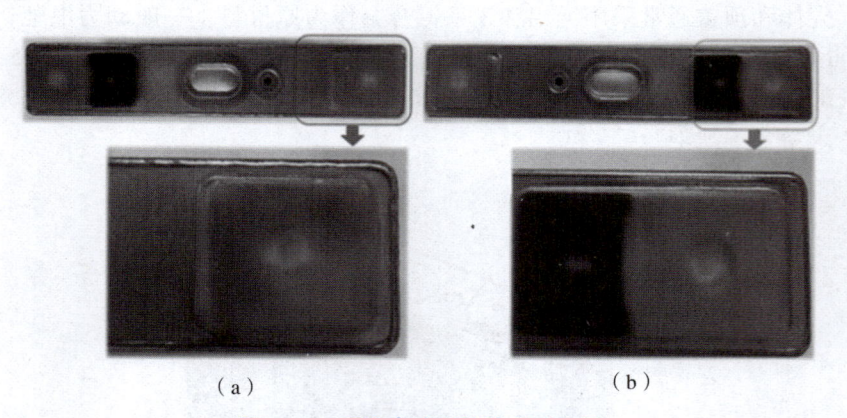

（a） （b）

图 6-2 顶盖高速焊接外观对比图
（a）普通光束高速焊接外观；（b）环形光束高速焊接外观

6.2 环形光斑激光器原理

环形光斑激光器由其特殊的光斑形式而得名，环形光斑激光器发射的激光束由中心光束和外环光束组成，其特殊光斑是由特殊的光纤结构决定的。通常情况下，环形光斑激光器由光纤激光器组合而来，通过光纤合束器将纤芯光模块接入环形光纤内芯，而将外环光模块接入环形光纤外环，实现环形光斑输出（见图6-3）。近年来，也有把半导体激光器通过光纤合束器接入外环而得到双波长环形光斑激光器的产品，实现了等同于光纤—半导体复合设备的使用效果。

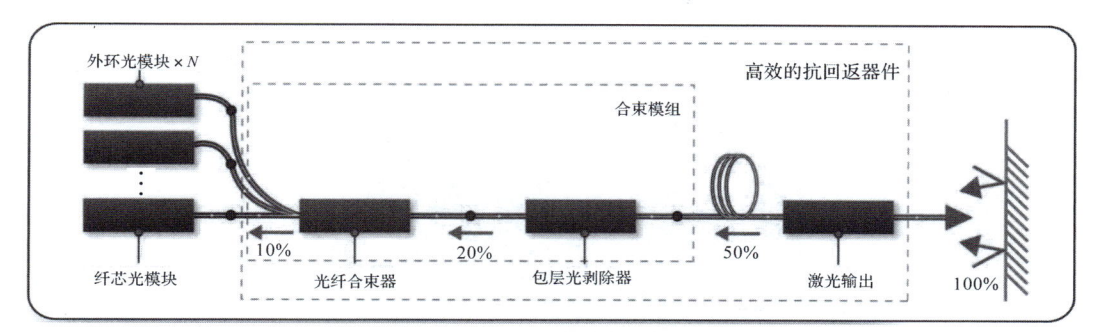

图6-3 环形光斑激光器原理

新一代环形光束可调激光器采用一根光纤输出两个同轴光束，中心光束和外环光束功率可独立调节，实现高亮度中心光束和较大外环光束的任意组合，无须任何空间光学器件即可提供动态光束模式调整（见图6-4）。外环光束起到了预热和缓冷的效果，焊接熔池更大、更稳定，温度梯度更小，避免了传统光纤激光器的焊接裂纹问题，改善了焊接效果。

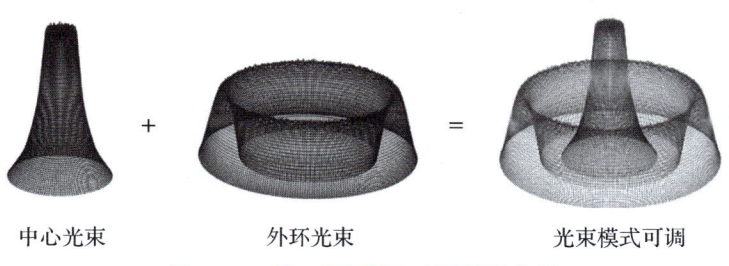

图6-4 新一代环形光束可调激光器

环形光斑激光器由于具有上述特点，在激光焊接中其激光功率可自由分配，可通过调节外环激光来达到对焊缝的预热和缓冷处理，从而提高焊接过程的稳定性、减少焊接缺陷的产生。

目前环形光斑激光器广泛应用于锂离子动力电池生产中，已全面进入电池结构件、电芯装配、电池模组段的焊接工序，并取得良好的生产效果。其由于独特的光斑形式和设备维护简单等多种优点，因此在五金、精密构件等产品的焊接中也获得比光纤激光器更优异的焊接效果。

6.3 搭建铝壳电池顶盖封口焊接系统

如图6-5所示，顶盖封口焊接系统由激光器、冷水机、焊接工作台等组成。激光器采用2 000/2 000环形光斑激光器，关键参数如表6-1所示。焊接头由焦距为150 mm的准直镜及焦距为250 mm的聚焦镜组成，焦点光斑直径约为0.5 mm。

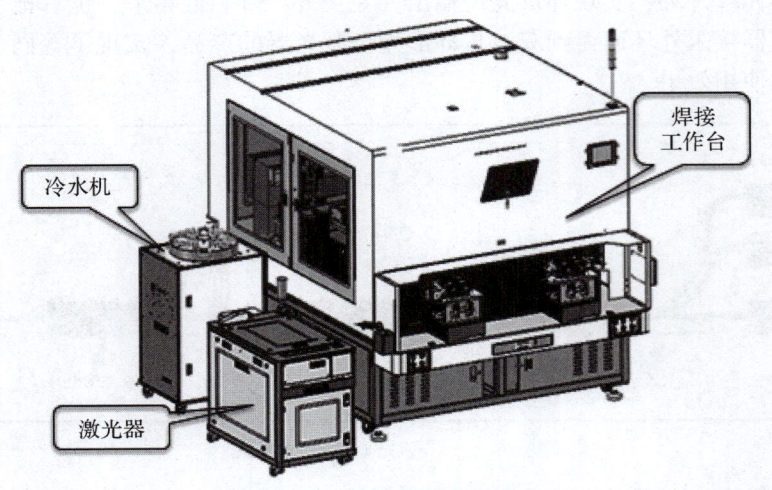

图6-5 顶盖封口焊接系统

表6-1 环形光斑激光器关键参数

波长/nm	中心功率/W	外环功率/W	中心光纤芯径/μm	外环光纤芯径/μm	数值孔径（NA 值）
1 080	2 000	2 000	50	150	0.22

【项目实施】

铝壳电池顶盖封口焊接实训

1. 拟定工艺参数

动力电池顶盖高速焊接的行业标准速度为200 mm/s，本产品也采用该速度进行焊接。速度一定时，激光功率和离焦量对外观的影响都比较大，功率过小则焊缝不稳定，功率过大则焊缝粗糙；在熔深、熔宽满足要求的情况下，进行适当离焦，可以获得良好的外观。本产品焊接采用的工艺参数如表6-2所示。

表6-2 顶盖封口焊接工艺参数

激光功率/kW	焊接速度/(mm·s^{-1})	离焦量/mm	保护气	保护气气流量/(L·min^{-1})
1 600/2 000	200	2	N_2	30

2. 产品上机焊接

（1）上料装夹：产品正式上机进行满焊接前，需经过预点焊工序将顶盖与铝壳固定起来，要求两者间的缝隙≤0.06 mm，高低差控制在±0.25 mm以内。如图6-6所示，手动将已预点焊的产品放置于治具上，启动气缸，夹具自动对其进行定位装夹。

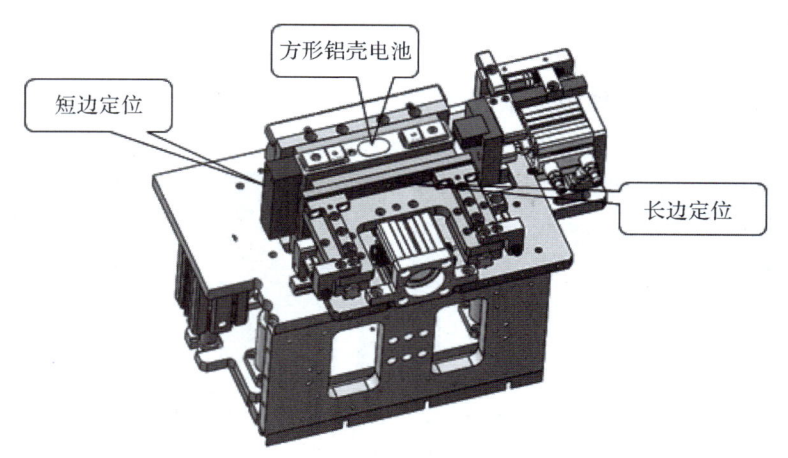

图 6-6　产品装夹定位

（2）上保护盖：搬运模组将已装夹的铝壳移至上保护盖工位，机器识别到产品已到位，自动给产品上保护盖。该工序的作用是避免焊接时烧伤极柱上的塑料。

（3）激光焊接：上了保护盖的产品移送至焊接工位，激光焊接模组按设定的程序对其进行满焊。

【项目检测】

评估铝壳电池顶盖封口焊接性能

顶盖封口焊接后，主要从焊缝外观、金相、气密性等方面评估其焊接性能。

（1）焊缝外观：如图 6-7（a）所示，焊缝表面存在凹凸不平、飞溅、爆孔等缺陷，导致其缺陷的因素主要有，产品焊接位置受污染或材料材质不纯；工艺参数设置不合理导致焊接模式不稳定，熔深焊模式和热导焊模式交替出现。工艺参数优化可从激光功率、焊接速度、离焦量、保护气气流量等方面进行调试。在满足熔深要求的前提下，可适当降低功率、提高焊接速度、增加正离焦量，从而降低焊接的线能量并使光斑能量分布更加均匀，避免熔池的剧烈汽化导致飞溅、爆孔。此外，可适当调整保护气气流量及气嘴高度，将焊接过程中产生的光致等离子及时吹散，维持匙孔的稳定性，保证焊缝成型的一致性。采用上述拟定的工艺参数焊接产品的效果如图 6-7（b）所示，焊缝表面光滑且一致性良好。

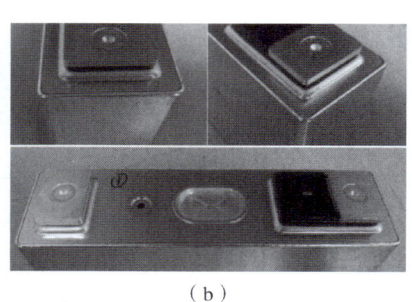

（a）　　　　　　　　　　　　　（b）

图 6-7　焊缝外观

（a）焊缝表面存在缺陷；（b）焊缝光滑平整

（2）金相：顶盖封口焊接通常要求熔宽、熔深的范围分别在 0.7~2 mm、0.7~1.4 mm 之间。从产品的长边及短边上切割下部分样件进行金相制作，经过研磨机研磨及氢氧化钠溶液腐蚀处理后，使用金相显微镜测量熔深、熔宽。如图 6-8 所示，长边及短边的熔深、熔宽都能符合要求且焊缝内部无明显气孔。

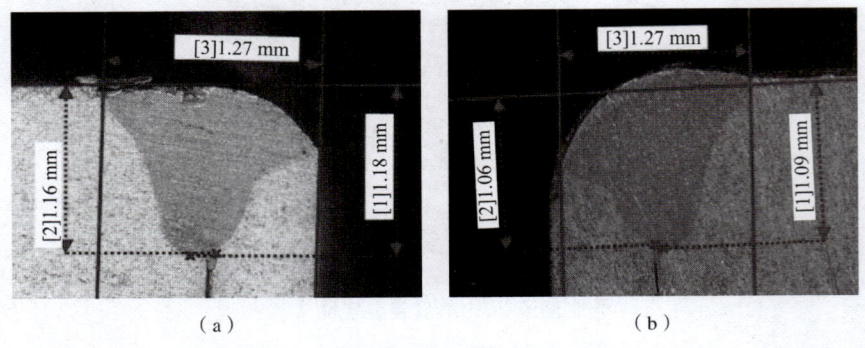

（a）　　　　　　　　　　　（b）

图 6-8　焊缝金相

（3）气密性：使用气密性检测仪进行测试，产品在 5 psi① 压力下氦检无泄漏，符合要求。项目完成后，请填写项目评分表。

项目评价表

产品编号		加工时间		得分	
评价项目	技术要求	配分	评分标准		得分
设备操作（20%）	确定焦平面	10	不正确处每处扣1分		
	产品装夹	5	不正确处每处扣1分		
	CCD 监视器对位	5	不正确处每处扣1分		
程序与工艺（20%）	程序编写正确完整	10	不规范处每处扣1分		
	工艺参数合理	10	不合理处每处扣1分		
焊接质量（20%）	磨金相	10	不正确处每处扣1分		
	检测表面状态	5	不合格处每处扣2分		
	气密性测试	5	按实际情况扣分		
文明操作（20%）	安全操作	10	不合格不得分		
	佩戴护目镜	5	未佩戴不得分		
	设备清洁	5	不合格不得分		
职业素养（20%）	激光焊接知识	5	酌情给分		
	自学能力	5	酌情给分		
	团队协作	5	酌情给分		
	仪器设备正确使用	5	酌情给分		

---

① psi 指磅力/平方英寸，1 psi = 6 894.76 Pa。

模块七　激光焊接在消费电子行业中的应用

项目十　绿光激光器焊接射频连接器

【项目引入】

射频连接器是电子系统设备之间电流或光信号等传输与交换的必备电子部件，主要用于微波传输电路的连接，属于高频电连接器。由于射频连接器的电气性能要求较高，为防止电路被干扰，射频连接器常用铜合金（如铍青铜、锡磷青铜及黄铜合金）及不锈钢材质。铜合金由于具有良好的导热性、导电性及延展性，因此在电气传输领域应用广泛。室温下铜对近红外波长（1 070 nm）的吸收率不到5%，因此用红外光来加工铜材效率极低，95%的激光会被反射掉，同时还会对激光器本身造成损害。由于铜对激光的吸收较弱，并且随着温度的变化吸收率变化剧烈，因此焊接紫铜时需要更高的激光能量密度，导致激光对金属的冲击与热变形较大，铜表面易产生大量飞溅，导致电子元器件中电流短路，影响产品外观，同时反射的激光极易损坏光纤。而铜对绿光波长（515～532 nm）的吸收率高达40%以上，是红外波段吸收率的8倍。采用脉冲绿色激光可以在点焊紫铜时得到较高质量的焊点，且具有较好的工艺可重复性。

【项目目标】

知识目标
(1) 了解绿光激光器原理。
(2) 了解绿光激光焊接系统。
(3) 理解焊接参数及其意义。
(4) 掌握产品质量检测要求。

技能目标
(1) 能搭建焊接系统。
(2) 能独立完成产品焊接。
(3) 能独立完成产品焊接性能评估。

素养目标
(1) 具备动手实践能力。
(2) 具备严谨认真的工作态度。
(3) 具备合作创新能力。

【项目描述】

本项目采用绿光激光焊接系统焊接射频连接器，通过焊接操作过程认识了解绿光激光器的原理和结构，熟悉焊接系统组成、铜合金焊接特性和产品性能评估。本项目从了解铜合金绿光焊接特性及绿光激光焊接系统开始，通过实际操作焊接系统、调整焊接参数、焊接产品三步，对绿光激光焊接系统加深了解。通过射频连接器焊接操作了解铜合金焊接特性，以及通过对焊接后产品的外观、力学性能进行评估，加强对激光与高反材相互作用的理解。

【知识链接】

7.1 分析射频连接器绿光焊接特性

待焊接射频连接器结构如图7-1所示，待焊点为图7-1中所示的接头对接部分，焊接要求为将左侧片状接头与右侧柱状接头完全熔合，材质为镀镍铜。要求焊缝平整美观、均匀一致，连接后具有一定的强度，并确保焊接光斑不会伤及右侧包裹的外壳。此产品的焊接形式为对接，两端接头拼接及间隙控制较难把握，对操作人员要求较高，同时产品焊点较小，所需激光能量不能太大。目前铜合金焊接采用近红外的光纤激光器和YAG激光器，其激光波长为1 060~1 070 nm，紫铜对此波长的吸收率仅为5%，因此在焊接铜合金时需要更高的激光能量密度，以确保铜合金的完全熔化。而镀镍铜表面的镍层虽然对激光的吸收率较高，但激光一旦照射到紫铜上，熔池仍然有不稳定现象。

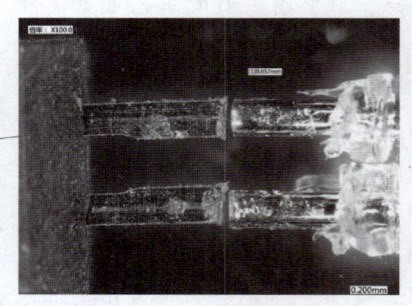

图7-1 待焊接射频连接器结构

本产品采用绿光激光器焊接，其焊接优势如下。

（1）波长优势。

绿光激光器是指波长在515~532 nm之间且光源呈绿色的激光器。绿光激光器具有波长短、衍射效应小、能量高等特性，相较于工业加工常用的光纤激光器，高反金属材料在532 nm处的吸收率提升明显（见图7-2），例如，紫铜对532 nm波长的吸收率接近40%，类比光纤激光器吸收率提升7倍，采用绿光焊接铜所需要的峰值功率较低，焊接过程的稳定性将得以大幅度提升。

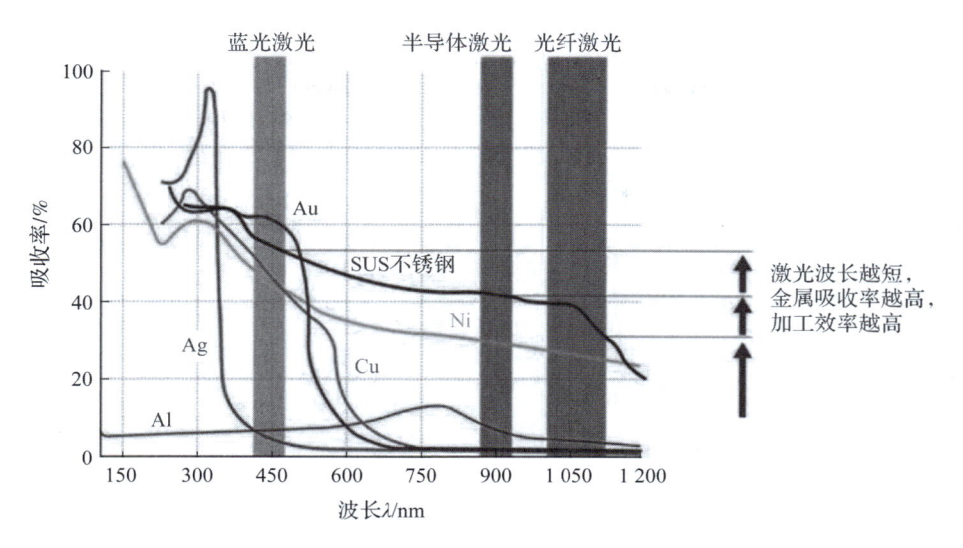

图 7-2　不同材料在不同波长下的吸收率

(2) 热影响区小。

在获得相同状态焊点（相同的焊缝熔宽及焊缝熔深）时，绿光激光可使用更小的激光能量实现，热输出量少，焊接热影响区更小，从而可避免激光击穿底板，影响周围塑料部件的变形、胶层过度熔化等问题。

(3) 高稳定性。

绿光激光器焊接过程飞溅更小，不受材料表面性质的影响，焊点稳定，形成飞溅物颗粒少。图 7-3 所示为不同波长激光器焊点外观对比，在同等大小的焊点下，红外激光器焊接的飞溅更多，焊点圆形度较低，外观略差；绿光激光器焊接的飞溅更少，焊点圆形度更高。

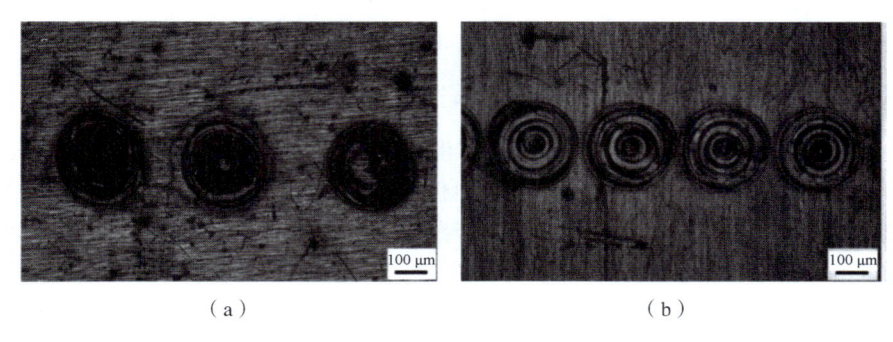

(a)　　　　　　　　　　　　(b)

图 7-3　不同波长激光器焊点外观对比
(a) 红外激光；(b) 绿光激光

(4) 所用能量低。

绿光激光焊接时所用能量仅为红外激光的 9%~16%。表 7-1 所示为同系统下红光、绿光焊接能量对比，由于铜合金对绿光的吸收率更高，焊接相同产品时，在相同的激光能量密度下，绿光激光所需的能量远低于红外激光，且焊接过程中，绿光激光焊接质量更高、稳定性更好。

表7-1 同系列产品下红光、绿光焊接能量对比

材料及厚度	红光 功率 P/kW	红光 脉宽 T/ms	红光 能量 E/J	绿光 功率 P/kW	绿光 脉宽 T/ms	绿光 能量 E/J
0.1 mm Cu ~ 0.2 mm Cu	550	1.3	0.72	800	10	8
0.2 mm Cu ~ 0.2 mm Cu	800	1.8	1.44	1 000	9	9
0.1 mm Cu ~ 0.2 mm Al	600	2	1.2	1 000	10	10

7.2 搭建绿光激光焊接系统

绿光激光焊接系统由焊接工作台、绿光激光器、振镜、视觉系统、冷水机、工控机等组成（见图7-4），控制软件部分主要是HSW焊接软件系统。激光器峰值功率1 000 W，波长532 nm，光纤芯径200 μm，光束质量因子 $M^2=1.6$，操作模式为脉冲模式。

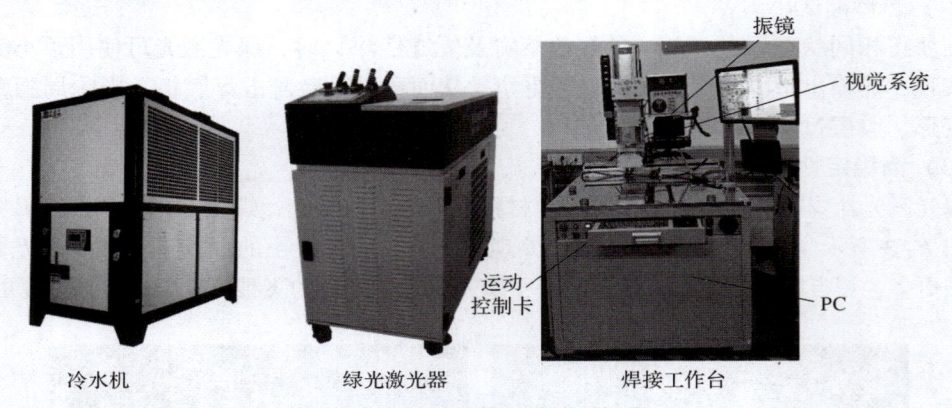

图7-4 绿光激光焊接系统设备

基于红外YAG激光器的腔体结构，在激光腔内插入非线性倍频晶体（KTP），将1 064 nm波长的激光转化成532 nm，实现用传统的灯泵激光器来产生长脉冲的绿光激光输出。在腔内设计一组望远镜系统，以提升激光器的倍频效率。同时设计一套偏振元件，提高激光器输出功率。优化激光器的整体腔形设计，在简化激光器内部光学结构的同时还提升了整个系统工作的稳定性和可靠性，使得输出的绿光激光在不加外部功率反馈控制的情况下也能保持很高的功率稳定性。

【项目实施】

射频连接器焊接实训

1. 拟定工艺参数

绿光激光焊接的操作方式为脉冲模式，其焊接所用方式与脉冲激光焊接类似，焊接前

需先根据待焊接材料的材料特性及焊接要求设置具体的焊接工艺参数。绿光激光器的激光能量大小取决于脉冲能量的大小，通过控制峰值功率、脉冲宽度决定脉冲能量。结合产品实际情况及焊接要求，调用图7-5所示的波形参数，所用焊接参数如表7-2所示。

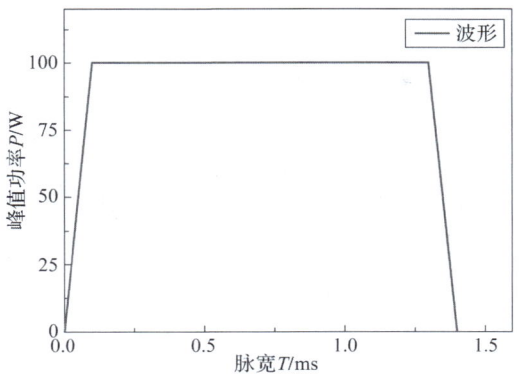

图7-5 波形参数

表7-2 所用焊接参数

峰值功率/W	脉宽/ms	单点能量/J
1 000	1.4	1.71

激光器界面波形设置如图7-6所示。在激光器界面选择"信息"选项，选择产品焊接所需的波形号，选择上端菜单栏"波形"选项，进入界面，单击下方"编辑"按钮，在此处设置具体的波形脉宽，编辑完成后保存设置，返回信息界面可看到预设激光参数。

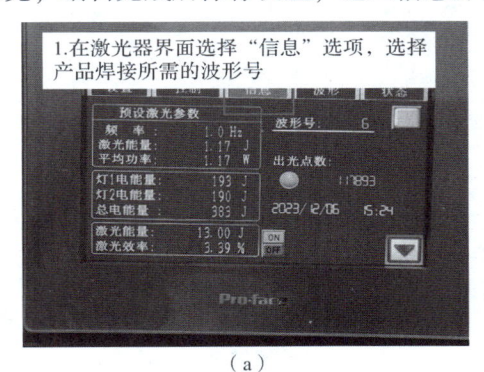

（a）

（b）

图7-6 激光器界面波形设置

（c）

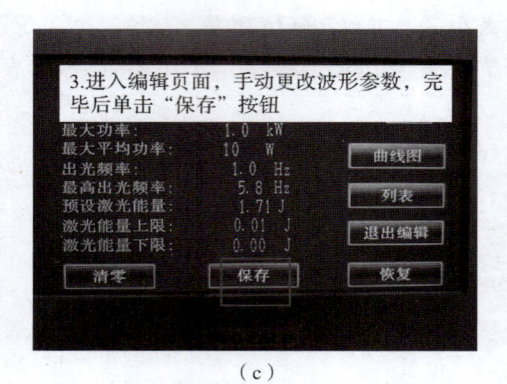

图7-6 激光器界面波形设置（续）

2. 产品上机焊接

依托上述所搭建的绿光激光焊接系统，进行产品焊接的流程依次为产品装夹、编译焊接轨迹、激光焊接等。

（1）产品装夹：在显微镜下将产品两端接头对齐，并将产品对接接头间隙控制在0.02~0.05 mm范围内（见图7-7），选择合适的夹具固定待焊接产品，随后将其置于工作台平面，通过粗定位将焊接产品整体固定在工作台上。

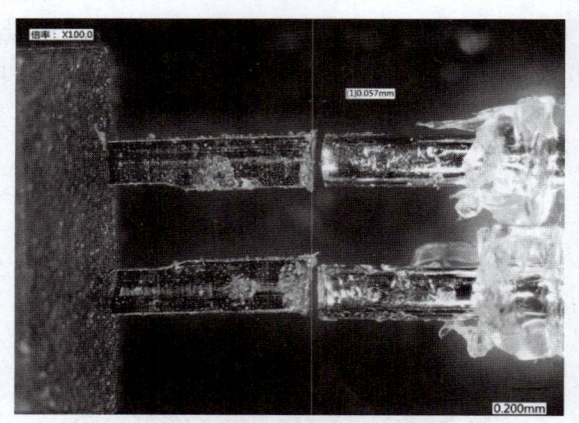

图7-7 待焊接产品间隙控制

（2）编译焊接轨迹：打开HSW焊接软件系统的操作界面，单击左上角"文件"按钮，新建文件夹；在左侧工具栏中单击"点焊"按钮，创建两个平行点；选中图形，在右侧单击"位置"按钮更改焊点距离，保持待焊接图形距离与实际待焊接点距离一致；单击左侧工具栏中"示教"按钮，在CCD监视器面板上精确定位焊点位置。随后单击"属性"标签，在"通用"选项区域中可选择更改焊接速度、空跳速度、开/关延时等参数，本次焊接属于点焊，其焊接参数在激光器上通过调用波形实现控制，因此单击"波形参数"按钮调用激光器中设置好的波形，HSW软件操作步骤如图7-8所示。

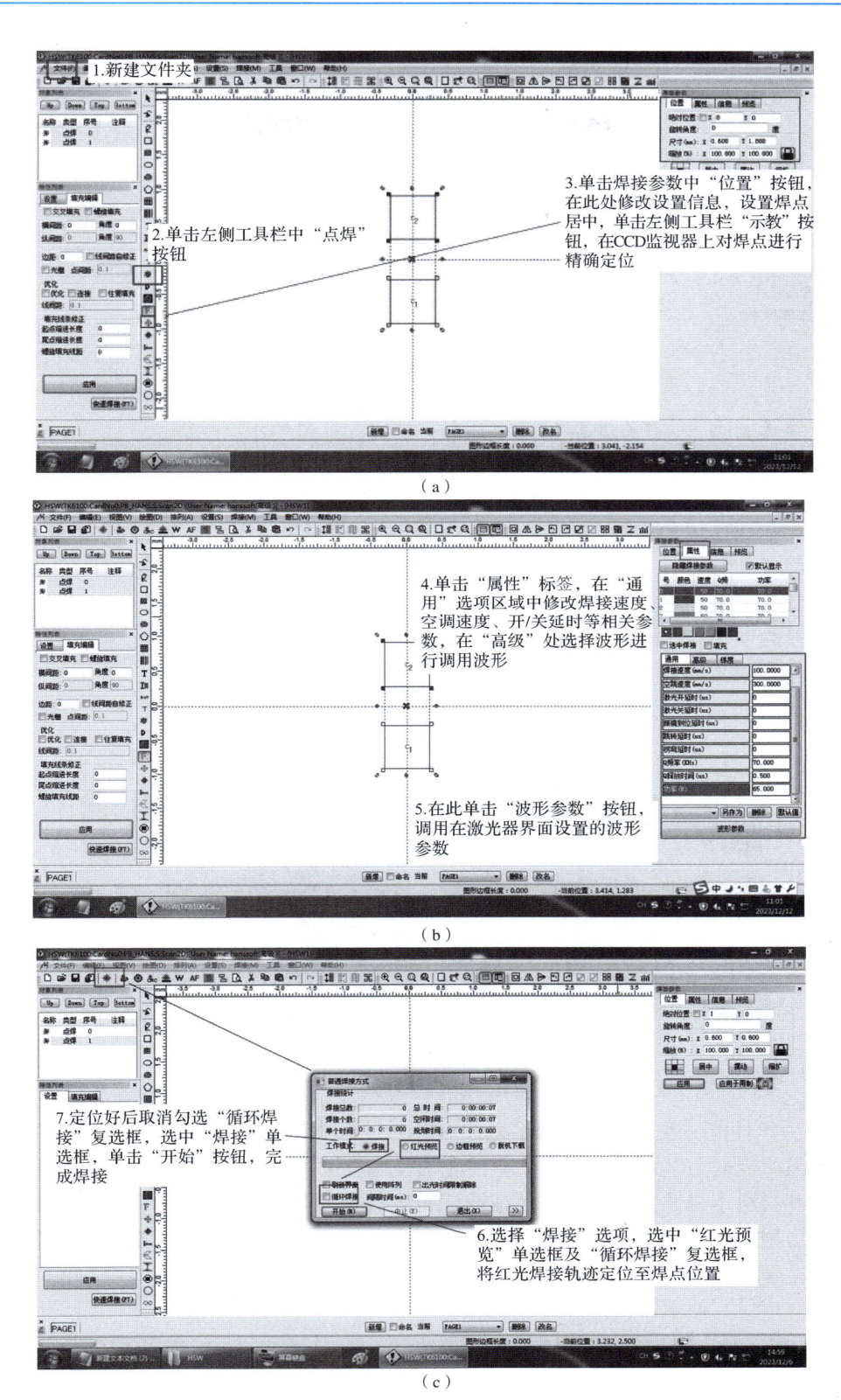

图 7-8　HSW 软件操作步骤

(3) 激光焊接：在设置好焊接图形轨迹和相应焊接参数后，选择图7-8（c）中所示的焊接方式，在焊接前选中"红光预览"单选框及"循环焊接"复选框，将焊接红光精确定位至待焊接点处，并固定待焊接元件，确认焊点无误后，取消勾选下方的"循环焊接"复选框，单击"开始"按钮完成激光焊接。激光焊接过程中注意不可直视焊接区域，以防激光损伤操作人员的视力。焊接完毕后关闭"焊接"选项，确保激光器关闭后取出焊接产品以进行焊接性能的检测环节。

【项目检测】

评估射频连接器焊接性能

产品焊接完成后，主要从焊缝外观、力学性能等方面来评估其焊接性能。

（1）焊缝外观：评估焊缝表面是否美观，是否存在未熔合、飞溅等成型缺陷。如图7-9所示，由于是对接焊接，所以射频连接器左侧接头与右侧圆柱形接头在焊接时若产生偏移，便会形成如图7-9（a）所示的焊缝外观。为确保焊接产品外观美观，在焊接时，需提前对接并固定好两端接头的焊接位置，预留合理的焊缝间隙（本产品中的焊缝间隙不大于0.07 mm）。焊缝间隙过大则没有足够的熔融金属完成对接熔化，且易造成漏光危及接头下侧的包裹外壳；焊缝间隙过小则可能导致所用激光能量过大，易造成熔池汽化剧烈迸发熔融金属，从而形成凹坑及飞溅物。将激光能量控制在合理范围（如本产品所用焊接参数），其焊缝外观效果如图7-9（b）所示，焊缝平整且两端接头一致性好。

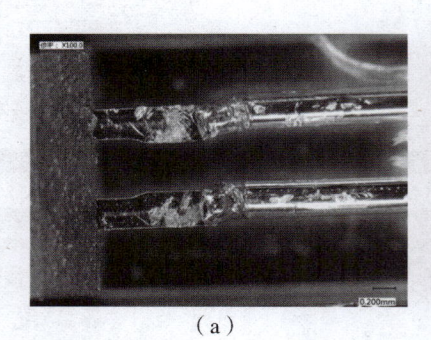

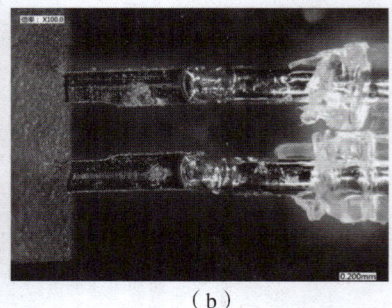

（a）　　　　　　　　　（b）

图7-9　焊缝外观效果

（2）力学性能：在绿光激光焊接完成后，通过万能试验机对产品进行力学性能测试，以满足产品所需的力学性能要求。力学性能主要通过拉力测试反映材料本身的强度，拉力的大小除和材料本身性质有关外，还取决于待焊接材料的有效结合面积。若拉力未达标，可通过适当增加激光能量来调节单焊点间的重叠率，以增加焊缝间的有效结合面积，从而增加拉力。

项目完成后，请填写项目评价表。

项目评价表

产品编号		加工时间		得分	
评价项目	技术要求	配分	评分标准	等分	
设备操作（20%）	确定焦平面	10	不正确处每处扣1分		
	产品装夹	5	不正确处每处扣1分		
	CCD监视器对位	5	不正确处每处扣1分		
程序与工艺（20%）	程序编写正确完整	10	不规范处每处扣1分		
	工艺参数合理	10	不合理处每处扣1分		
焊接质量（20%）	检测表面状态	10	不合格处每处扣2分		
	力学性能测试	10	按实际情况扣分		
文明操作（20%）	安全操作	10	不合格不得分		
	佩戴护目镜	5	未佩戴不得分		
	设备清洁	5	不合格不得分		
职业素养（20%）	激光焊接知识	5	酌情给分		
	自学能力	5	酌情给分		
	团队协作	5	酌情给分		
	仪器设备正确使用	5	酌情给分		

项目十一　MOPA 激光器焊接 FPC

【项目引入】

柔性电路板（FPC）是以柔性覆铜板为基材制成的一种电路板，作为信号传输的媒介应用于电子产品的连接，具备配线组装密度高、弯折性好、轻量化、工艺灵活等特点。随着 FPC 展现的优异性能及规模化生产带来的成本降低，逐渐替代传统线束电路板的 FPC 市场前景广阔。在动力电池领域，FPC 为动力电池模组实现过流熔断、温度采集、电压采集等功能，能有效监控电池电芯的电压和温度，进而保护汽车电池。相比于传统线束，FPC 布局规整、结构紧凑，拥有高度集成、自动化组装、装配准确性高、超薄厚度、超柔软度、轻量化等诸多优势，满足了国内动力电池高能量密度和低成本的需求导向。

纳秒激光焊接设备使用纳秒级脉冲激光，具有极短的脉冲宽度和高峰值功率。这种激光能够产生极小的光斑，实现精确的能量集中，从而减少热影响区，提高焊接精度，非常适用于薄片焊接。纳秒激光焊接通过先进的激光技术、精确的控制系统、精确的焦点控制、精确的定位系统和先进的加工工艺，实现了高精度焊接。这些技术确保了焊接过程中的温度分布均匀，减小了热影响区的尺寸，提高了焊接精度和稳定性。

【项目目标】

知识目标
（1）了解 MOPA 激光器原理及独特优势。
（2）了解 MOPA 激光器焊接系统。
（3）理解焊接参数及其意义。
（4）掌握产品质量检测要求。

技能目标
（1）能搭建焊接系统。
（2）能独立完成产品焊接。
（3）能独立完成产品焊接性能评估。

素养目标
（1）具备动手实践能力。
（2）具备严谨认真的工作态度。
（3）具备合作创新能力。

【项目描述】

本项目采用 MOPA 激光器焊接系统焊接 FPC，通过焊接操作过程认识了解 MOPA 激光器，熟悉其焊接系统组成、FPC 焊接特性和产品性能评估。本项目从了解 FPC 焊接特性、MOPA 激光器原理及 MOPA 激光器焊接系统开始，通过操作振镜软件，规划焊接路径、设置焊接参数、选择合适的波形,加强对峰值功率、平均功率、重复频率等参数的理解,并通过 FPC 焊接操作了解其焊接特性,以及通过对焊接后产品的焊缝外观、力学性能进行评估,加强对智能制造的理解。

【知识链接】

7.3 分析 FPC 焊接特性

FPC 产品焊接示意如图 7-10 所示,其焊接特点在于将镍/镀镍铜薄片焊接在有一定厚度的铝板汇流排上,实现穿透焊。本项目产品所用材料为 0.3 mm 厚的镍片及 1.2 mm 厚的 1060 铝合金,具体焊接要求为焊透上层镍片,不熔透下层汇流排。焊点要求整齐美观、一致性好,焊接稳定,采用为 3×3 矩阵方式焊接,并满足相应的力学性能要求(焊接剪切力及焊接剥离力)。FPC 焊接时,容易出现虚焊、焊穿、爆点、焊偏等现象,此外,异种金属焊接中不同金属的熔点、线膨胀系数、热导率与比热容不同导致的焊接难点问题,也会使焊接过程更为复杂。

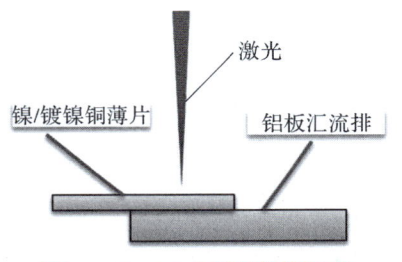

图 7-10 FPC 产品焊接示意

目前,FPC 焊接主要采用 YAG 激光器、单模激光器及 MOPA 激光器搭配振镜的方式实现焊接。YAG 激光器和单模激光器光束质量好,穿透能力强,易造成材料的烧蚀及金属间化合物的产生,焊接后力学性能无法满足要求,导致焊接效果较差。相较而言,MOPA 激光器的单点能量极小,能够极为精准地控制热输入,使焊接热影响区范围小,焊接薄板时几乎无变形。对于异种金属焊接,其特有的窄脉宽、高峰值功率可以有效降低金属间化合物的形成,从而形成良好的焊缝组织,焊缝外观美观,力学性能优异。由此可见,采用 MOPA 激光器焊接薄板材料(0.2 mm 以下)及异种金属有着极大的优势。本项目 FPC 产品采用的焊接参数如表 7-3 所示。

表 7-3 本项目 FPC 产品采用的焊接参数

功率/W	焊接速度/(mm·s^{-1})	螺旋间距/mm	螺旋半径/mm	螺旋方式
75	100	0.07	0.7	逆时针

7.4 MOPA 激光器原理

MOPA 激光器采用主振荡-功率放大技术,其基本原理是采用毫瓦级半导体激光器作为种子源,然后经过多级光纤放大器进行功率放大以输出功率较大的激光,如图 7-11 所示。小功率半导体激光器很容易通过驱动电流来直接调制输出参数,如重复频率、脉宽、脉冲波形等,而光纤功率放大器可以严格按照种子源激光进行原形放大,而不改变其基本特性,在灵活控制最终激光输出的同时,保持了良好的光束质量。通常使用固态激光器或半导体激光器作为主振荡激光器,用于特定激光波长的光信号,然后该光信号通过功率放大器进行放大和调整。放大器中使用的技术通常为光泵浦和光纤放大。光泵浦是指用高功率的光源激发所需放大的光信号,激活放大器材料中的电子,使其跃迁到高能态;而光纤放大是指通过拉长光纤长度,以确保光在纤芯中传输的时间更长,从而增加信号的强度。在 MOPA 激光器中,放大器将光信号放大至需要的强度,然后经过光纤输出器输出,主要用于激光标记和精密切割、焊接、钻孔等领域。

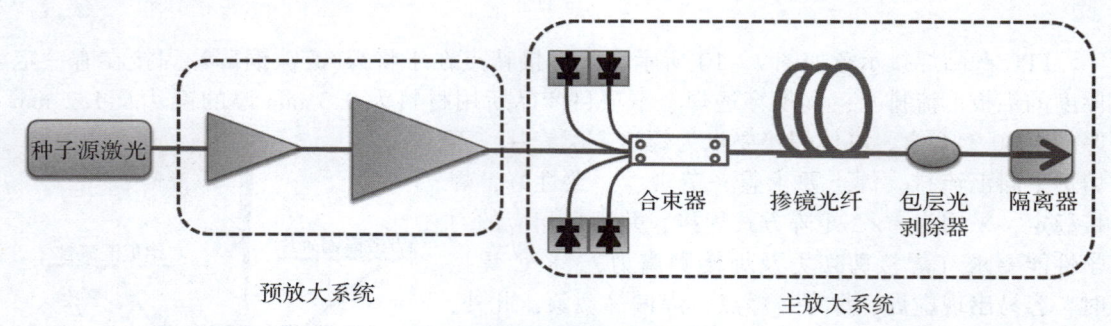

图 7-11 MOPA 激光器原理

MOPA 激光器有以下优势。

(1) 可调谐波长:通过改变主振荡器,可以产生不同的波长,适用于不同领域。

(2) 高品质激光束:由于 MOPA 激光器采用光纤传输,因此可以获得高质量、可靠、高稳定性的激光束。

(3) 高效率:与其他激光器相比,MOPA 激光器具有更高的电光转换率。

(4) 高速度:可实现快速加工。

MOPA 激光器是一种新型的激光器,具有广泛的应用前景,已在先进制造和精密加工领域中得到应用。

7.5　搭建 MOPA 激光器焊接系统

MOPA 激光器焊接系统(见图 7-12)由焊接工作台、SFM70 纳秒激光器、冷水机等组成,其中焊接工作台包括中功率振镜、视觉系统、HSW 焊接软件系统等。SFM70 纳秒激光器,最高频率达到 1 000 kHz,平均功率 >70 W,峰值能量极高,可达到 13 kW,分脉冲焊接和 CW 两种模式,能精准控制热输入。

MOPA 激光器焊接控制系统(见图 7-13)可设计点焊、直线扫描、螺旋扫描、线填充扫描、同心圆扫描及各种图案扫描等多种扫描方式,并可根据客户要求选择产品焊接方式,完全能够满足客户的实际需求。波形共有 37 种脉冲波形和 CW 模式。37 种脉冲波形可任意调取,根据不同的材料选择不同的波形,方便快捷。焊接参数设置简单,功率、速度、频率任意设置,同时兼具 CAD 分层功能,各分层工艺参数可独立设置。

JIGUANG ZHINENG HANJIE ZHUANGBEI YU YINGYONG

中功率振镜
视觉系统
HSW焊接软件系统
PC

冷水机　　　　　SFM70 纳秒激光器　　　　　焊接工作台

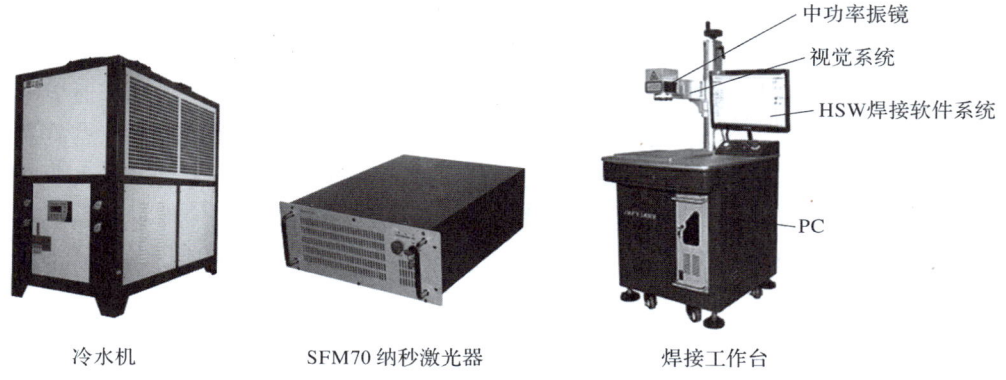

图 7-12　MOPA 激光器焊接系统

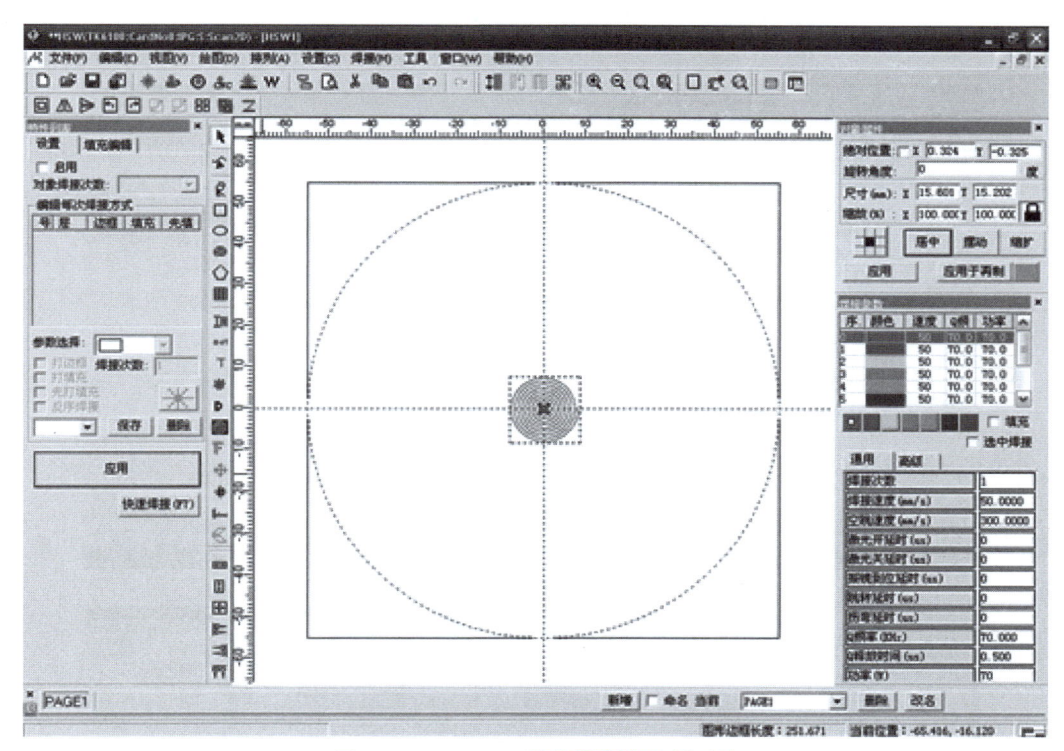

图 7-13　MOPA 激光器焊接控制系统

【项目实施】

FPC 焊接实训

（1）产品装夹。

FPC 产品焊接属于穿透焊，焊接准备要求较为简单。首先采用酒精或丙酮清洗待焊接镍片表面，然后将待焊接产品置于工作台进行粗定位，把镍片叠放在汇流排铝板上，最后选择合适的夹具固定并压紧待焊接组件，使镍片与汇流排铝板之间紧贴且无明显鼓包或间隙。

179

(2) 焊接轨迹编辑及参数设置。

打开 HSW 焊接软件系统（操作步骤如图 7-14 所示），单击"文件"按钮新建文件夹，选择"螺旋线"选项在草图界面设置螺旋线图形。设置完毕后，双击左侧对象列表中已设置好的螺旋形图形，弹出"螺旋线设置"对话框，在此可进行螺旋线的相关参数编辑。本项目产品采用的是 0.07 mm 螺距，若要更改螺旋线选择方向，可通过更改"起点半径"的"±"值实现，完成螺旋线设置后单击 OK 按钮保存设置并关闭该对话框。在工具栏中选择"阵列"选项，弹出"阵列排布"对话框，在"标准"选项区域更改"行数"与"列数"均为 3，完成 3×3 矩阵设置，单击"确定"按钮保存设置并关闭此对话框。返回草图界面后可得到 3×3 矩阵螺旋线，选中此轨迹图形，在右侧焊接参数栏中选择"位置"选项，将焊接轨迹图形居中；再单击"属性"标签，在下方的"通用"选项区域中进行焊接参数的更改，本项目采用的焊接速度为 100 mm/s，功率为 65 W，完成焊接参数设置。

（a）

（b）

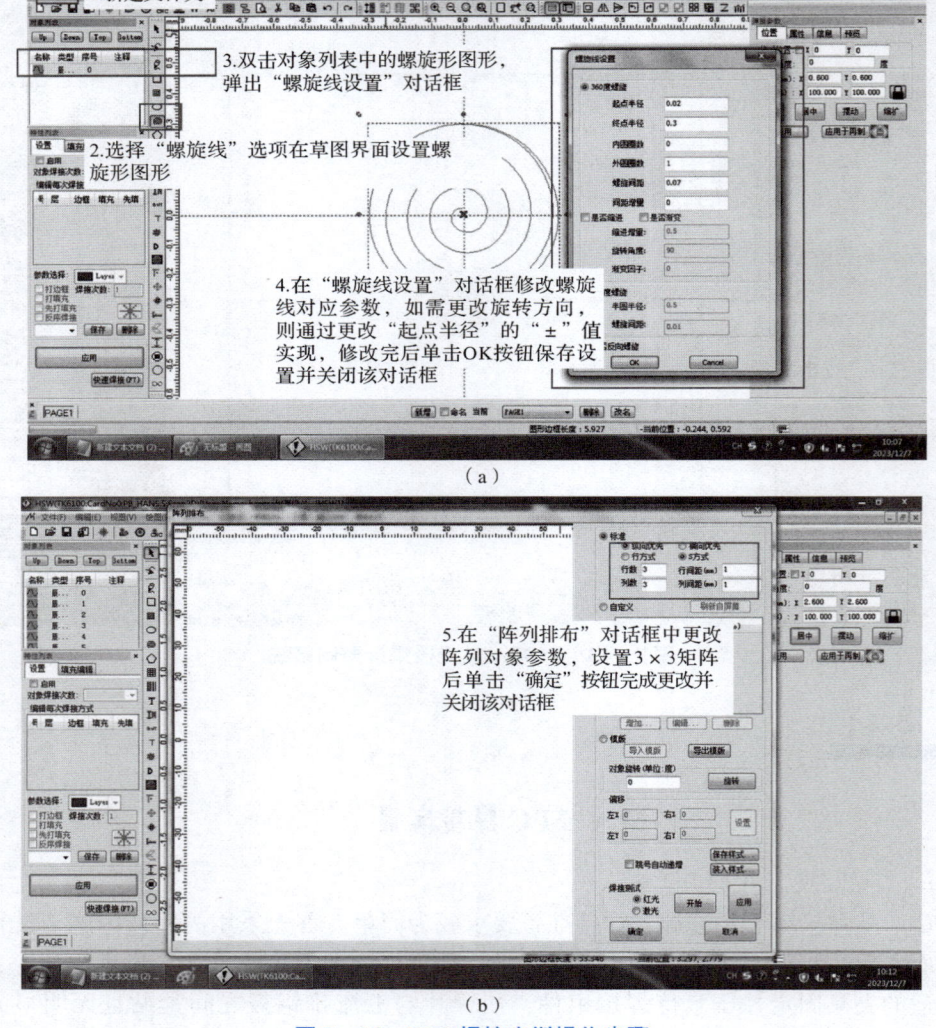

图 7-14　FPC 焊接实训操作步骤

（c）

（d）

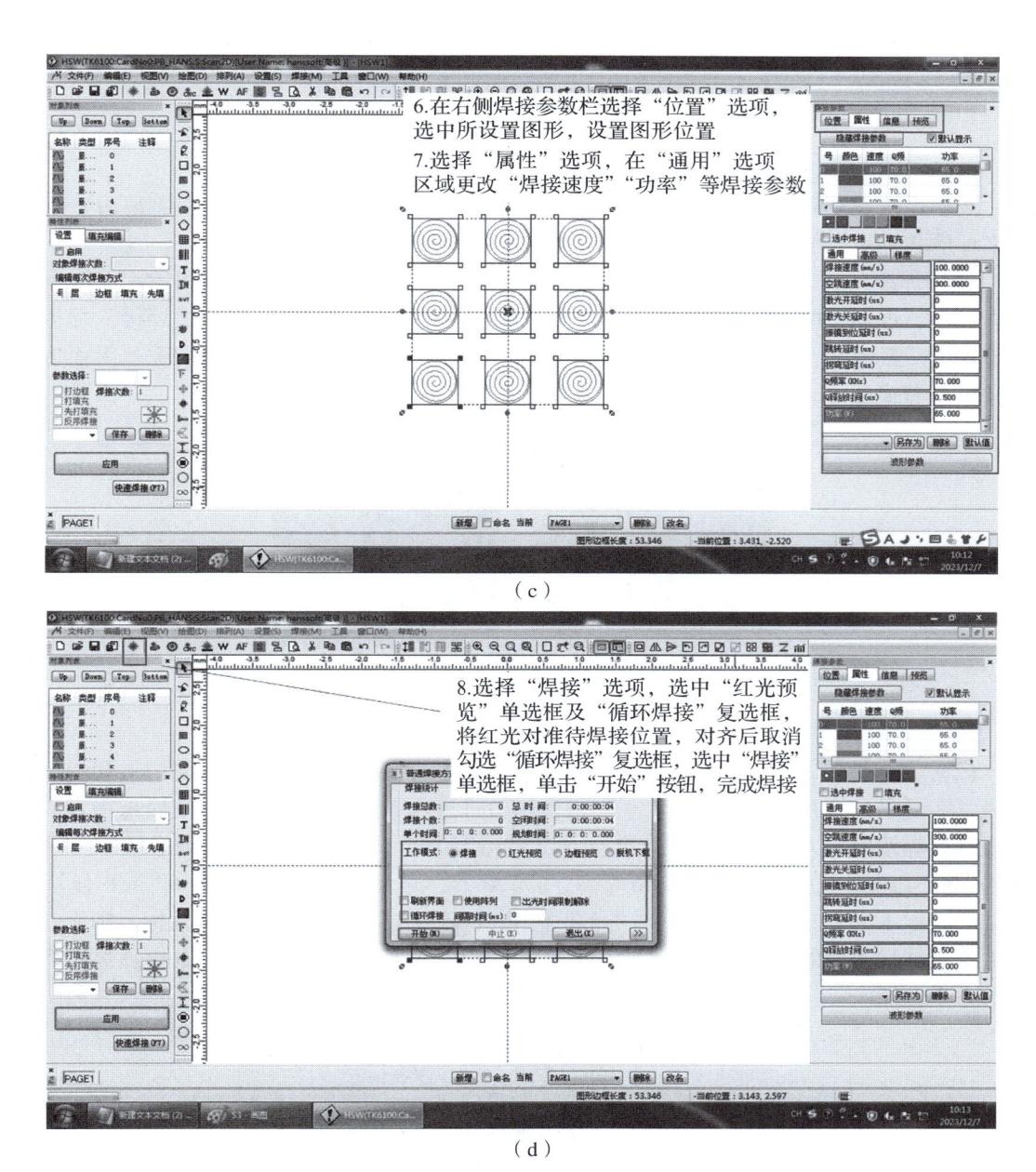

图 7-14　FPC 焊接实训操作步骤（续）

（3）激光焊接。

轨迹编辑及参数设置完成后，选中图形，选择"焊接"选项，弹出"普通焊接方式"对话框。在正式焊接前，先选中"红光预览"单选框及"循环焊接"复选框，对焊接区域进行精确定位，完成定位后，取消勾选"循环焊接"复选框，选中"焊接"单选框，单击"开始"按钮，完成 FPC 产品焊接过程。

【项目检测】

评估 FPC 焊接性能

产品焊接完成后,主要从焊缝外观、力学性能(包括焊接剪切力和焊接剥离力)等方面来评估其焊接性能。

(1)焊缝外观。评估 FPC 焊接性能要求焊接后焊点外观整齐,焊点均匀,无明显虚焊、焊偏、焊穿、爆点等不良现象。如图 7-15 所示,选择 3×3 矩阵方式焊接,焊点均匀整齐、一致性好,焊接时注意夹持压紧镍片及汇流排铝板,防止焊接时间隙过大而造成焊接不良等现象。

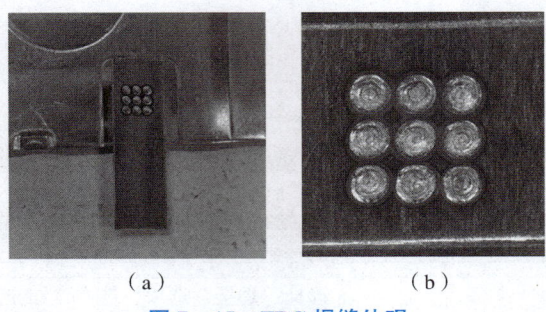

(a)   (b)

图 7-15   FPC 焊缝外观

(2)力学性能。FPC 焊接另一项重要指标为力学性能,需满足其焊接剪切力和焊接剥离力。在观察并保存焊缝外观后,采用微型拉力机进行焊接剥离力测试,随后采用万能试验机进行焊接剪切力测试,测试方式如图 7-16 所示。焊接剥离力测试多组结果分别为 162.6 N、177.6 N、184.5 N、166.7 N、177.0 N;焊接剪切力测试多组结果分别为 1 380.6 N、1 461.2 N、1 457.6 N、1 238.0 N、1 452.7 N;若力学性能不达标,则需通过增加激光能量密度的方式适当增大焊点间有效结合面积及焊缝熔池深度,以提高焊接后产品的力学性能。

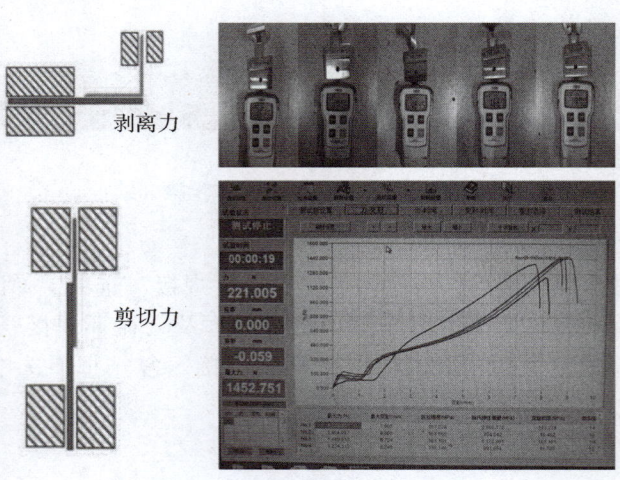

图 7-16   焊接后力学性能测试

项目完成后，请填写项目评价表。

项目评价表

产品编号		加工时间		得分	
评价项目	技术要求	配分	评分标准	等分	
设备操作（20%）	确定焦平面	10	不正确处每处扣1分	
	产品装夹	5	不正确处每处扣1分	
	CCD监视器对位	5	不正确处每处扣1分	
程序与工艺（20%）	程序编写正确完整	10	不规范处每处扣1分	
	工艺参数合理	10	不合理处每处扣1分	
焊接质量（20%）	检测表面状态	10	不合格处每处扣2分	
	力学性能测试	10	按实际情况扣分	
文明操作（20%）	安全操作	10	不合格不得分	
	佩戴护目镜	5	未佩戴不得分	
	设备清洁	5	不合格不得分	
职业素养（20%）	激光焊接知识	5	酌情给分	
	自学能力	5	酌情给分	
	团队协作	5	酌情给分	
	仪器设备正确使用	5	酌情给分	

模块八　激光智能焊接装备维护

8.1　激光安全与维护

8.1.1　产品安全等级

激光器属于 Class 4 类激光产品，输出高功率的不可见激光，会对直接或间接暴露在这种强激光下的眼睛或皮肤造成伤害，也可能引起现场火灾，因此须严格按照 IEC 60825 – 1：2014 标准，所有操作或靠近激光器的人员必须注意这些特殊危害，做好充分的安全防护。

> ⚠ 激光器具有安全风险，可能造成严重的人身伤害甚至危及生命安全。

8.1.2　产品安全及信息标识

激光器安全标识包括激光输出头警示标识、激光辐射危险标识、产品铭牌等。产品安全、信息标识及名称如表 8 – 1 所示。

表 8 – 1　产品安全、信息标识及名称

标识	☢	⚡	TYPE:BFL-CW1000-3　S/N:FMG9000362
名称	激光辐射危险标识	强电危险标识	产品铭牌
标识	Avoid Exposure　Visible and or invisible laser radiation	DANGER-LASER RADIATION　AVOID EYE OR SKIN EXPOSURE TO DIRECT OR SCATTERED RADIATION　CLASS 4 LASER PRODUCT	LASER RADIATION　DONOT STARE INTO BEAM OR EXPOSE USERS OF TELESOPIC OPTICS　CLASS 2M LASER PRODUCT
名称	激光输出头警示标识	4 类激光产品标识	2M 类激光产品标识

8.1.3　产品使用安全与维护

（1）在激光开启前，请确保在激光器未上电的情况下，摘掉光纤输出头（QBH）上的保护帽，仔细检查并确保 QBH 上的石英头端面干净，以免造成激光器损伤。

（2）指示光开启以后，严禁将眼睛暴露在指示光之下，以免造成伤害。

（3）激光开启以后，严禁将身体任何部位暴露在激光之下，以免造成人身伤害。

（4）在操作激光器时，必须佩戴激光防护眼镜。激光防护眼镜须根据激光波长范围和功率等级挑选。需要注意的是，即使佩戴了激光防护眼镜，在激光器通电时，也严禁直接观看输出头。

（5）请定期更换冷水机的冷却水，避免冷却水腐烂造成激光器水冷模块阻塞。

（6）冬季运行激光器时，应根据当地的温度情况，按照恰当比例在冷却水中添加防冻液，以免冷却水结冰导致激光器内部损坏。

（7）长时间不使用激光器，应及时排尽激光器内的冷却水；同时盖上输出头保护帽，做好防尘措施。

（8）确保电源线的保护地（PE）线可靠接地，以免造成损坏。

（9）确保交流电压供电正常，错误的接线方式或供电电压会对设备造成不可恢复性损坏。

（10）若激光器内部没有可维护的器件，不得打开激光器外壳，以免造成人身伤害。

（11）不得损坏激光器外壳上的防拆标签，以免失去保修权利。

8.2　QBH 安装

在激光器上电前，必须确保 QBH 与焊接头可靠连接，在检查 QBH 端面或安装 QBH 时，严禁给激光器上电。

（1）准备好清洗工具、QBH 干燥袋、无尘布及切割头密封胶纸，如图 8-1 所示。

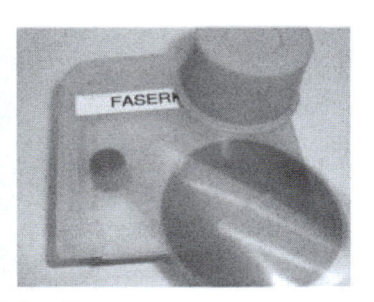

图 8-1　准备工具

（2）从设备上拆下焊接头前先关闭冷水机，并关闭冷水机及激光器的水路阀门。再关闭气路阀门，拆下传感器线和气管、水管等连接线。

（3）将焊接头拆下并平稳放在显微镜的箱子上，或者平稳放置于其他垫块上，如图 8-2 所示。

(4) 在插拔 QBH 前先用干净的无尘布将 QBH 周围擦拭干净，再用光纤除尘剂吹净灰尘，如图 8-3 所示，以防在插拔 QBH 时灰尘进入切割头内部污染扩束镜片及石英头。

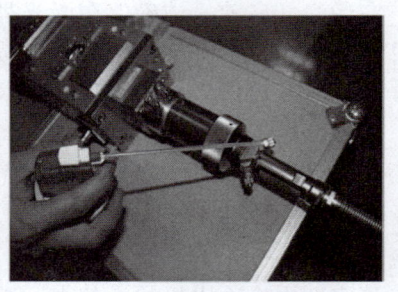

图 8-2　平稳放置焊接头　　　　　图 8-3　用光纤除尘剂吹净灰尘

(5) 拔出 QBH 前，右手握紧光纤锁紧旋钮往顺时针方向转动，然后把锁紧旋钮往下拉，顺时针转动到位后，光纤进入无锁紧状态，如图 8-4 所示。

(6) 拔 QBH 时，右手握紧光纤，用左手辅助光纤的冷却部分，左手的食指和大拇指稍加用力捏住 QBH 的冷却部分往外推，然后轻轻地沿着切割头的轴向拔出，禁止在拔 QBH 时左右晃动，如图 8-5 所示。

图 8-4　转动光纤锁紧旋钮　　　　　图 8-5　拔 QBH1

(7) 保持切割头轴向将 QBH 慢慢往外拉，切记不可太用力，防止掌握不住平衡而发生碰撞，如图 8-6 所示。

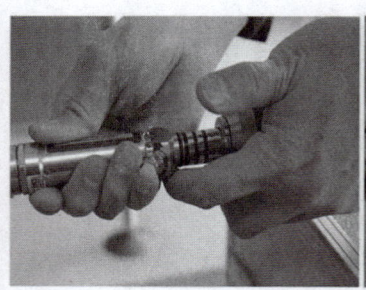

图 8-6　拔 QBH2

(8) 将操作光纤带上保护套，再在 QBH 接口处贴上密封胶，然后盖上盖保护套，如图 8-7 所示。

(9) 清洁擦拭 QBH 之前，先将其固定在显微镜架上，从不同角度观察石英头是否被污染，如图 8-8 所示。

图 8-7　盖上盖保护套

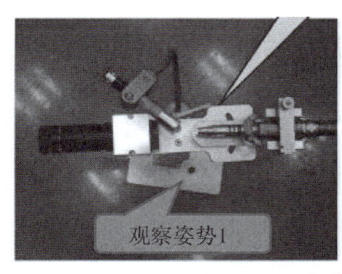

图 8-8　显微镜观察石英头

（10）采用棉签、镜头纸蘸酒精或丙酮朝固定方向擦拭 QBH 上的石英头（见图 8-9），切勿用嘴吹，如果石英头端面仍不干净，请重复以上步骤清洁显微镜镜头。

图 8-9　采用棉签、镜头纸蘸酒精或丙酮擦拭清理 QBH 上的石英头

（11）清洁擦拭完成后，将 QBH 插入切割头内，注意 QBH 及切割头上的 3 个红点在同一条线上时方可插入，如图 8-10 所示。

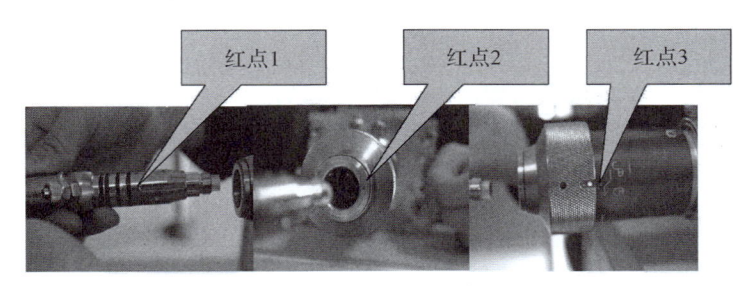

图 8-10　对准红点

（12）双手拿住 QBH，沿着切割头轴向轻轻推入，如图 8-11 所示。

图 8-11　插入 QBH

（13）逆时针转动光纤锁紧旋钮，到位后将锁紧旋钮往上推，再逆时针转动锁紧旋钮到位后即可锁紧 QBH，如图 8-12 所示。

注意：QBH 的锁紧是两级锁紧，锁紧动作一定要到位，光纤头锁紧后要用生胶带或黑色脚垫密封好，防止以后水及灰尘进入 QBH。

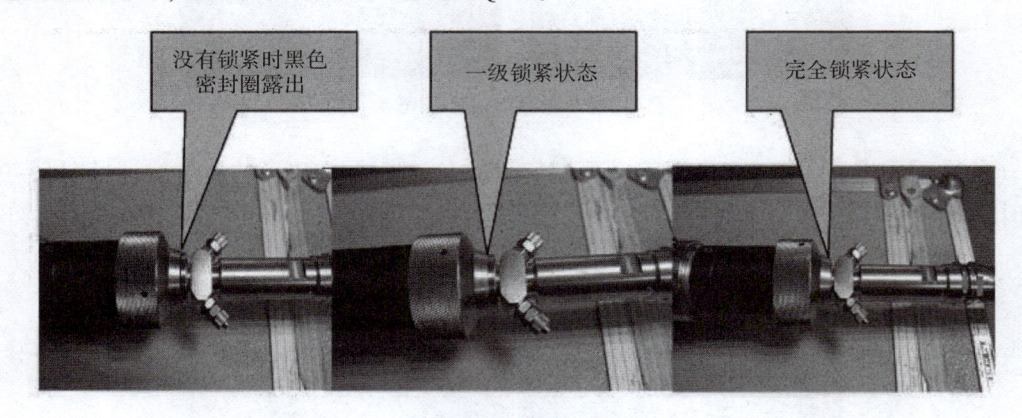

图 8-12　锁紧 QBH

（14）先连接好水管，再把焊接头安装到工作台 Z 轴上。

8.3　工作台操作

以下只是简单的工作台操作步骤，具体相关软件的操作，请见正文及焊接视频。

整机上电顺序：

（1）【冷水机】确保水路接通稳固，开启冷水机；

（2）【主电源】确保激光器启动按键处于常开状态，将工作台主电源开关旋转至"开"；

（3）【激光器】等待 10 s 后，按下激光器启动按键，给激光器通电；

（4）【工控机】按下工控机启动按键，打开工控机（只需操作一次，关机时再次按下即可）；

（5）【工作台】旋开面板急停按键，将钥匙开关转到"开"；按下面板电源启动按键，此时电源启动按键指示灯亮，工作台上电完成，等待 20 s 后，激光启动按键指示灯亮，激光器上电完成；

(6)【除尘机】开启除尘机。

整机断电顺序：

(1)【除尘机】关闭除尘机；

(2)【工作台】旋开面板急停按键，将钥匙开关转到"关"；

(3)【工控机】按下工控机启动按键，关闭工控机（只需操作一次）；

(4)【激光器】按激光器启动按键，给激光器断电；

(5)【主电源】确保工控机已关机，将工作台主电源开关旋转至"关"；

(6)【冷水机】给冷水机断电。

8.4 工作台日常维护

为保证工作台的正常使用，必须对设备进行日常维护，且在维护时需格外细心。不要在工作台台面放置过多杂物，以免工作台动作时撞到杂物或受到卡阻。工作台或激光器移动时必须注意不要拉扯光纤，光纤为易损物品。

(1) 设备外观的清洁。

每次工作完之后，要先做好环境的清洁，使地面无尘、洁净；再做好设备的清洁，包括设备的外表面、罩壳等。

(2) 日常维护保养注意事项。

工作台的硬件操作人员必须经过严格的培训，确保所有操作人员都有定期的安全指导并且都已经完全理解这部分内容。

每月检查一次传感器是否紧固、有无松动等情况；工作台定位靠轴上的光电开关设定基准参考点，确保光电开关不松动，若无问题不得松动光电开关的螺丝。

8.5 设备安全

(1) 设备长时间不工作时，不要把工作台的电源线插到电源处。

(2) 电源的保护地线要有良好的外部接地，同时必须确保激光器接地端子有效接地。

(3) 机器的工作环境要求保持干燥和清洁。机器周围要求有足够的空间，以便于操作人员安全舒适地使用机器。

(4) 必须是对机器的性能和操作都很熟悉的人员才能在电气设备上进行工作。

(5) 机器在工作时不要移动机器的任何部分，也不要打开机器的各保护门和保护盖。

(6) 不要在光路内部放置易燃易爆物品，不要在机器周围堆放杂物。在机器周围存在易燃物品（如酒精、乙醚）时不得操作，若激光束照射到易燃物品上，将会引起火灾甚至爆炸。

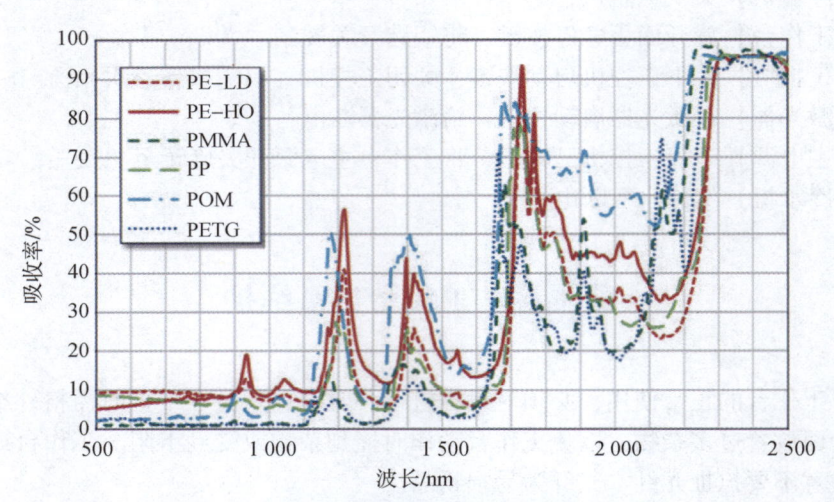

图 4 – 20　不同波段各透明材料吸收率

注：PE – LD 为低密度聚乙烯；PE – HO 为聚 3 – 乙基 – 3 – 羟甲基环氧丁烷；PMMA 为聚甲基丙烯酸甲酯；PP 为聚丙烯；POM 为聚甲醛；PETG 为聚对苯二甲酸乙二醇酯 – 1，4 – 环己烷二甲醇酯

图 4 – 27　母婴塑料产品结构（红色为焊接位置）